怎样识别和检测
电子元器件

（第2版）

门 宏◎编著

U0264923

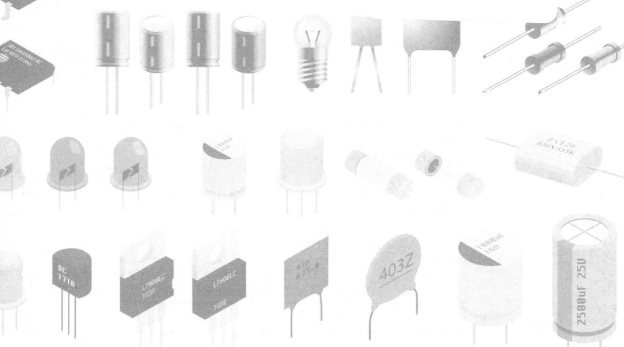

人民邮电出版社
北 京

图书在版编目（CIP）数据

怎样识别和检测电子元器件 / 门宏编著. -- 2版
. -- 北京 : 人民邮电出版社，2019.1
ISBN 978-7-115-50021-2

Ⅰ．①怎… Ⅱ．①门… Ⅲ．①电子元件－识别②电子
元件－检测③电子器件－识别④电子器件－检测 Ⅳ.
①TN6

中国版本图书馆CIP数据核字(2018)第265452号

内 容 提 要

本书紧扣"怎样识别和检测电子元器件"的主题，系统地介绍了各种常用的电子元器件和集成电路的种类、符号、型号、参数、特点、工作原理、选用、检测方法和技能，包括电阻器与电位器、电容器、电感器与变压器、晶体二极管与单结晶体管、晶体三极管与晶体闸流管、光电器件、电声器件、控制与保护器件、集成电路和数字电路等。

本书内容丰富、取材新颖、图文并茂、直观易懂，具有很强的实用性，可供电子技术的初学者学习使用，可作为电子技术爱好者和从业人员的参考书，并可作为职业技术学校和务工人员上岗培训的基础教材，也是一本详实的电子元器件资料书。

◆ 编　著　门　宏
　　责任编辑　黄汉兵
　　责任印制　彭志环

◆ 人民邮电出版社出版发行　　北京市丰台区成寿寺路 11 号
　　邮编　100164　　电子邮件　315@ptpress.com.cn
　　网址　http://www.ptpress.com.cn
　　北京九州迅驰传媒文化有限公司印刷

◆ 开本：787×1092　1/16
　　印张：16.75　　　　　　　2019 年 1 月第 2 版
　　字数：397 千字　　　　　　2025 年 1 月北京第 34 次印刷

定价：59.00 元

读者服务热线：(010)53913866　印装质量热线：(010)81055316
反盗版热线：(010)81055315

再版前言

当今世界已步入信息时代，"互联网+"正在深刻地改变着整个社会形态。电子技术是信息社会的基础，"互联网+"离不开电子技术，我们每一个人的工作、学习和生活也离不开电子技术。电子元器件正是构成各种电子电路和电子设备的基本单元，是电子技术的基础。

电子元器件是指具有某种独立功能的、在电子电路中使用的、最基本的零件，如电阻器、电容器、电感器、晶体管等。随着微电子技术的发展，某些具有特定功能的、相对独立的组件，也被纳入了电子元器件的范畴，如各种集成电路等。

怎样才能尽快学会识别和检测电子元器件呢？这就需要对电子元器件的种类有一个基本的了解，熟悉各种电子元器件的符号、参数、性能特点和基本用途，掌握检测电子元器件的方法和技能，并融会贯通、灵活运用。

为了帮助广大电子技术初学者更好地解决"识别和检测电子元器件"的难题，更快地掌握识别、检测、选用电子元器件的方法和技能，笔者根据自学的特点和要求，结合自己长期从事电子技术教学工作的实践，编写了本书。

本书自出版以来，受到了广大读者的普遍认可和欢迎，并多次重印。这次修订，重点增加了集成电路和数字电路的内容，其他内容也进行了充实提高，章节编排上做了适当调整，以便更好地满足读者的需要。

本书共分 10 章，内容涵盖了各种常用的电子元器件和集成电路。第 1 章讲述电阻器与电位器，第 2 章讲述电容器，第 3 章讲述电感器与变压器，第 4 章讲述晶体二极管与单结晶体管，第 5 章讲述晶体三极管与晶体闸流管，第 6 章讲述光电器件，第 7 章讲述电声器件，第 8 章讲述控制与保护器件，第 9 章讲述集成电路，第 10 章讲述数字电路。各章节均对所述元器件的种类、符号、型号、参数、特点、工作原理、选用和检测做了详细介绍。

本书紧扣"怎样识别和检测电子元器件"的主题，重点突出了实用的基本知识和方法技能，避开了令初学者不得要领的烦冗的理论阐述。在写作形式上，力求做到深入浅出，并配以大量的图解，使得本书图文并茂，直观易懂。相信本书能为广大电子技术爱好者提高电子元器件选用能力带来益处。

本书适合广大电子技术爱好者、电子技术专业人员、家电维修人员和相关行业从业人员阅读学习，并可作为职业技术学校和务工人员上岗培训的基础教材，也是一本翔实的电子元器件资料书。书中如有不当之处，欢迎读者朋友批评指正。

作　者
2018 年 8 月

目 录

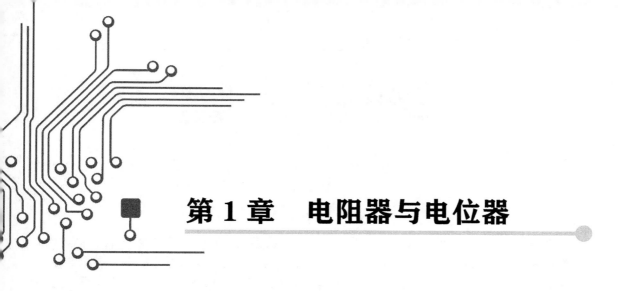

第1章　电阻器与电位器

电子元器件是指具有某种独立功能的、在电子电路中使用的最基本的零件，如电阻器、电容器、电感器、晶体管、集成电路等。电子元器件是构成各种电子电路和电子设备的基本单元，电子元器件知识则是电子技术的基础。

电阻器是最基本的电子元件，电位器是最基本的可调电子元件，它们广泛应用在各种各样的电子电路中。

1.1　电阻器

电阻器是限制电流的元件，通常简称为电阻，是一种最基本、最常用的电子元件。电阻器包括固定电阻器、可变电阻器、敏感电阻器等。

视频 1.1　电阻器
的种类

1.1.1　电阻器的种类

由于制造材料和结构不同，电阻器有许多种类，常见的有：碳膜电阻器、金属膜电阻器、有机实心电阻器、线绕电阻器、固定抽头电阻器、可变电阻器、滑线式变阻器、片状电阻器等，如图 1-1 所示。

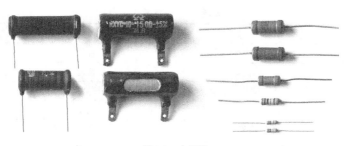

图 1-1　电阻器

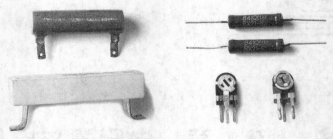

图 1-1　电阻器（续）

在电子制作中一般常用碳膜或金属膜电阻器。碳膜电阻器具有稳定性较高、高频特性好、负温度系数小、脉冲负荷稳定、成本低廉等特点，应用广泛。金属膜电阻器具有稳定性高、温度系数小、耐热性能好、噪声很小、工作频率范围宽、体积小等特点，应用也很广泛。

1.1.2　电阻器的符号

电阻器的文字符号为"R"，图形符号如图 1-2 所示。

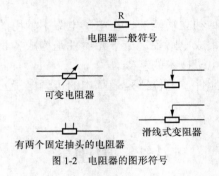

图 1-2　电阻器的图形符号

1.1.3　电阻器的型号

电阻器的型号命名由四部分组成，如图 1-3 所示。第一部分用字母"R"表示电阻器的主称；第二部分用字母表示构成电阻器的材料；第三部分用数字或字母表示电阻器的分类；第四部分用数字表示序号。

电阻器型号的意义见表 1-1。例如，型号为 RT11，表示这是普通碳膜电阻器；型号为 RJ71，表示这是精密金属膜电阻器。

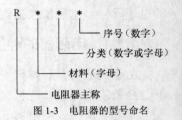

图 1-3　电阻器的型号命名

表 1-1　　　　　　　　　　　　　　　　电阻器型号的意义

第一部分	第二部分（材料）	第三部分（分类）	第四部分
R	H 合成碳膜	1 普通	序号
	I 玻璃釉膜	2 普通	
	J 金属膜	3 超高频	
	N 无机实心	4 高阻	
	G 沉积膜	5 高温	
	S 有机实心	7 精密	

第一部分	第二部分（材料）	第三部分（分类）	第四部分
R	T 碳膜	8 高压	序号
	X 线绕	9 特殊	
	Y 氧化膜	G 高功率	
	F 复合膜	T 可调	

1.1.4　电阻器的参数

电阻器的主要参数有电阻值和额定功率。

1. 电阻值

电阻值简称阻值，基本单位是欧姆，简称欧（Ω）。常用单位还有千欧（kΩ）和兆欧（MΩ）。它们之间的换算关系：1MΩ=1000kΩ，1kΩ=1000Ω。

2. 电阻器上阻值的标示方法

电阻器上阻值的标示方法有两种。

（1）直标法，即将电阻值直接印刷在电阻器上。例如，在 5.1Ω的电阻器上印有"5.1"或"5R1"字样，在 6.8kΩ的电阻器上印有"6.8k"或"6k8"字样，如图 1-4 所示。

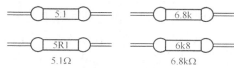

图 1-4　电阻值直标法

（2）色环法，即在电阻器上印刷 4 道或 5 道色环来表示阻值，阻值的单位为Ω。

对于 4 环电阻器，第 1、2 环表示两位有效数字，第 3 环表示倍乘数，第 4 环表示允许偏差，如图 1-5 所示。

对于 5 环电阻器，第 1、2、3 环表示 3 位有效数字，第 4 环表示倍乘数，第 5 环表示允许偏差，如图 1-6 所示。

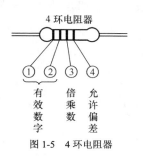

图 1-5　4 环电阻器

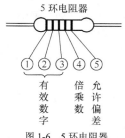

图 1-6　5 环电阻器

色环一般采用黑、棕、红、橙、黄、绿、蓝、紫、灰、白、金、银 12 种颜色，它们的意义见表 1-2。例如，某电阻器的 4 道色环依次为"黄、紫、橙、银"，则其阻值为 47kΩ，误差为±10%；某电阻器的 5 道色环依次为"红、黄、黑、橙、金"，则其阻值为 240kΩ，误差为±5%。

表 1-2　色环颜色的意义

颜色	有效数字	倍乘数	允许偏差
黑	0	$\times 10^0$	
棕	1	$\times 10^1$	±1 %
红	2	$\times 10^2$	±2 %

颜色	有效数字	倍乘数	允许偏差
橙	3	$\times 10^3$	
黄	4	$\times 10^4$	
绿	5	$\times 10^5$	$\pm 0.5\%$
蓝	6	$\times 10^6$	$\pm 0.25\%$
紫	7	$\times 10^7$	$\pm 0.1\%$
灰	8	$\times 10^8$	
白	9	$\times 10^9$	
金		$\times 10^{-1}$	$\pm 5\%$
银		$\times 10^{-2}$	$\pm 10\%$

在电子制作中，选用 4 环或 5 环电阻均可。在选频回路、偏置电路等电路中，应尽量选用误差小的电阻，必要时可用欧姆表检测挑选。

3．额定功率

额定功率是电阻器的另一主要参数，常用电阻器的功率有 $\frac{1}{8}$ W、$\frac{1}{4}$ W、$\frac{1}{2}$ W、1W、2W、5W 等，其符号如图 1-7 所示，大于 5W 的直接用数字注明。

使用中应选用额定功率等于或大于电路要求的电阻器。电路图中不作标示的表示该电阻器工作中消耗功率很小，可不必考虑。例如，大部分业余电子制作中对电阻器功率都没有要求，这时可选用 $\frac{1}{8}$ W 或 $\frac{1}{4}$ W 电阻器。

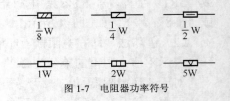

图 1-7　电阻器功率符号

1.1.5　电阻器的特点与工作原理

电阻器的特点是对直流和交流一视同仁，任何电流通过电阻器都要受到一定的阻碍和限制，并且该电流必然在电阻器上产生电压降，如图 1-8 所示。

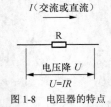

图 1-8　电阻器的特点

视频 1.2　电阻器工作原理与主要特征

1.1.6　电阻器的应用

电阻器的主要作用是限流、降压与分压。

1．限流

电阻器在电路中限制电流的通过，在电压不变的情况下，电阻值越大电流越小。

图 1-9 所示发光二极管电路中，R 为限流电阻。从欧姆定律 $I=U/R$ 可知，当电压 U 一定时，流过电阻器的电流 I 与其阻值 R 成反比。由于限流电阻 R 的存在，将发光二极管 VD 的电流限制在 10mA，保证 VD 正常工作。

调整晶体管的工作点是电阻器用作限流的一个例子。图 1-10 所示为晶体管放大电路，晶

体管集电极电流 I_c（工作点）由其基极电流 I_b 决定。改变晶体管基极电阻 R_b 的阻值，即可改变 I_b，也就是改变了 I_c，即改变了晶体管的工作点。

图 1-9　电阻器限流　　　　　　　　　　图 1-10　基极电阻的作用

2. 降压

电流通过电阻器时必然会产生电压降，电阻值越大电压降越大。

图 1-11 所示继电器电路中，R 为降压电阻。电压降 U 的大小与电阻值 R 和电流 I 的乘积成正比，即：$U=IR$。利用电阻器 R 的降压作用，可以使较高的电源电压适应元器件工作电压的要求。例如，图 1-11 电路中，继电器工作电压 6V，工作电流 60mA，而电源电压为 12V，必须串接一个 100Ω 的降压电阻 R 后，方可正常工作。

放大器的负载电阻也是利用电阻器的降压作用的例子。图 1-12 所示晶体管放大电路中，集电极电阻 R_c 即是负载电阻。输入信号 U_i 使晶体管集电极电流 I_c 相应变化，由于 R_c 的降压作用，从 VT 集电极即可得到放大后的输出电压 U_o（与 U_i 反相）。

图 1-11　电阻器降压　　　　　　　　　　图 1-12　负载电阻的作用

3. 分压

基于电阻的降压作用，电阻器还可以用作分压器。

如图 1-13 所示，电阻器 R_1 和 R_2 构成一个分压器，由于两个电阻串联，通过这两个电阻的电流 I 相等，而电阻上的压降 $U=IR$，R_1 上压降为 $1/3U$，R_2 上压降为 $2/3U$，实现了分压（负载电阻必须远大于 R_1、R_2），分压比为 R_1/R_2。

RC 滤波网络是一种特殊的分压器。图 1-14 所示整流滤波电路中，R 与 C_2 可理解为分压器，输出电压 U_o 取自 C_2 上的压降。对于直流 C_2 的容抗无限大，而对于交流 C_2 的容抗远小于 R，因此 C_2 上直流压降很大而交流压降很小，达到了滤波的目的。

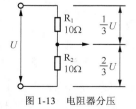

图 1-13　电阻器分压

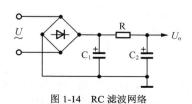

图 1-14　RC 滤波网络

1.1.7 常用电阻器

常用电阻器主要有碳膜电阻器、金属膜电阻器、有机实芯电阻器、玻璃釉电阻器、线绕电阻器、水泥电阻器、熔断电阻器等，下面逐一介绍。

1. 碳膜电阻器

碳膜电阻器是较常用的电阻器之一，结构如图 1-15 所示，它是在陶瓷骨架上形成一层碳膜作为电阻体，再加上金属帽盖和引线制成的，外表涂有绝缘保护漆。

碳膜电阻器的性能特点是稳定性良好、受电压影响小、负温度系数小、适用频率较宽、噪声较小、价格低廉。碳膜电阻器的阻值范围通常为 1Ω～10MΩ，在各种电子电路中应用十分广泛。

2. 金属膜电阻器

金属膜电阻器是最常用的电阻器之一，结构如图 1-16 所示，在陶瓷骨架上形成一层金属或合金薄膜作为电阻体，两端加上金属帽盖和引线，外表涂有绝缘保护漆。

图 1-15 碳膜电阻器   图 1-16 金属膜电阻器

金属膜电阻器的性能特点是稳定性高、受电压影响更小、温度系数小、耐热性能好、噪声很小、工作频率范围宽、高频特性好，体积比相同功率的碳膜电阻器小很多。金属膜电阻器的阻值范围通常为 1Ω～1000MΩ，应用非常广泛。

3. 有机实芯电阻器

有机实芯电阻器结构如图 1-17 所示，其电阻体是用碳黑、石墨等导电物质粉末，混合有机粘合剂制成的实芯圆柱体，两端加上引线，外面有塑料外壳。

有机实芯电阻器的性能特点是机械强度高、过负荷能力较强、可靠性较好、体积小、价格低廉，但噪声较大、稳定性差。有机实芯电阻器的阻值范围通常为 4.7Ω～22MΩ，一般用于要求不太高的电路中。

4. 玻璃釉电阻器

玻璃釉电阻器结构如图 1-18 所示，在陶瓷骨架上涂覆一层金属氧化物和玻璃釉黏合剂的混合物作为电阻体，经高温烧结而成。

图 1-17 有机实芯电阻器   图 1-18 玻璃釉电阻器

玻璃釉电阻器的性能特点是耐高温和耐高湿性好、稳定性好、噪声和温度系数小、可靠性高。玻璃釉电阻器的阻值范围通常为 4.7Ω～200MΩ，常用于高阻、高压、高温等场合。

5. 线绕电阻器

线绕电阻器也是较常用的电阻器之一，结构如图 1-19 所示。线绕电阻器的电阻体是电阻丝，将电阻丝绕在陶瓷骨架上，连接好引线，表面涂覆一层玻璃釉或绝缘漆即制成线绕电阻器。

线绕电阻器的性能特点是噪声极小、耐高温、功率大、稳定性好、温度系数小、精密度高，但高频特性较差。线绕电阻器的阻值范围通常为 $0.1\Omega\sim5M\Omega$，特别适用于高温和大功率场合。

6. 水泥电阻器

水泥电阻器是陶瓷密封功率型线绕电阻器的习惯称呼，结构如图 1-20 所示。线绕电阻体放置在陶瓷外壳中，并用封装填料密封，仅留两端引线在外。

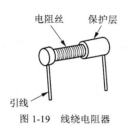

图 1-19　线绕电阻器

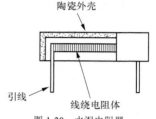

图 1-20　水泥电阻器

水泥电阻器的性能特点是功率大、耐高温、绝缘性能好、稳定性和过载能力较好，并具有良好的阻燃、防爆性能。水泥电阻器的阻值范围通常为 $0.1\Omega\sim4.3k\Omega$，主要应用于大功率、低阻值场合。

7. 熔断电阻器

熔断电阻器又称为保险电阻器，是一种兼有电阻器和保险丝双重功能的特殊元件。熔断电阻器的文字符号为"RF"，图形符号如图 1-21 所示。

熔断电阻器的阻值一般较小，主要功能还是保险。使用熔断电阻器可以只用一个元件就能同时起到限流和保险的作用。

图 1-22 所示为大功率驱动晶体管应用熔断电阻器的例子。电路工作正常时熔断电阻器 RF 起着限流的作用。一旦负载电路发生过载或者短路，熔断电阻器 RF 就迅速熔断，起到保护晶体管的作用。

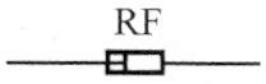

图 1-21　熔断电阻器的图形符号

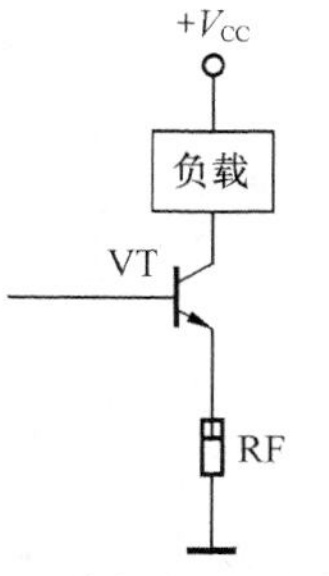

图 1-22　熔断电阻器的应用

1.1.8　检测电阻器

电阻器的好坏可用指针式万用表或数字万用表的电阻挡进行检测。

1. 指针式万用表检测

检测时，首先根据电阻器阻值的大小，将指针式万用表（以下简称万用表）的挡位旋钮转到适当的 Ω 挡位，如图 1-23 所示。

由于万用表电阻挡一般按中心阻值校准，而其刻度线又是非线性的，因此测量电阻器应避免表针指在刻度线两端。一般测量 100Ω 以下电阻器可选 R×1 挡，100Ω～1kΩ 电阻器可选 R×10 挡，1～10kΩ 电阻器可选 R×100 挡，10～100kΩ 电阻器可选 R×1k 挡，100kΩ 以上电阻器可选 R×10k 挡。

测量挡位选定后，还需对万用表电阻挡进行校零。如图 1-24 所示，将万用表两表笔互相短接，转动"调零"旋钮使表针指向电阻刻度的"0"位（满度）。需要特别注意的是，测量中每更换一次挡位，均应重新对该挡进行校零。

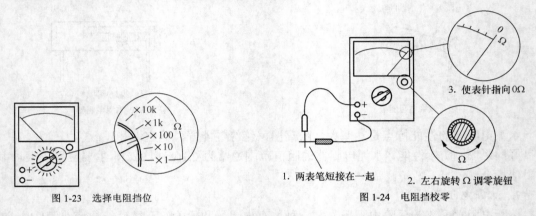

图 1-23 选择电阻挡位   图 1-24 电阻挡校零

将万用表两表笔（不分正、负）分别与待测电阻器的两端引线相接，如图 1-25 所示，表针应指在相应的阻值刻度上。如表针不动、指示不稳定或指示值、电阻器上标示值相差很大，则说明该电阻器已损坏。

在测量几十千欧以上阻值的电阻器时，注意不可用手同时接触电阻器的两端引线，如图 1-26 所示，以免接入人体电阻带来测量误差。

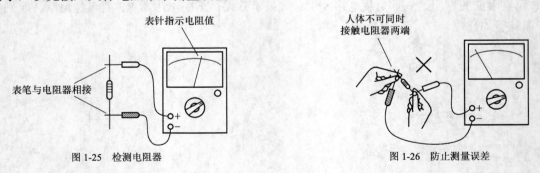

图 1-25 检测电阻器   图 1-26 防止测量误差

2. 数字万用表检测

数字万用表测量电阻器前不用校零，将挡位旋钮转到适当的 Ω 挡位，打开电源开关即可测量。

选择测量挡位时应尽量使显示屏显示较多的有效数字，一般测量 200Ω 以下电阻器可选 200Ω 挡，200～1999Ω 电阻器可选 2kΩ 挡，2～19.99kΩ 电阻器可选 20kΩ 挡，20～199.9kΩ

电阻器可选 200kΩ 挡，200～1999kΩ 电阻器可选 2MΩ 挡，2～19.99MΩ 电阻器可选 20MΩ 挡，20～199.9MΩ 电阻器可选 200MΩ 挡，200MΩ 以上电阻器因已超出最高量程而无法测量（以 DT890B 数字万用表为例）。

　　测量时，两表笔（不分正、负）分别接被测电阻器的两端，LCD 显示屏即显示出被测电阻 R 的阻值，如图 1-27 所示。如显示"000"（短路）、仅最高位显示"1"（断路）或显示值与电阻器上标示值相差很大，则说明该电阻器已损坏。

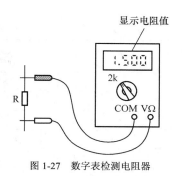

图 1-27　数字表检测电阻器

1.2　敏感电阻器

　　电阻器家族中除普通电阻器外，还有一些敏感电阻器。敏感电阻器起着传感器的作用。

视频 1.3　敏感电阻器特性

1.2.1　敏感电阻器的种类

　　敏感电阻器是一类对电压、温度、湿度、光、磁场等物理量反应敏感的电阻元件，包括压敏电阻器、热敏电阻器、光敏电阻器、湿敏电阻器、气敏电阻器、力敏电阻器、磁敏电阻器等。

1.2.2　敏感电阻器的型号

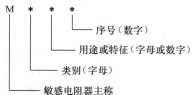

图 1-28　敏感电阻器的型号

　　敏感电阻器的型号命名由四部分组成，如图 1-28 所示。第一部分用字母"M"表示敏感电阻器的主称，第二部分用字母表示类别，第三部分用字母或数字表示用途或特征，第四部分用数字表示序号。

　　敏感电阻器型号的意义见表 1-3、表 1-4 和表 1-5。例如，型号为 MF11，表示这是普通负温度系数热敏电阻器；型号为 MG41，表示这是可见光光敏电阻器。

表 1-3　　　　　　　　　　　　　　　　敏感电阻器型号的意义

第一部分	第二部分（类别）	第三部分（用途或特征）	第四部分
M	F 负温度系数热敏电阻器	数字或字母	序号
	Z 正温度系数热敏电阻器		
	G 光敏电阻器		
	Y 压敏电阻器		
	S 湿敏电阻器		
	Q 气敏电阻器		
	L 力敏电阻器		
	C 磁敏电阻器		

表 1-4　　　　　　　敏感电阻器型号中第三部分数字代号的意义

代号	负温度系数热敏电阻器	正温度系数热敏电阻器	光敏电阻器	力敏电阻器
0	特殊		特殊	
1	普通	普通	紫外光	硅应变片
2	稳压			
3	微波测量			硅杯
4	旁热式			
5	测温	测温	可见光	
6	控温	控温		
7		消磁		
8	线性型		红外光	
9		恒温		

表 1-5　　　　　　　敏感电阻器型号中第三部分字母代号的意义

代号	压敏电阻器	湿敏电阻器	气敏电阻器	磁敏元件
W	稳压			电位器
G	高压保护			
P	高频			
N	高能			
K	高可靠型	控湿	可燃性	
L	防雷			
H	灭弧			
E	消噪			电阻器
B	补偿			
C	消磁	测湿		
S				
Q				
Y			烟敏	

1.2.3　压敏电阻器的特点与应用

压敏电阻器是利用半导体材料的非线性特性制成的,其电阻值与电压之间为非线性关系。压敏电阻器的文字符号为 "RV",图形符号和外形如图 1-29 所示。

视频 1.4　压敏电阻器

压敏电阻器的特点是当外加电压达到其临界值时,其阻值会急剧变小。

压敏电阻器的主要作用是过压保护和抑制浪涌电流。图 1-30 所示为电源输入电路,压敏电阻器 RV 跨接于电源变压器 T 的初级两端,正常情况下由于 RV 的阻值很大,对电路无影响。当电源输入端一旦出现超过 RV 临界值的过高电压时,RV 阻值急剧减小,电流剧增使保险丝 FU 熔断,保护电路不被损坏。

图 1-29   压敏电阻器的图形符号和外形

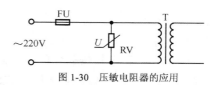

图 1-30   压敏电阻器的应用

1.2.4   检测压敏电阻器

通常情况下压敏电阻器的阻值都较大，因此检测压敏电阻器主要是看其是否短路损坏。

检测时，万用表两表笔（不分正、负）分别与被测压敏电阻器的两端引线相接，表针应指在较大阻值的刻度上，如图 1-31 所示。如表针指示值偏小或指示不稳定，则说明该压敏电阻器已损坏。

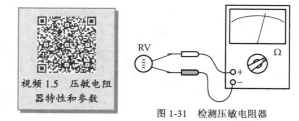

视频 1.5   压敏电阻器特性和参数

图 1-31   检测压敏电阻器

1.2.5   热敏电阻器的特点与应用

热敏电阻器大多由单晶或多晶半导体材料制成，它的特点是阻值会随环境温度的变化而变化。热敏电阻器的文字符号为"RT"，图形符号和外形如图 1-32 所示。

热敏电阻器分为正温度系数和负温度系数两种，正温度系数热敏电阻器的阻值与温度成正比，负温度系数热敏电阻器的阻值与温度成反比。热敏电阻器的标称阻值是指 25℃下的阻值。

热敏电阻器的主要作用是进行温度检测，常用于自动控制、自动测温、电器设备的软启动电路等，目前用得较多的是负温度系数热敏电阻器。

图 1-33 所示为电子温度计电路，RT 为负温度系数热敏电阻器，温度越高 RT 阻值越小，其负载电阻 R 上的压降（A 点电位）越大。RT 将温度转换为电压，经放大、整流后指示出来。

图 1-32   热敏电阻器的图形符号和外形

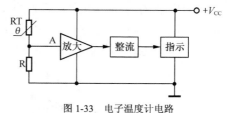

图 1-33   电子温度计电路

1.2.6   检测热敏电阻器

热敏电阻器可以用万用表进行检测。

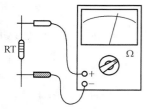

图 1-34   测量热敏电阻器阻值

1.   检测正温度系数热敏电阻器

检测正温度系数热敏电阻器时，首先根据热敏电阻器标称阻值的大小，将万用表上的挡位旋钮转到适当的电阻挡位；然后将万用表两表笔（不分正、负）分别与被测热敏电阻器的两端引线相接，测量其标称阻值，表针应指在相应的阻值刻度上，如图 1-34 所示。

将烧热的电烙铁靠近热敏电阻器为其加热，其阻值应变大，万用表表针应向大阻值方向移动，如图1-35所示。如表针不动或指示不稳定，则说明该热敏电阻器已损坏。

2. 检测负温度系数热敏电阻器

检测负温度系数热敏电阻器时，先测量其标称阻值，表针应指在相应的阻值刻度上。然后将烧热的电烙铁靠近热敏电阻器为其加热，其阻值应变小，万用表表针应向小阻值方向偏移，如图1-36所示。如表针不动或指示不稳定，则说明该热敏电阻器已损坏。

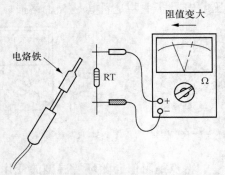

图1-35　检测正温度系数热敏电阻器

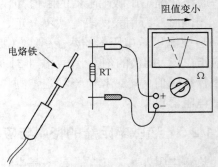

图1-36　检测负温度系数热敏电阻器

1.2.7　光敏电阻器的特点与应用

光敏电阻器大多数由半导体材料制成，它是利用半导体的光导电特性原理工作的。光敏电阻器的文字符号为"R"，图形符号和外形如图1-37所示。

光敏电阻器的特点是其阻值会随入射光线的强弱而变化，入射光线越强其阻值越小，入射光线越弱其阻值越大。根据光敏电阻器的光谱特性，可分为红外光光敏电阻器、可见光光敏电阻器、紫外光光敏电阻器等。

光敏电阻器的主要作用是进行光的检测，广泛应用于自动检测、光电控制、通信、报警等电路中。图1-38所示光控电路中，R_2为光敏电阻器，当有光照时，R_2阻值变小，A点电位下降，使控制电路动作。

图1-37　光敏电阻器的图形符号和外形

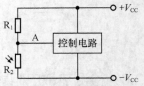

图1-38　光敏电阻器的应用

1.2.8　检测光敏电阻器

绝大多数光敏电阻器的亮电阻（有光照时）为 kΩ 级，而暗电阻（无光照时）为 MΩ 级。检测时应分别测量其暗电阻与亮电阻。

1. 测量光敏电阻器的暗电阻

测量暗电阻时，用遮光物将光敏电阻器的受光窗口遮住，万用表置于适当的电阻挡位，然后将万用表两表笔（不分正、负）分别与被测光敏电阻器的两端引线相接，表针应指示较大阻值，如图 1-39 所示。

2．测量光敏电阻器的亮电阻

保持上一步的测量连接状态，移去遮光物，使光敏电阻器的受光窗口接受光照，万用表的表针应向阻值小的方向偏移，如图 1-40 所示。

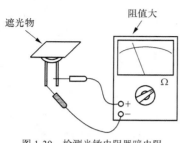
图 1-39　检测光敏电阻器暗电阻

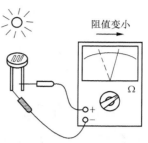
图 1-40　检测光敏电阻器亮电阻

偏移越多说明光敏电阻器的灵敏度越高。如果有光照时和无光照时光敏电阻器的阻值无变化，则说明该光敏电阻器已损坏；如果有光照时和无光照时光敏电阻器的阻值变化不明显，则该光敏电阻器灵敏度太差也不宜使用。

1.3　电位器

电位器是改变电阻比调节电位的元件，是一种最常用的可调电子元件。电位器是从可变电阻器发展而来的，它由一个电阻体和一个转动或滑动系统组成，其动臂的接触刷在电阻体上滑动，即可连续改变动臂与两端间的阻值。

视频 1.6　电位器

1.3.1　电位器的种类

电位器的种类很多，如图 1-41 所示。按结构可分为旋转式电位器、直滑式电位器、带开关电位器、双连电位器、多圈电位器等。按照电阻体所用制造材料的不同，电位器又分为碳膜电位器、金属膜电位器、有机实心电位器、无机实心电位器、玻璃釉电位器、线绕电位器等。

图 1-41　电位器

1.3.2　电位器的符号

电位器的文字符号为"RP"，图形符号如图 1-42 所示。

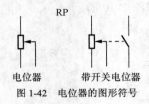

图 1-42　电位器的图形符号

1.3.3　电位器的型号

电位器的型号命名由四部分组成，如图 1-43 所示。第一部分用字母"W"表示电位器的主称，第二部分用字母表示构成电位器电阻体的材料，第三部分用字母表示电位器的分类，第四部分用数字表示序号。

电位器型号的意义见表 1-6。例如，型号为 WHJ3，表示这是精密合成碳膜电位器。

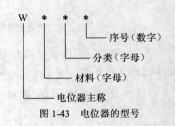

图 1-43　电位器的型号

表 1-6　电位器型号的意义

第一部分	第二部分（材料）	第三部分（分类）	第四部分
W	H 合成碳膜	G 高压类	序　号
	S 有机实心	H 组合类	
	N 无机实心	B 片式类	
	I 玻璃釉膜	W 螺杆预调类	
	X 线绕	Y 旋转预调类	
	J 金属膜	J 单旋精密类	
	Y 氧化膜	D 多旋精密类	
	D 导电塑料	M 直滑精密类	
	F 复合膜	X 旋转低功率	
		Z 直滑低功率	
		P 旋转功率类	
		T 特殊类	

1.3.4　电位器的参数

电位器的主要参数有标称阻值、阻值变化特性和额定功率。

1. 标称阻值

标称阻值是指电位器的两定臂引出端之间的阻值，如图 1-44 所示。标称阻值通常用数字直接标示在电位器壳体上，如图 1-45 所示。

2. 阻值变化特性

阻值变化特性是指电位器的阻值随动臂的旋转角度或滑动行程而变化的特性。常用的有直线式（X）、指数式（Z）和对数式（D），如图 1-46 所示。直线式适用于大多数场合，指数式适用于音量控制电路，对数式适用于音调控制电路。

图 1-44 标称阻值的意义

图 1-45 标称阻值的标示

3. 额定功率

额定功率是指电位器在长期连续负荷下所允许承受的最大功率，使用中电位器承受的实际功率不得超过其额定功率。额定功率值通常直接标示在电位器上，如图 1-47 所示。

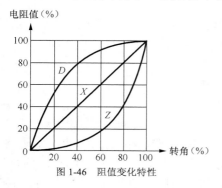

图 1-46 阻值变化特性

图 1-47 额定功率的标示

1.3.5 电位器的特点与工作原理

电位器的特点是可以连续改变电阻比。电位器的结构如图 1-48 所示，电阻体的两端各有一个定臂引出端，中间是动臂引出端。动臂在电阻体上移动，即可使动臂与上下定臂引出端间的电阻比值连续变化。

电位器的工作原理是建立在电阻分压基础上的，电位器 RP 可等效为电阻 R_a 和 R_b 构成的分压器。

视频 1.7 电位器图
形符号及工作原理

1. 动臂居中

当动臂 2 端处于电阻体中间时，$R_a = R_b$，动臂 2 端输出电压为输入电压的一半，如图 1-49 所示。

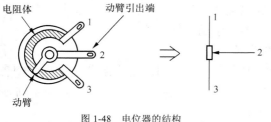

图 1-48 电位器的结构

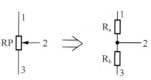

图 1-49 动臂位于中间时

2. 动臂位于上端

当动臂 2 端向上移动时，R_a 减小而 R_b 增大；当动臂 2 端移至最上端时，$R_a=0$，$R_b=RP$，动臂 2 端输出电压为输入电压的全部，如图 1-50 所示。

3．动臂位于下端

当动臂 2 端向下移动时，R_a 增大而 R_b 减小；当动臂 2 端移至最下端时，$R_b=0$，$R_a=RP$，动臂 2 端输出电压为 "0"，如图 1-51 所示。

图 1-50　动臂位于上端时　　　　　　　　　图 1-51　动臂位于下端时

1.3.6　电位器的作用

电位器的主要作用是可变分压，分压比随电位器动臂转角的增大而增大，如图 1-52 所示。

图 1-53 所示收音机电路中，音量调节电位器 RP 就是可变分压的一个例子。前级信号全部加在电位器 RP 两端，从动臂 2 获得一定分压比的信号送往功放级。转动动臂改变分压比，即可改变送往功放级的信号大小，达到调节音量的目的。

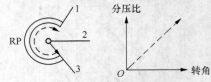

图 1-52　可变分压原理

由于电位器具有两个定臂引脚，在使用中应根据电路需要确定接入方式。例如，在图 1-53 所示的收音机电路中，音量电位器的接入方式可按以下方法判断：如果是逆时针方向转动电位器的旋柄将开关关断，则定臂 3 引脚为接地端，定臂 1 引脚为信号端，如图 1-54 所示。

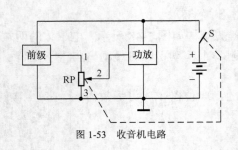

图 1-53　收音机电路

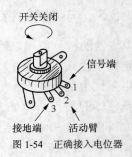

图 1-54　正确接入电位器

1.3.7　常用电位器

常用电阻器主要有旋转式电位器、直滑式电位器、带开关电位器、双连电位器、多圈电位器、超小型电位器、微调电位器等。

1．旋转式电位器

旋转式电位器是最基本最常用的电位器之一，结构如图 1-55 所示，电阻体呈圆环状，动接点固定在转轴上，转动转轴时带动动接点在电阻体上移动。

（1）采用碳膜电阻体的称为碳膜电位器，其特点是分辨率高、阻值范围宽、寿命长、价格低，但耐热耐湿性较差、噪声较大。

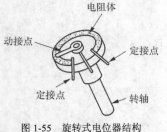

图 1-55　旋转式电位器结构

（2）采用金属膜电阻体的称为金属膜电位器，其特点是分辨率高、耐热性好、频率范围宽、噪声较小，但耐磨性较差。

（3）采用线绕电阻体的称为线绕电位器，其特点是耐热性好、功率大、精度高、稳定性好、噪声低，但分辨率较低、高频特性差。

（4）采用实芯电阻体的称为实芯电位器，其特点是分辨率高、耐磨性好、阻值范围宽、可靠性高、体积小，但耐高温性差、噪声大。

2．直滑式电位器

直滑式电位器结构如图 1-56 所示，电阻体呈长条状，动接点固定在滑柄上，左右移动滑柄时带动动接点在电阻体上移动。

3．带开关电位器

带开关电位器实际上就是将开关附加在电位器上，并由电位器转轴控制。带开关电位器结构如图 1-57 所示，在电位器外壳上面有一开关，它由固定在转轴上的拨柄控制。当转轴从 0° 转出时拨柄使开关接通，当转轴转回 0° 时拨柄使开关断开。

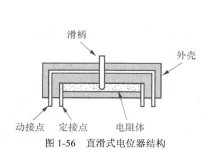

图 1-56　直滑式电位器结构

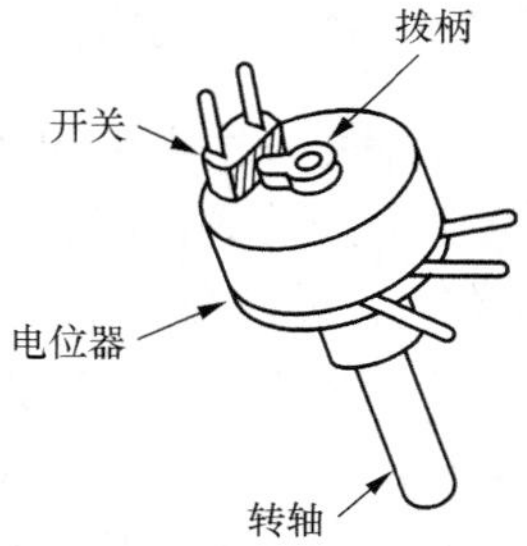

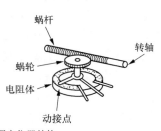

图 1-57　带开关电位器结构

4．双连电位器

双连电位器通常是将两个相同规格的电位器安装在同一个转轴上，如图 1-58 所示，转动转轴时两个电位器的动接点同步移动。双连电位器常用于需要同步调节的场合，如立体声音响设备中的音量控制和音调控制。

5．多圈电位器

大多数电位器均为单圈电位器，转轴旋转角度小于 360°，而多圈电位器的转轴旋转角度大于 360°，即可以转动一圈以上。

多圈电位器结构如图 1-59 所示，转轴通过蜗轮、蜗杆传动，带动动接点在电阻体上移动。转轴每转一圈，动接点只移动很小距离，动接点走完整个电阻体，转轴需要转动多圈。多圈电位器具有较高的分辨率，主要应用于精密调节电路中。

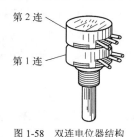

图 1-58　双连电位器结构

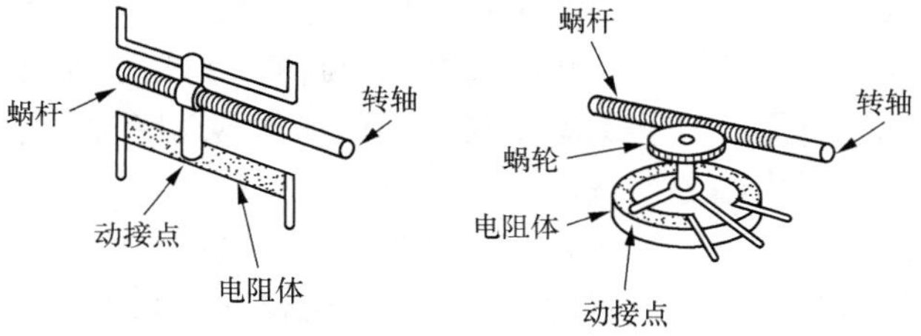

图 1-59　多圈电位器结构

6. 超小型电位器

超小型电位器如图 1-60 所示，有带开关和不带开关两类，主要应用于袖珍收音机等小型电子设备中。

7. 微调电位器

微调电位器如图 1-61 所示，具有体积小、价格低廉的特点，主要应用于电路中不需要经常调节的地方。

图 1-60 超小型电位器

图 1-61 微调电位器

1.3.8 检测电位器

电位器可用万用表的电阻挡进行检测，包括检测电位器标称阻值、检测接触是否良好、检测电位器上开关的性能。

1. 检测标称阻值

检测时，首先根据电位器标称阻值的大小将万用表置于适当的 Ω 挡位，两表笔短接，然后转动调零旋钮校准 Ω 挡"0"位，如图 1-62 所示。然后将万用表两表笔（不分正、负）分别与待测电位器的两定臂相接，表针应指在相应的阻值刻度上，如图 1-63 所示。如表针不动、指示不稳定或指示值与电位器标称值相差很大，则说明该电位器已损坏。

图 1-62 万用表校零   图 1-63 检测标称阻值

2. 检测接触是否良好

检测电位器动臂与电阻体的接触是否良好时，万用表一表笔与电位器动臂相接，另一表笔与某一定臂相接，来回旋转电位器旋柄，万用表表针应随之平稳地来回移动，如图 1-64 所示。如表针不动或移动不平稳，则该电位器动臂接触不良。再将接定臂的表笔改接至另一定臂，重复以上检测步骤。

3. 检测电位器上的开关好坏

检测带开关电位器的开关时，万用表置于 Ω 挡位，两表笔分别接开关接点 A 和 B，旋转电位器旋柄使开关交替地"开"与"关"，观察表针指示，如图 1-65 所示。开关"开"时表针应指向最右边（电阻为"0"），开关"关"时表针应指向最左边（电阻无穷大）。可重复若干次观察开关是否接触不良。

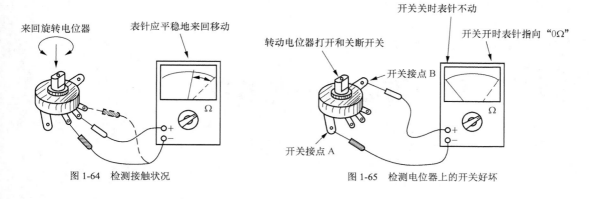

图 1-64　检测接触状况　　　　　　　　　图 1-65　检测电位器上的开关好坏

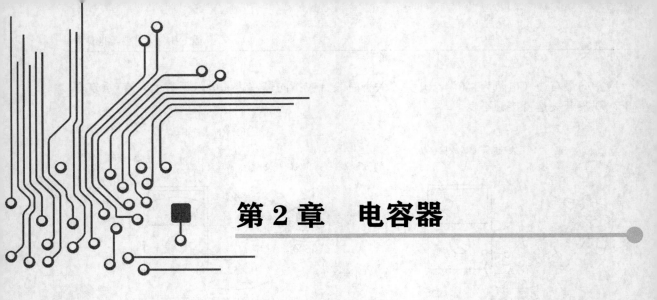

第 2 章　电容器

视频 2.1　电容器

电容器是储存电荷的元件，通常简称为电容，是一种最基本、最常用的电子元件。按电容量是否可调，电容器分为固定电容器和可变电容器两大类，在电子电路中都具有广泛的应用。

2.1　固定电容器

固定电容器是指电容量不可改变的电容器。固定电容器种类繁多、应用场合广泛，各种电子电器设备中大量使用的是固定电容器。

2.1.1　电容器的种类

固定电容器包括无极性电容器和有极性电容器，外形如图 2-1 所示。

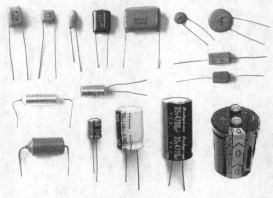

图 2-1　电容器的外形

按介质材料不同，固定电容器又有许多种类。无极性固定电容器有纸介电容器、涤纶电容器、云母电容器、聚苯乙烯电容器、聚酯电容器、玻璃釉电容器、瓷介电容器等；有极性固定电容器有铝电解电容器、钽电解电容器、铌电解电容器等。

使用有极性电容器时应注意引线有正、负极之分。在电路中，电容器正极引线应接在电位高的一端，负极引线应接在电位低的一端。如果极性接反了，会使漏电流增大并损坏电容器。

2.1.2　电容器的符号

电容器的文字符号为 "C"，图形符号如图 2-2 所示。

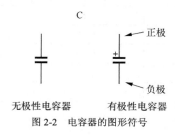

图 2-2　电容器的图形符号

2.1.3　电容器的型号

电容器的型号命名由四部分组成，如图 2-3 所示。第一部分用字母 "C" 表示电容器的主称，第二部分用字母表示电容器的介质材料，第三部分用数字或字母表示电容器的类别，第四部分用数字表示序号。

电容器型号中，第二部分介质材料字母代号的意义见表 2-1，第三部分类别代号的意义见表 2-2。

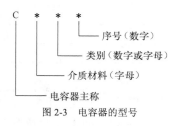

图 2-3　电容器的型号

表 2-1　　　　　　　　　　电容器型号中介质材料代号的意义

字母代号	介质材料
A	钽电解
B	聚苯乙烯
C	高频陶瓷
D	铝电解
E	其他材料电解
G	合金电解
H	纸膜复合
I	玻璃釉
J	金属化纸介
L	聚酯
N	铌电解
O	玻璃膜
Q	漆膜
T	低频陶瓷

续表

字母代号	介质材料
V	云母纸
Y	云母
Z	纸介

表 2-2　　　　　　　　　　　　　　电容器型号中类别代号的意义

代号	瓷介电容	云母电容	有机电容	电解电容
1	圆形	非密封	非密封	箔式
2	管形	非密封	非密封	箔式
3	叠片	密封	密封	非固体
4	独石	密封	密封	固体
5	穿心		穿心	
6	支柱等			
7				无极性
8	高压	高压	高压	
9			特殊	特殊
G	高功率型			
J	金属化型			
Y	高压型			
W	微调型			

2.1.4　电容器的参数

电容器的主要参数有电容量和耐压。

1. 电容量

电容器贮存电荷的能力叫作电容量，简称容量，基本单位是法拉，简称法（F）。由于法拉作单位在实际运用中显得太大，所以常用微法（μF）、毫微法（nF，纳法）和微微法（pF，皮法）作为单位。它们之间的换算关系是：$1F=10^6\mu F$，$1\mu F=1000nF$，$1nF=1000pF$。

2. 电容器上容量的标示方法

电容器上容量的标示方法常见的有两种。

（1）直标法，即将容量数值直接印刷在电容器上，如图 2-4 所示。例如，100pF 的电容器上印有"100"字样，0.01μF 的电容器上印有"0.01"字样，2.2μF 的电容器上印有"2.2μ"或"2μ2"字样，47μF 的电容器上印有"47μ"字样。有极性电容器上还印有极性标志。

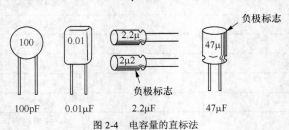

图 2-4　电容量的直标法

（2）数码表示法，一般用三位数字表示容量的大小，其单位为pF。三位数字中，前两位是有效数字，第三位是倍乘数，即表示有效数字后有多少个"0"，如图 2-5 所示。

倍乘数的标示数字所代表的含义见表 2-3，标示数为 0～8 时分别表示 10^0～10^8，而 9 则是表示 10^{-1}。例如，103 表示 10×10^3=10000pF=0.01μF，229 表示 22×10^{-1}=2.2pF。

3. 耐压

图 2-5　电容量的数码表示法

耐压是电容器的另一主要参数，表示电容器在连续工作中所能承受的最高电压。耐压值一般直接印在电容器上，如图 2-6 所示。也有一些体积很小的小容量电容器不标示耐压值。

表 2-3　　　　　　　　　　　　　　　电容器上倍乘数的意义

标示数字	倍乘数
0	$\times 10^0$
1	$\times 10^1$
2	$\times 10^2$
3	$\times 10^3$
4	$\times 10^4$
5	$\times 10^5$
6	$\times 10^6$
7	$\times 10^7$
8	$\times 10^8$
9	$\times 10^{-1}$

电路图中对电容器耐压的要求一般直接用数字标出，不作标示的可根据电路的电源电压选用电容器。使用中应保证加在电容器两端的电压不超过其耐压值，否则将会损坏电容器。

图 2-6　耐压的标注

除主要参数外，电容器还有一些其他参数指标。但在实际使用中，一般只考虑容量和耐压，只有在有特殊要求的电路中，才考虑容量误差、高频损耗等参数。

2.1.5　电容器的特点与工作原理

电容器的特点是隔直流通交流，即直流电流不能通过电容器，交流电流可以通过电容器。

1. 容抗

电容器对交流电流具有一定的阻力，称之为容抗，用符号"X_C"表示，单位为 Ω。容抗等于电容器两端交流电压（有效值）与通过电容器的交流电流（有效值）的比值，容抗 X_C 分别与交流电流的频率 f 和电容器的容量 C 成反比，即 $X_C = \dfrac{1}{2\pi f C}$，如图 2-7 所示。图 2-8 所示为容抗曲线。

视频 2.2　电容器
隔直特性

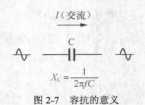

I（交流）

$X_C = \dfrac{1}{2\pi fC}$

图 2-7　容抗的意义

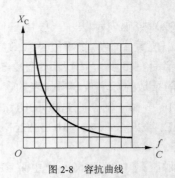

图 2-8　容抗曲线

2. 电容器的工作原理

电容器的基本结构是两块金属电极之间夹着一绝缘介质层，如图 2-9 所示，可见两电极之间是互相绝缘的，直流电无法通过电容器。但是对于交流电来说情况就不同了，交流电可以通过在两电极之间充、放电而"通过"电容器。

在交流电正半周时，电容器充电，有一充电电流通过电容器，如图 2-10（a）所示。在交流电负半周时，电容器放电并反方向充电，放电和反方向充电电流通过电容器，如图 2-10（b）所示。

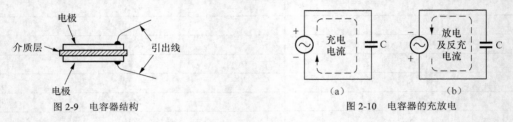

图 2-9　电容器结构

图 2-10　电容器的充放电

2.1.6　电容器的应用

电容器的基本功能是隔直流通交流，电容器的各项作用都是这一基本功能的具体应用。电容器的主要作用是耦合、旁路滤波、移相和谐振。

1. 耦合

视频 2.3　电容器
通交特性

电容器具有耦合作用。图 2-11 所示为两级音频放大电路，晶体管 VT_1 集电极输出的交流信号通过电容 C 传输到 VT_2 基极，而 VT_1 集电极的直流电位则不会影响到 VT_2 基极，VT_1 与 VT_2 可以有各自适当的直流工作点，这就是电容器的耦合作用。

2. 旁路滤波

电容器具有旁路滤波作用。图 2-12 所示为整流电源电路，二极管整流出来的电压 U_i 是脉动直流，其中既有直流成分也有交流成分，由于输出端接有滤波电容器 C，交流成分被电容器 C 旁路到地，输出电压 U_o 就是较纯净的直流电压了。

3. 移相

电容器具有移相作用。由于通过电容器的电流大小取决于交流电压的变化率，因此电容器上电流超前电压 90°，如图 2-13 所示。

利用电容器上电流超前电压的特性，可以构成 RC 移相网络，如图 2-14 所示。RC 移相网络中，输出电压 U_o 取自电阻 R，由于电容器 C 上电流 i 超前输入电压 U_i，因此 U_o 超前 U_i

一个相移角 φ，φ 在 $0°\sim90°$，由 R、C 的比值决定。

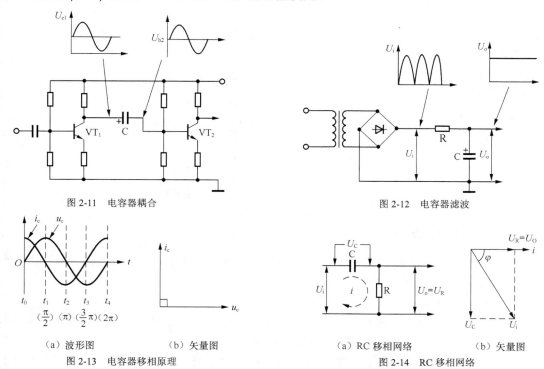

图 2-11　电容器耦合

图 2-12　电容器滤波

（a）波形图　　　　（b）矢量图

图 2-13　电容器移相原理

（a）RC 移相网络　　　（b）矢量图

图 2-14　RC 移相网络

当需要的相移角超过 90° 时，可用多节移相网络来实现。图 2-15（a）所示为三节 RC 移相网络，每节移相 60°，三节共移相 180°，图 2-15（b）为其矢量图。该移相网络可用于晶体管 RC 振荡器，如图 2-16 所示，振荡频率 $f=\dfrac{1}{2\pi\sqrt{6}RC}$（Hz）。

视频 2.4　RC 滞后移相电路

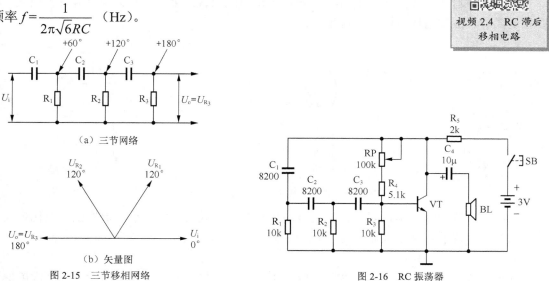

（a）三节网络

（b）矢量图

图 2-15　三节移相网络

图 2-16　RC 振荡器

4. 谐振

电容器可以与电感器组成谐振回路。图 2-17 所示为超外差收音机中放电路，电容器 C 与中频变压器 T 的初级线圈 L_1 组成并联谐振回路，谐振于 465kHz 中频频率上，使中频信号得到放大。

视频 2.5 电容器其他特性

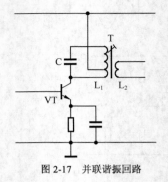

图 2-17 并联谐振回路

2.1.7 常用电容器

常用电容器主要有瓷片电容器、涤纶电容器、聚丙烯电容器、云母电容器、独石电容器、铝电解电容器、钽电解电容器等。

1. 瓷片电容器

瓷片电容器是较常用的电容器之一，结构如图 2-18 所示，它是在陶瓷片两表面涂覆一层银膜作为电极，再焊上引线，外表涂上保护漆制成的。

瓷片电容器的特点是耐热性和耐腐蚀性好、绝缘性能好、损耗小、稳定性高、体积小，但容量一般不大。瓷片电容器分为高频和低频两类，容量范围通常为 $1pF \sim 0.47\mu F$，分别应用于高频和低频电路。

2. 涤纶电容器

涤纶电容器结构如图 2-19 所示，它是在涤纶薄膜上镀上金属膜作为电极并焊上引线，然后卷绕成型，最后用环氧树脂包封起来。

视频 2.6 电容器的识别方法

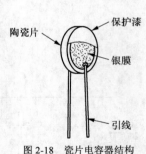

图 2-18 瓷片电容器结构

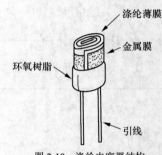

图 2-19 涤纶电容器结构

涤纶电容器的特点是耐高温、耐高压、耐潮湿、容量大、体积小、价格低，但稳定性较差。涤纶电容器的容量范围通常为 $470pF \sim 4\mu F$，适用于对稳定性要求不高的场合。

3. 聚丙烯电容器

聚丙烯电容器结构与涤纶电容器类似，不同之处是聚丙烯电容器采用无极性聚丙烯薄膜作为介质材料。

聚丙烯电容器具有更好的电气性能，具有损耗小、绝缘性好、性能稳定、容量大的特点。

聚丙烯电容器的容量范围通常为 1000pF～10μF，广泛应用在各种电子电路，特别是高保真放大和信号处理电路中。

4. 云母电容器

云母电容器是高性能电容器之一，结构如图 2-20 所示，它是在云母片上涂覆一层银膜作为电极，根据容量大小将若干片叠加起来，焊上引线，封压在塑料外壳中制成的。

云母电容器的特点是稳定性和可靠性好、分布电感小、频率特性优良、精度高、损耗小、绝缘电阻高。云母电容器的容量范围通常为 5pF～0.05μF，主要应用于高频电路和对稳定性与可靠性要求高的场合。

5. 独石电容器

独石电容器也是一种瓷介电容器，它是采用多层陶瓷膜片叠加起来烧结而成。由于外形像块独石，所以称其为独石电容器。

独石电容器的特点是性能稳定可靠、耐高温、耐潮湿、体积小、容量大。独石电容器的容量范围通常为 1pF～1μF，广泛应用电子仪器及各种电子产品中。独石电容器也分为高频和低频两类，分别应用于高频和低频电路。

6. 铝电解电容器

电解电容器的特点是含有电解质，绝大多数为有极性电容器。

铝电解电容器是最常用的电解电容器之一，结构如图 2-21 所示。铝电解电容器的正极为铝箔，介质为氧化膜，负极为电解质，叠加卷绕成电容器芯后封装在外壳中。

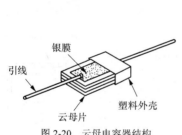

图 2-20　云母电容器结构

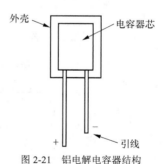

图 2-21　铝电解电容器结构

铝电解电容器的特点是单位体积的电容量大、价格低，但稳定性较差、损耗大。铝电解电容器的容量范围通常为 0.33～47000μF，应用十分广泛。

7. 钽电解电容器

钽电解电容器的结构与铝电解电容器类似，不同的是钽电解电容器的正极为金属钽，介质为氧化钽，负极仍为电解质。

钽电解电容器的特点是损耗小、绝缘电阻大、体积小、容量大、可靠性高、稳定性好，但价格较贵。钽电解电容器的容量范围通常为 0.1～1000μF，主要应用在要求较高的场合。

2.1.8　检测电容器

电容器的好坏可以用指针式万用表或数字万用表进行检测。

1. 指针式万用表检测

指针式万用表的电阻挡可以检测电容器。首先根据电容器容量的大小，将万用表上的挡

位旋钮转到适当的 Ω 挡位。例如，100μF 以上的电容器用 R×100 挡，1～100μF 的电容器用 R×1k 挡，1μF 以下的电容器用 R×10k 挡，如图 2-22 所示。然后用万用表的两表笔（不分正、负）分别去与被测电容器的两引线相接，在刚接触的一瞬间，表针应向右偏转，然后缓慢向左回归，如图 2-23 所示。对调两表笔后再测，表针应重复以上过程。电容器容量越大，表针右偏越大，向左回归也越慢。

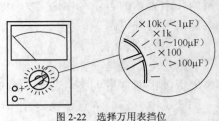

图 2-22　选择万用表挡位

　　如果万用表表针不动，说明该电容器已断路损坏，如图 2-24 所示。如果表针向右偏转后不向左回归，说明该电容器已短路损坏，如图 2-25 所示。如果表针向右偏转然后向左回归稳定后，阻值指示＜500kΩ，如图 2-26 所示，说明该电容器绝缘电阻太小，漏电流较大，也不宜使用。

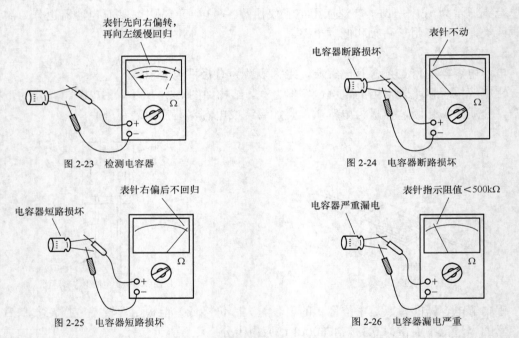

图 2-23　检测电容器

图 2-24　电容器断路损坏

图 2-25　电容器短路损坏

图 2-26　电容器漏电严重

　　对于容量＜0.01μF 的电容器，由于充电电流极小，几乎看不出表针右偏，只能检测其是否短路。

　　对于正负极标志模糊不清的电解电容器，可用测量其正、反向绝缘电阻的方法，判断出其引脚的正、负极。具体方法是：用万用表 R×1k 挡测出电解电容器的绝缘电阻，将红、黑表笔对调后再测出第二个绝缘电阻。

　　两次测量中，绝缘电阻较大的那一次，黑表笔（与万用表中电池正极相连）所接为电解电容器的正极，红表笔（与万用表中电池负极相连）所接为电解电容器的负极，如图 2-27 所示。

2. 数字万用表检测

　　电容器也可用数字万用表的电容挡进行检测。特别是对于容量很小、指针式万用表无法检测的电容器，只能用数字万用表检测。

检测时，将数字万用表上挡位旋钮转到适当的 F 挡位，一般测量 2000pF 以下电容器可选 2nF 挡，2000pF～19.99nF 电容器可选 20nF 挡，20～199.9nF 电容器可选 200nF 挡，200nF～1.999μF 电容器可选 2μF 挡，2～19.99μF 电容器可选 20μF 挡。

将被测电容器插入数字万用表上的 C_X 插孔，如图 2-28 所示，LCD 显示屏即显示出被测电容器 C 的容量。如显示"000"（短路）、仅最高位显示"1"（断路）、显示值与电容器上标示值相差很大，则说明该电容器已损坏。

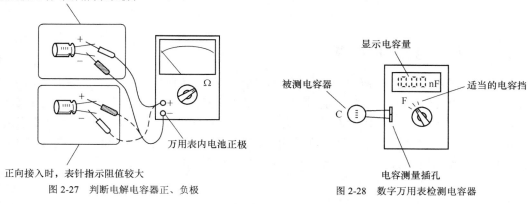

图 2-27　判断电解电容器正、负极　　　　图 2-28　数字万用表检测电容器

2.2　可变电容器

可变电容器是电容量在一定范围内可以连续调节的电容器，是一种常用的可调电子元件。

2.2.1　可变电容器的种类

广义的可变电容器通常包括可变电容器和微调电容器（半可变电容器）两大类，如图 2-29 所示。可变电容器适用于电容量需要随时改变的电路中。微调电容器适用于需要将电容量调整得很准确，调好后不再改变的电路中。

按介质材料可分为固体介质可变电容器和空气介质可变电容器。固体介质可变电容器常用塑料薄膜或云母薄片作介质，体积很小，并可做成密封形式。

图 2-29　可变电容器

按结构可分为单连可变电容器、双连可变电容器和多连可变电容器。双连可变电容器实质上是同轴的两个可变电容器，随着转轴的转动，两连的电容量同步变化。两连的最大电容量可以相等(等容式)，也可以不相等(差容式)。超外差收音机中的小型密封双连可变电容器一般为差容式可变电容器。

2.2.2　可变电容器的符号

可变电容器的文字符号为"C"，图形符号如图 2-30 所示。

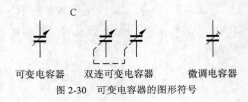

图 2-30　可变电容器的图形符号

2.2.3　可变电容器的结构

可变电容器由两组互相绝缘的金属片组成电极，其中一组固定不动，称为定片；另一组安装在旋轴上可以旋转，称为动片。固体密封单、双连和空气单、双连可变电容器的定片、动片引出端如图 2-31 所示，使用中不可接错。双连可变电容器一般只有一个动片引出端，两连共用。

可变电容器（包括微调电容器）在使用中，应注意必须将其动片接地，如图 2-32 所示，这样可以避免调节时的人体感应，提高电路的抗干扰能力和工作稳定性。

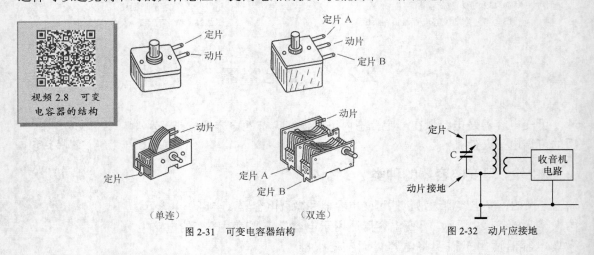

图 2-31　可变电容器结构　　　　图 2-32　动片应接地

2.2.4　可变电容器的参数

可变电容器的主要参数是最大电容量，一般直接标示在可变电容器上。

在电路图中，可以只标注出最大容量，如"360p"；也可以同时标注出最小容量和最大容量，如"6/170p"、"1.5/10p"，如图 2-33 所示。

图 2-33　可变电容器的标注

2.2.5　可变电容器的特点与工作原理

可变电容器的特点是电容量可以改变。

可变电容器动片的旋转角度通常为 180°，动片全部旋入定片时容量最大，全部旋出时容量最小。按容量随动片旋转角度变化的特性，可变电容器可分为直线电容式、直线频率式、对数式等，如图 2-34 所示。

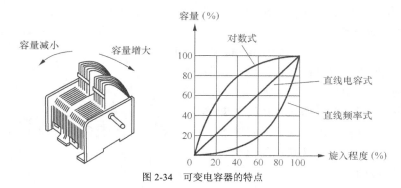

图 2-34　可变电容器的特点

2.2.6　可变电容器的应用

可变电容器的主要作用是改变和调节回路的谐振频率，广泛应用在调谐放大、选频振荡等电路中。

1. 谐振回路

图 2-35 所示为 LC 谐振回路，改变可变电容器 C 即可改变谐振频率 f，$f = \dfrac{1}{2\pi\sqrt{LC}}$（Hz），$f$ 与电容量 C 的平方根成反比。

2. 选频振荡

可变电容器用于振荡器，可以使振荡频率在一定范围内连续可调。图 2-36 所示为高频信号发生器电路，调节单连可变电容器 C，其输出信号频率即可根据需要改变。

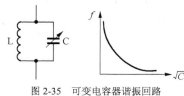

图 2-35　可变电容器谐振回路

3. 调谐

可变电容器常用于收音机的调谐回路，起到选择电台的作用。图 2-37 所示为超外差收音机变频级电路，双连可变电容器 C_1 中的一连 C_{1a} 接入天线输入回路，另一连 C_{1b} 接入本机振荡回路，调节 C_1 两连容量同步改变即可改变接收频率。C_2、C_3 均为微调电容器，分别用于天线输入回路和本机振荡回路的频率校准。

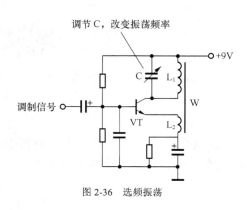

图 2-36　选频振荡

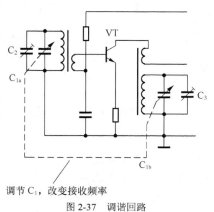

图 2-37　调谐回路

2.2.7 常用可变电容器

常用的可变电容器主要有空气可变电容器、固体可变电容器、微调电容器等。

1. 空气可变电容器

空气可变电容器是以空气作为动片与定片之间的绝缘介质的，即动片与定片互相悬空，如图 2-38 所示。空气可变电容器的特点是稳定性好、耐压高，但体积较大。空气可变电容器包括单连和双连，广泛应用于收音机、电台、电子仪器等设备中。

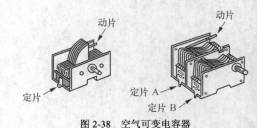

图 2-38 空气可变电容器

双连可变电容器实质上是同轴的两个可变电容器，随着转轴的转动，两连的电容量同步变化。两连的最大电容量可以相等（等容式），也可以不相等（差容式）。

2. 固体可变电容器

固体可变电容器是以塑料薄膜或云母薄片作为动片与定片之间的绝缘介质，如图 2-39 所示。固体可变电容器的特点是体积小、重量轻、可做成密封形式，但易磨损。

固体可变电容器包括单连、双连和多连，主要应用于小型收音机、通信设备、电子仪表等。超外差收音机中的小型密封双连可变电容器一般为差容式。

3. 微调电容器

微调电容器也称为半可变电容器，其电容量变化范围较小，主要用于各种振荡和调谐电路中作频率微调、校准、补偿等。

常用的微调电容器有拉线微调电容器和瓷介微调电容器，如图 2-40 所示。

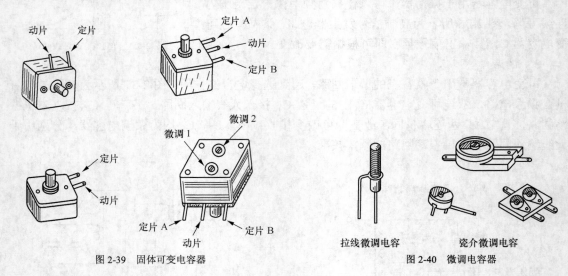

图 2-39 固体可变电容器   图 2-40 微调电容器

（1）拉线微调电容器

拉线微调电容器的特点是电容量只可减小，并且减小后不可再恢复。使用时，将拉线微调电容器顶端的导线逐渐拉去，直至电容量减小至符合要求为止，最后将拉出的导线剪掉，如图 2-41 所示。

（2）瓷介微调电容器

瓷介微调电容器的电容量既可减小也可增大。调节瓷介微调电容器时，如图 2-42 所示，用小螺丝刀缓慢地来回旋转瓷介微调电容器上的动片，直至电容量符合要求为止。

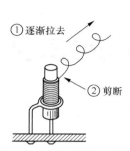

图 2-41　调节拉线微调电容器

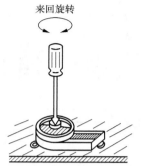

图 2-42　调节瓷介微调电容器

2.2.8　检测可变电容器

可变电容器可用万用表的电阻挡进行检测，主要检测其是否有短路现象。检测时，万用表置于 R×1k 或 R×10k 挡，如图 2-43 所示。

将万用表两表笔（不分正、负）分别与被测可变电容器的两端引线相接，然后来回旋转可变电容器的旋柄，万用表指针均应不动，如图 2-44 所示。如旋转到某处指针摆动，说明可变电容器有短路现象，不能使用。对于双连可变电容器，应分别对每一连进行检测。

图 2-43　选择检测挡位

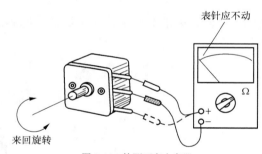

图 2-44　检测可变电容器

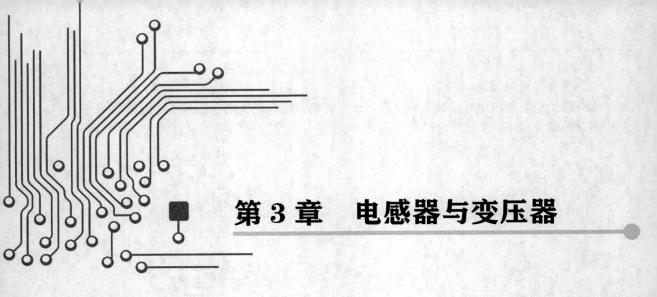

第3章　电感器与变压器

视频 3.1　电感器

电感器是最基本、最主要并且应用广泛的电子元器件，变压器也是应用广泛的电子元器件，它们都是基于电磁原理工作的。

3.1　电感器

电感器是储存电能的元件，通常简称为电感，是常用的基本电子元器件之一，外形如图3-1 所示。

图 3-1　电感器

3.1.1　电感器的种类

电感器种类繁多，形状各异，通常可分为固定电感器、可变电感器、微调电感器三大类。按其采用材料不同，电感器可分为空心电感器、磁芯电感器、铁芯电感器、铜芯电感器等。电感线圈装有磁芯或铁芯，可以增加电感量，一般磁芯用于高频场合，铁芯用于低频场合。线圈装有铜芯，则可以减小电感量。

按用途可分为：固定电感器，包括立式、卧式、片状固定电感器等；阻流圈，包括高频阻流圈、低频阻流圈、电源滤波器等；偏转线圈，包括行偏转、场偏转等；振荡线圈，包括中波、短波、调频本振线圈，行、场振荡线圈等。

3.1.2　电感器的符号

电感器的文字符号为"L"，图形符号如图 3-2 所示。

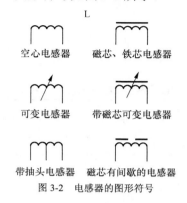

图 3-2　电感器的图形符号

3.1.3　电感器的型号

电感器的型号命名一般由四部分组成，如图 3-3 所示。第一部分用字母表示电感器的主称，其中"L"为电感线圈，"ZL"为阻流圈；第二部分用字母表示电感器的特征，其中"G"为高频；第三部分用字母表示电感器的型式，其中"X"为小型；第四部分用字母表示区别代号。例如，LGX 型为小型高频电感器。

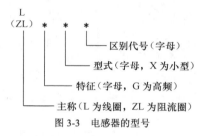

图 3-3　电感器的型号

3.1.4　电感器的参数

电感器的主要参数是电感量和额定电流。

1. 电感量

电感量的基本单位是亨利，简称亨，用字母"H"表示。在实际应用中，一般常用毫亨（mH）或微亨（μH）作单位。它们之间的相互关系是：1H =1000 mH，1 mH =1000μH。

2. 电感量的标示方法

电感器上电感量的标示方法有两种。

（1）直标法，即将电感量直接用文字印刷在电感器上，如图 3-4 所示。

（2）色标法，即用色环表示电感量，其单位为 μH。色标法如图 3-5 所示，第 1、2 环表示两位有效数字，第 3 环表示倍乘数，第 4 环表示允许偏差。各色环颜色的含义与色环电阻器相同，见表 1-2。

3. 额定电流

额定电流是指电感器在正常工作时，允许通过的最大电流。额定电流一般以字母表示，

视频 3.2　电感器
工作原理及参数

并直接印在电感器上，字母的含义见表 3-1。使用中，电感器的实际工作电流必须小于额定电流，否则电感线圈将会严重发热甚至烧毁。

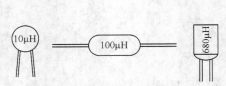

图 3-4　电感量的直标法

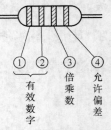

图 3-5　电感量的色标法

表 3-1　　　　　　　　　　　　　　电感器上额定电流代号的意义

字母代号	额定电流
A	50mA
B	150mA
C	300mA
D	700mA
E	1.6A

视频 3.3　电感器特性

电感器还有品质因素（Q 值）、分布电容等参数，在对这些参数有要求的电路中，选用电感器时必须予以考虑。

3.1.5　电感器的特点与工作原理

电感器的特点是通直流阻交流。直流电流可以无阻碍地通过电感器，而交流电流通过时则会受到很大的阻力。

1. 感抗

电感器对交流电流所呈现的阻力称之为感抗，用符号"X_L"表示，单位为 Ω。感抗等于电感器两端交流电压（有效值）与通过电感器的交流电流（有效值）的比值，感抗 X_L 分别与交流电的频率 f 和电感器的电感量 L 成正比，即 $X_L=2\pi fL$，如图 3-6 所示。图 3-7 所示为感抗曲线。

2. 电感器的工作原理

电感线圈在通过电流时会产生自感电动势，自感电动势总是反对原电流的变化，如图 3-8 所示。

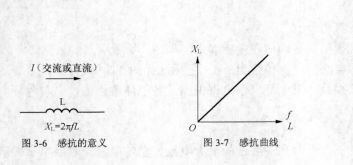

图 3-6　感抗的意义　　　　　　　　图 3-7　感抗曲线

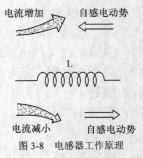

图 3-8　电感器工作原理

当通过电感线圈的原电流增加时，自感电动势与原电流方向相反，阻碍原电流增加。当原电流减小时，自感电动势与原电流方向相同，阻碍原电流减小。

自感电动势的大小与通过电感线圈的电流的变化率成正比。

直流电的电流变化率为"0"，所以其自感电动势也为"0"，直流电可以无阻力地通过电感线圈（忽略电感线圈极小的导线电阻）。

交流电的电流时刻在变化，它在通过电感线圈时必然受到自感电动势的阻碍。交流电的频率越高，电流变化率越大，产生的自感电动势也越大，交流电流通过电感线圈时受到的阻力也就越大。

3.1.6　电感器的应用

电感器的主要作用是分频、滤波、谐振和磁偏转。

1. 分频

电感器可以用于区分高、低频信号。图 3-9 所示为复式收音机中高频阻流圈的应用示例，由于高频阻流圈 L 对高频电流感抗很大而对音频电流感抗很小，晶体管 VT 集电极输出的高频信号只能通过电容器 C 进入检波电路。检波后的音频信号再经 VT 放大后通过 L 到达耳机。

2. 滤波

图 3-10 所示为电感器用于整流电源滤波，L 与 C_1、C_2 组成 π 型 LC 滤波器。由于 L 具有通直流阻交流的功能，因此，整流二极管输出的脉动直流电压 U_i 中的直流成分可以通过 L，而交流成分绝大部分不能通过 L，被 C_1、C_2 旁路到地，输出电压 U_o 便是较纯净的直流电压了。

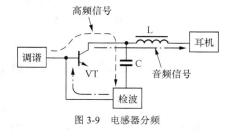

图 3-9　电感器分频

图 3-10　电感器滤波

3. 谐振

电感器可以与电容器组成谐振选频回路。图 3-11 所示为收音机高放级电路，可变电感器 L 与电容器 C_1 组成调谐回路，调节 L 即可改变谐振频率，起到选台的作用。

4. 磁偏转

电感线圈还可以用于磁偏转电路。图 3-12 所示为显像管偏转线圈工作示意图，偏转电流通过偏转线圈产生偏转磁场，使电子束随之偏转完成扫描运动。

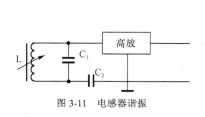

图 3-11　电感器谐振

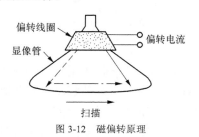

图 3-12　磁偏转原理

3.1.7 常用电感器

常用电感器主要有空心电感器、磁芯电感器、铁芯电感器、铜芯电感器、固定电感器、可调电感器、偏转线圈等。

1. 空心电感器

将导线按一定方向缠绕即成为空心电感器,如图 3-13 所示。空心电感器可以绕在绝缘骨架上,也可以没有骨架(常称为脱胎线圈);可以一圈挨一圈地密绕,也可以圈与圈之间保持一定间距的间绕;可以是单层线圈,也可以是多层线圈。空心电感器一般电感量较小,主要应用于高频场合。

2. 磁芯电感器

线圈中装有磁芯称为磁芯电感器,如图 3-14 所示。磁芯可以增加线圈的电感量,减小电感器的体积。磁芯电感器是应用最广泛的电感器之一,特别适用于中、高频场合。

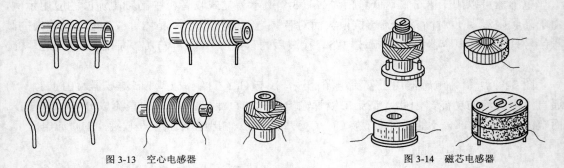

图 3-13 空心电感器 　　　　　　　　　　　图 3-14 磁芯电感器

3. 铁芯电感器

线圈中装有铁芯称为铁芯电感器,如图 3-15 所示。铁芯可以增加线圈的电感量,但工作频率较低。铁芯电感器主要应用于低频场合,如电源滤波等。

4. 铜芯电感器

线圈中装有铜芯称为铜芯电感器,如图 3-16 所示。铜芯可以减小线圈的电感量。铜芯电感器主要应用于超高频场合,如电视机高频头中的微调线圈等。

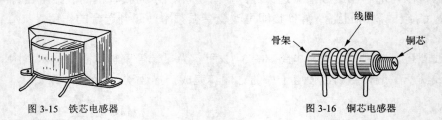

图 3-15 铁芯电感器 　　　　　　　　　　　图 3-16 铜芯电感器

5. 固定电感器

固定电感器是一种通用性强的系列化产品,其结构如图 3-17 所示,线圈(往往含有磁芯)被密封在外壳内,具有体积小、重量轻、结构牢固、电感量稳定和使用安装方便的特点,在各种电子电路中得到了广泛的应用。

部分国产固定电感器的型号和参数见表 3-2。

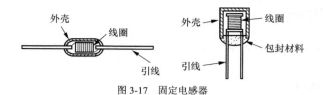

图 3-17　固定电感器

表 3-2 部分国产固定电感器的型号和参数

型号	电感量（μH）	额定电流（mA）	Q 值
LG400 LG402 LG404 LG406	1～82000	50～150	
LG408 LG410 LG412 LG414	1～5600	50～250	30～60
LG1	0.1～22000	A	40～80
	0.1～10000	B	40～80
	0.1～1000	C	45～80
	0.1～560	D、E	40～80
LG2	1～22000	A	7～46
	1～10000	B	3～34
	1～1000	C	13～24
	1～560	D	10～12
	1～560	E	6～12
LF12DR01	39±10%	600	
LF10DR01	150±10%	800	
LF8DR01	6.12～7.48		＞60

6. 可调电感器

可调电感器是指电感量在一定范围内可以调节的电感器。可调电感器结构如图 3-18 所示，在线圈骨架中有一个可以调节的磁芯或铜芯，改变磁芯或铜芯在线圈中的位置即可改变电感量。

对于磁芯电感器，当磁芯旋进线圈时电感量增大，当磁芯旋出线圈时电感量减小。对于铜芯电感器，当铜芯旋进线圈时电感量减小，当铜芯旋出线圈时电感量增大。应用最普遍的是磁芯可调电感器。

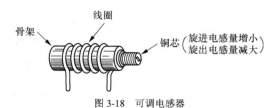

图 3-18　可调电感器

3.1.8 检测电感器

电感器的好坏可以用万用表电阻挡进行初步检测，即检测电感器是否有断路、短路、绝缘不良等情况。

1. 检测电感器线圈

将万用表置于 R×1 挡，两表笔（不分正、负）与被测电感器的两引脚相接，表针指示应接近为 0Ω，如图 3-19 所示。如果表针不动，说明该电感器内部断路。如果表针指示不稳定，说明内部接触不良。

对于电感量较大的电感器，由于其线圈圈数相对较多，直流电阻相对较大，万用表指示应有一定的阻值，如图 3-20 所示。如果表针指示为 0Ω，说明该电感器内部短路。

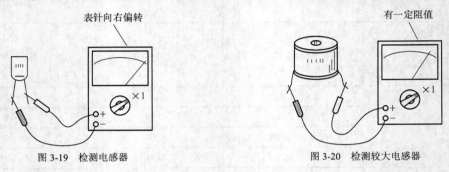

图 3-19　检测电感器　　　　　　　　图 3-20　检测较大电感器

2. 检测绝缘情况

将万用表置于 R×10k 挡，检测电感器的绝缘情况，主要是针对具有铁芯或金属屏蔽罩的电感器。测量线圈引线与铁芯或金属屏蔽罩之间的电阻，均应为无穷大（表针不动），如图 3-21 所示。否则说明该电感器绝缘不良。

3. 检查电感器结构

仔细观察电感器结构，线圈绕线应不松散、不变形，引出端应固定牢固，磁芯既可灵活转动又不会松动等，如图 3-22 所示。

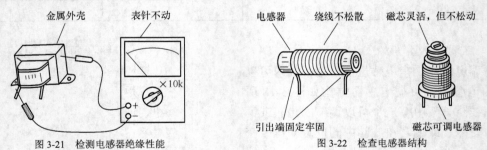

图 3-21　检测电感器绝缘性能　　　　　图 3-22　检查电感器结构

3.2　变压器

变压器是一种常用元器件，种类繁多，大小形状千差万别，外形如图 3-23 所示。

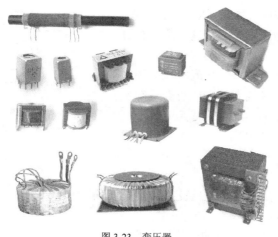

视频 3.5 变压器

图 3-23 变压器

3.2.1 变压器的种类

根据工作频率不同，变压器可分为电源变压器、音频变压器、中频变压器和高频变压器四大类。

电源变压器包括降压变压器、升压变压器、隔离变压器等。音频变压器包括输入变压器、输出变压器、线路变压器等。中频变压器又分为单调谐式、双调谐式等。收音机中的天线线圈、振荡线圈，以及电视机天线阻抗变换器、行输出等脉冲变压器都属于高频变压器。

根据结构与材料的不同，变压器又可分为铁芯变压器、固定磁芯变压器、可调磁芯变压器等。铁芯变压器适用于低频，磁芯变压器适用于高频。

3.2.2 变压器的符号

变压器的文字符号为"T"，图形符号如图 3-24 所示。

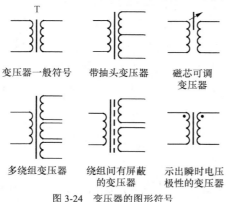

视频 3.6 变压器
特性

图 3-24 变压器的图形符号

3.2.3 变压器的特点与工作原理

变压器的特点是传输交流隔离直流，并可同时实现电压变换、阻抗变换和相位变换。变压器各绕组线圈间互不相通，但交流电压可以通过磁场耦合进行传输。

变压器是利用互感应原理工作的。如图 3-25 所示，变压器由初级、次级两部分互不相通的线圈组成，它们之间由铁芯或磁芯作为耦合媒介。

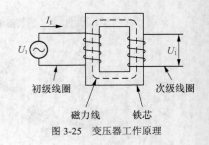

图 3-25　变压器工作原理

当在初级线圈两端加上交流电压 U_1 时，交流电流 I_1 流过初级线圈使其产生交变磁场，在次级线圈两端即可获得交流电压 U_2。直流电压不会产生交变磁场，次级无感应电压。所以变压器具有传输交流、隔离直流的功能。

3.2.4　变压器的基本作用

视频 3.7　变压器
工作原理及参数

变压器的主要作用是电压变换、阻抗变换和相位变换。

1. 电压变换

变压器具有电压变换的作用。如图 3-26 所示，变压器次级电压的大小，取决于次级与初级的圈数比。空载时，次级电压 U_2 与初级电压 U_1 之比等于次级圈数 N_2 与初级圈数 N_1 之比。

2. 阻抗变换

变压器具有阻抗变换的作用。如图 3-27 所示，变压器初级与次级的圈数比不同，耦合过来的阻抗也不同。在数值上，次级阻抗 R_2 与初级阻抗 R_1 之比等于次级圈数 N_2 与初级圈数 N_1 之比的平方。

视频 3.8　变压器
其他特性

3. 相位变换

变压器具有相位变换的作用。图 3-28 所示变压器电路图，标出了各绕组线圈的瞬时电压极性。可见，通过改变变压器线圈的接法，可以很方便地将信号电压倒相。

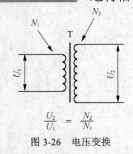

$$\frac{U_2}{U_1} = \frac{N_2}{N_1}$$

图 3-26　电压变换

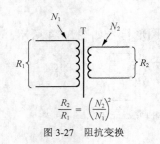

$$\frac{R_2}{R_1} = \left(\frac{N_2}{N_1}\right)^2$$

图 3-27　阻抗变换

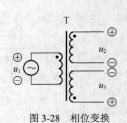

图 3-28　相位变换

3.2.5　电源变压器

电源变压器是最常用的一类变压器。

1. 电源变压器的种类

电源变压器可分为降压变压器（$U_2 < U_1$）、升压变压器（$U_2 > U_1$）、隔离变压器（$U_2 = U_1$）和多绕组变压器等，如图 3-29 所示。

多绕组电源变压器具有若干个互为独立的次级绕组，各次级电压也不尽相同，既可以低于初级电压，也可以等于或高于初级电压。

2. 电源变压器的参数

电源变压器的主要参数是功率、次级电压和电流。

（1）变压器功率与铁芯截面的平方成正比，如图 3-30 所示，铁芯截面越大，变压器功率越大。功率一般用文字直接标注在变压器上。

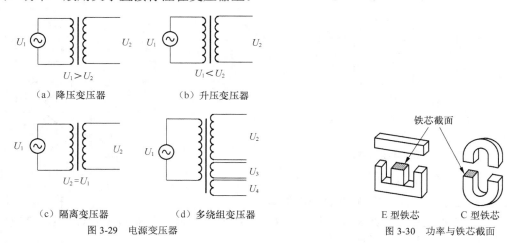

（a）降压变压器　　　（b）升压变压器

（c）隔离变压器　　　（d）多绕组变压器

图 3-29　电源变压器

图 3-30　功率与铁芯截面

（2）次级电压是指电源变压器次级绕组的额定输出电压。有多个次级绕组的电源变压器，可以有多种次级电压，如图 3-31 所示。应根据需要选用具有符合要求的次级电压的变压器。

（3）次级电流是指次级绕组所能提供的最大电流，选用时次级电流必须大于电路实际电流值。图 3-31 标示出了某电源变压器的次级电压和电流值。次级电压和电流一般均用文字直接标注在变压器上。

常用电源变压器的初级电压一般为交流 220V，也有交流 380V 的。电源变压器的参数还有空载电流、绝缘电阻等。

3. 电源变压器的用途

电源变压器的用途是电源电压变换和电源隔离。

（1）电源变压器主要用于电源电压变换，并可同时提供多种电源电压，以适应电路的需要。

（2）电源变压器同时具有电源隔离功能。如图 3-32 所示，由于变压器的隔离作用，即使人体接触到电压 U_2，也不会与交流 220V 市电构成回路，保证了人身安全。这就是维修热底板家电时必须要用电源隔离变压器的道理。

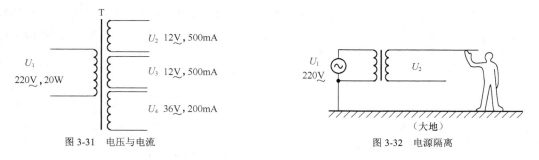

图 3-31　电压与电流

图 3-32　电源隔离

3.2.6　音频变压器

音频变压器是工作于音频范围的变压器。推挽功率放大器中的输入变压器和输出变压器都属于音频变压器，如图 3-33 所示。有线广播中的线路变压器也是音频变压器，如图 3-34

所示。

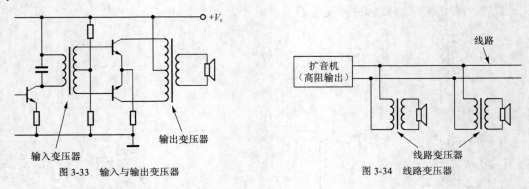

图 3-33　输入与输出变压器　　　　　图 3-34　线路变压器

1. 音频变压器的参数

音频变压器的主要参数是阻抗比和功率。

（1）阻抗比是指音频变压器初级与次级之间的阻抗比值。某输出变压器如图 3-35 所示，其次级阻抗直接标注在变压器上。

（2）功率是指音频变压器正常工作时所能承受的最大功率，一般在晶体管收音机中可不必考虑。在电子管扩音机（胆机）中和有线广播系统中，则必须注意音频变压器的功率。在高保真音响中，还应考虑音频变压器的频响指标。

2. 音频变压器的用途

音频变压器的主要用途是阻抗匹配、信号传输与分配。

（1）阻抗匹配。如图 3-36 所示，输出变压器将扬声器的 8Ω 低阻变换为数百欧姆的高阻，与放大器的输出阻抗相匹配，使得放大器输出的音频功率最大而失真最小。

图 3-35　次级阻抗的标注　　　　　图 3-36　阻抗匹配

（2）信号传输与分配。图 3-37 所示为推挽功率放大器电路，输入变压器将信号电压传输、分配给晶体管 VT_1 和 VT_2（送给 VT_2 的信号还先进行了倒相），使 VT_1 和 VT_2 轮流分别放大正、负半周信号，然后再由输出变压器将输出信号合成。

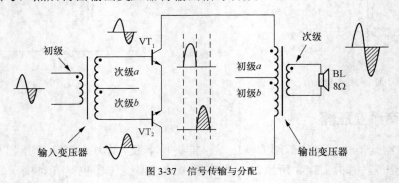

图 3-37　信号传输与分配

3.2.7　中频变压器

中频变压器习惯上简称为中周，应用于超外差收音机和电视机的中频放大电路中。

中频变压器分为单调谐式和双调谐式两种，如图 3-38 所示。单调谐式初、次级绕在一个磁心上。双调谐式初、次级分为两个独立的线圈，依靠电容进行耦合。

1. 中频变压器的特点

中频变压器的结构特点是磁心可以调节，以便微调电感量。图 3-39（a）所示为调磁帽式，图 3-39（b）所示为调磁杆式。磁帽或磁杆上带有螺纹，可上下旋转移动。当磁帽或磁杆向下移动时电感量增大，向上移动时电感量减小。

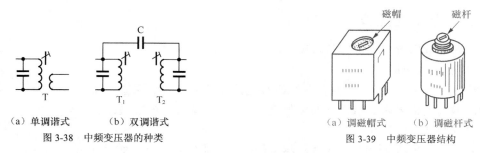

（a）单调谐式　　（b）双调谐式　　　　　　　（a）调磁帽式　　（b）调磁杆式

图 3-38　中频变压器的种类　　　　　　图 3-39　中频变压器结构

2. 中频变压器的参数

中频变压器的主要参数是谐振频率（配以指定电容器）、通频带、Q 值和电压传输系数。图 3-40 所示为中频变压器幅频特性曲线，f_0 为谐振频率，Δf 为通频带。

3. 中频变压器的用途

中频变压器具有选频与耦合的作用。图 3-41 所示为超外差收音机中放部分电路，中频变压器 T_1、T_2 的初级线圈分别与 C_1、C_2 谐振于 465kHz，作为 VT_1、VT_2 的负载，因此只有 465kHz 中频信号被放大，起到了选频的作用。

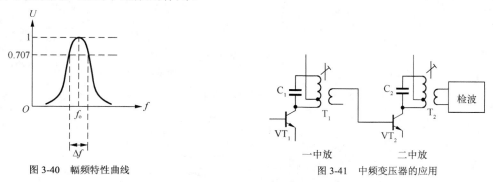

图 3-40　幅频特性曲线　　　　　　　图 3-41　中频变压器的应用

中频变压器同时还具有耦合作用。图 3-41 所示电路中，一中放输出信号通过 T_1 耦合到二中放，二中放输出信号通过 T_2 耦合到检波级。

3.2.8　高频变压器

高频变压器通常是指工作于射频范围的变压器。收音机的磁性天线就是一个高频变压器，如图 3-42 所示，初级线圈与可变电容器 C 组成选频回路，选出的电台信号通过初、次级之间的耦合传输到高放或变频级。

电视机天线阻抗变换器也是一种高频变压器，如图 3-43 所示，折叠偶极子天线输出的 300Ω 平衡信号，通过高频变压器 T 变换为 75Ω 不平衡信号送入电视机。

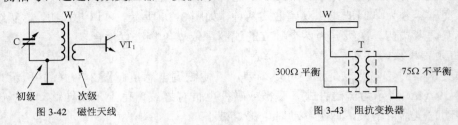

图 3-42　磁性天线　　　　　　　　　　图 3-43　阻抗变换器

3.2.9　检测变压器

变压器可以用万用表进行基本检测。

1．检测绕组线圈

检测时用万用表 R×1 挡测量各绕组线圈，应有一定的电阻值，如图 3-44 所示。如果表针不动，说明该绕组内部断路。如果阻值为 0，说明该绕组内部短路。

2．检测绝缘电阻

用万用表 R×1k 或 R×10k 挡，测量每两个绕组线圈之间的绝缘电阻，均应为无穷大，如图 3-45 所示。接着再测量每个绕组线圈与铁芯之间的绝缘电阻，也均应为无穷大，如图 3-46 所示。否则说明该变压器绝缘性能太差，不能使用。

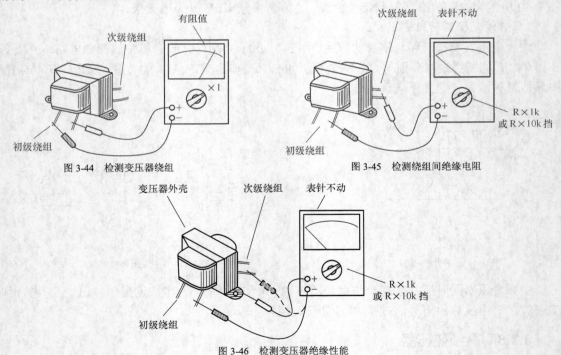

图 3-44　检测变压器绕组　　　　　　　　图 3-45　检测绕组间绝缘电阻

图 3-46　检测变压器绝缘性能

3．检测初级空载电流

检测电源变压器初级空载电流 I_0 的方法如图 3-47 所示，电源变压器所有次级引线悬空，初级串接一只 50～100Ω 的电阻 R，然后接入交流 220V 电源，用万用表交流 10V 挡测量 R 上的压降 U_R，根据 $I_0=U_R/R$ 即可计算出初级空载电流。初级空载电流一般应在 20mA 以下，过大说明变压器质量差。

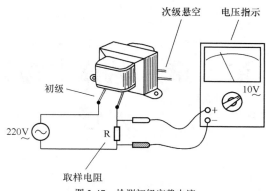

图 3-47　检测初级空载电流

4. 区分音频输入与输出变压器

推挽功率放大器所用输入变压器与输出变压器外形一样，均为 5 个引出端，如果标志不清，可用万用表进行区分。如图 3-48 所示，用万用表 R×1 挡测量音频变压器有两个引出端的绕组，如阻值在 1Ω 左右则为输出变压器，如阻值在几十到几百欧姆则为输入变压器。

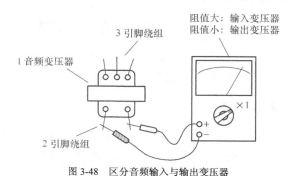

图 3-48　区分音频输入与输出变压器

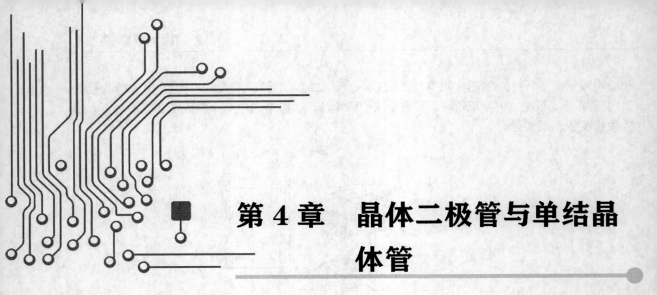

第 4 章　晶体二极管与单结晶体管

视频 4.1　晶体二极管的种类

晶体二极管是电子电路中最重要的半导体器件，包括一般二极管和特殊二极管两大类。单结晶体管也是一种特殊的半导体二极管。

4.1　晶体二极管

晶体二极管简称二极管，是一种常用的具有一个 PN 结的半导体器件。

4.1.1　晶体二极管的种类

晶体二极管种类很多，大小各异，仅从外观上看，较常见的有玻璃壳二极管、塑封二极管、金属壳二极管、大功率螺栓状金属壳二极管、微型二极管、片状二极管等，如图 4-1 所示。

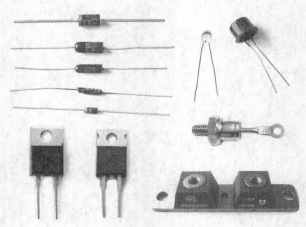

图 4-1　晶体二极管

晶体二极管按其制造材料的不同,可分为锗管和硅管两大类,每一类又分为 N 型和 P 型。按其制造工艺不同, 可分为点接触型二极管和面接触型二极管。

　　按功能与用途不同,可分为一般二极管和特殊二极管两大类。一般二极管包括检波二极管、整流二极管、开关二极管等。特殊二极管主要有稳压二极管、敏感二极管(磁敏二极管、温度效应二极管、压敏二极管等)、变容二极管、发光二极管、光电二极管、激光二极管等。没有特别说明时, 晶体二极管即指一般二极管。

4.1.2　晶体二极管的符号

晶体二极管的文字符号是"VD",图形符号如图 4-2 所示。

图 4-2　晶体二极管的图形符号

4.1.3　晶体二极管的型号

国产晶体二极管的型号命名由五部分组成,如图 4-3 所示。第一部分用数字"2"表示二极管,第二部分用字母表示材料和极性,第三部分用字母表示类型,第四部分用数字表示序号,第五部分用字母表示规格。

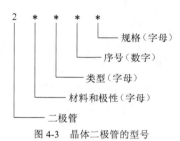

图 4-3　晶体二极管的型号

晶体二极管型号的意义见表 4-1。例如,2AP9 为 N 型锗材料普通检波二极管,2CZ55A 为 N 型硅材料整流二极管,2CK71B 为 N 型硅材料开关二极管。

表 4-1　　　　　　　　　　　　　晶体二极管型号的意义

第一部分	第二部分	第三部分	第四部分	第五部分
2	A: N 型锗材料	P: 普通管	序号	规格(可缺)
	B: P 型锗材料	Z: 整流管		
	C: N 型硅材料	K: 开关管		
	D: P 型硅材料	W: 稳压管		
	E: 化 合 物	L: 整流堆		
		C: 变容管		
		S: 隧道管		
		V: 微波管		
		N: 阻尼管		
		U: 光电管		

4.1.4　晶体二极管的极性

晶体二极管两管脚有正、负极之分,如图 4-4 所示。

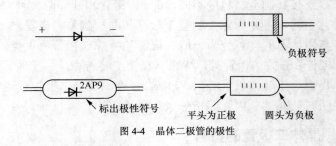

图 4-4 晶体二极管的极性

二极管电路符号中，三角一端为正极，短杠一端为负极。

二极管实物中，有的将电路符号印在二极管上标示出极性，有的在二极管负极一端印上一道色环作为负极标记，有的二极管两端形状不同，平头为正极，圆头为负极，使用中应注意识别。

4.1.5 晶体二极管的参数

晶体二极管的参数很多，常用的检波、整流二极管的主要参数有最大整流电流 I_{FM}、最大反向电压 U_{RM} 和最高工作频率 f_M。

1. 最大整流电流

最大整流电流 I_{FM} 是指二极管长期连续工作时，允许正向通过 PN 结的最大平均电流。使用中实际工作电流应小于二极管的 I_{FM}，否则将损坏二极管。

2. 最大反向电压

最大反向电压 U_{RM} 是指反向加在二极管两端而不致引起 PN 结击穿的最大电压。使用中应选用 U_{RM} 大于实际工作电压 2 倍以上的二极管，如果实际工作电压的峰值超过 U_{RM}，二极管将被击穿。

3. 最高工作频率

由于 PN 结极间电容的影响，使二极管所能应用的工作频率有一个上限。f_M 是指二极管能正常工作的最高频率。在作检波或高频整流使用时，应选用 f_M 至少 2 倍于电路实际工作频率的二极管，否则不能正常工作。

4.1.6 晶体二极管的特点与工作原理

晶体二极管的特点是具有单向导电特性，一般情况下只允许电流从正极流向负极，而不允许电流从负极流向正极，图 4-5 形象地说明了这一点。

晶体二极管是非线性半导体器件。电流正向通过二极管时，要在 PN 结上产生管压降 U_{VD}，锗二极管的正向管压降约为 0.3V，如图 4-6 所示；硅二极管的正向管压降约为 0.7V，如图 4-7 所示。另外，硅二极管的反向漏电流比锗二极管小得多。从伏安特性曲线可见，二极管的电压与电流为非线性关系。

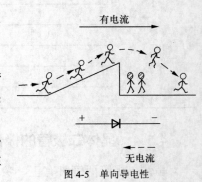

图 4-5 单向导电性

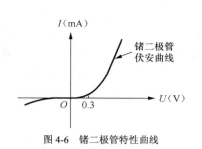

图 4-6 锗二极管特性曲线

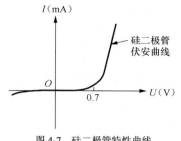

图 4-7 硅二极管特性曲线

视频 4.5 正极性
半波整流电路

4.1.7 晶体二极管的应用

晶体二极管的主要作用是整流、检波和开关。

1. 半波整流

晶体二极管具有整流作用。图 4-8 所示为半波整流电路，由于二极管的单向导电特性，在交流电压正半周时二极管 VD 导通，有输出。在交流电压负半周时二极管 VD 截止，无输出。经二极管 VD 整流出来的脉动电压再经 RC 滤波器滤波后即为直流电压。

2. 全波整流

全波整流比半波整流的效率高。图 4-9 所示为桥式全波整流电路，采用 4 只整流二极管构成。

视频 4.6 正、负性
全波整流电路

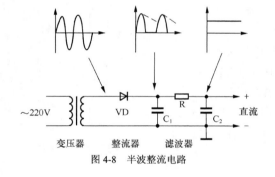

图 4-8 半波整流电路

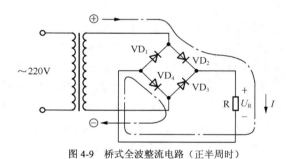

图 4-9 桥式全波整流电路（正半周时）

（1）当交流电正半周时，电流 I 经 VD$_2$、负载 R、VD$_4$ 形成回路，负载上电压 U_R 为上正下负，如图 4-9 中点画线所示。

（2）当交流电负半周时，电流 I 经 VD$_3$、负载 R、VD$_1$ 形成回路，负载上电压 U_R 仍为上正下负，如图 4-10 中点画线所示，实现了全波整流。

3. 检波

晶体二极管具有检波作用。图 4-11 所示为超外差收音机检波电路，第二中放输出的调幅波加到二极管 VD 负极，其负半周通过了二极管（正半周被截止），再由 RC 滤波器滤除其中的高频成分，输出的就是调制在载波上的音频信号，这个过程称为检波。

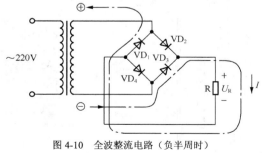

图 4-10 全波整流电路（负半周时）

视频 4.7 负极性全波整流电路

4. 开关

晶体二极管具有开关作用。图 4-12 所示开关电路中，当二极管 VD 正极接+9V 时，VD 导通，输入端（IN）信号可以通过二极管 VD 到达输出端（OUT）。当二极管 VD 正极接–9V 时，VD 截止，输入端（IN）与输出端（OUT）之间通路被切断。

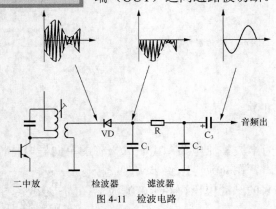

二中放　　　检波器　　滤波器
图 4-11　检波电路

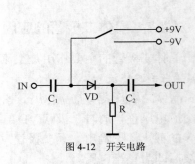

图 4-12　开关电路

4.1.8　检波二极管

检波二极管是点接触型二极管，结构如图 4-13 所示，它是用一根极细的金属丝热压在 N 型半导体片上制成的。在金属丝与 N 型半导体片的接触点形成 P

视频 4.8　负极性半波整流电路

型半导体，并在 P 型半导体与 N 型半导体的界面上形成 PN 结。

检波二极管的性能特点是结电容很小、工作频率高、正向压降小，但最大正向电流较小、内阻较大。例如，常用的 2AP9 检波二极管，最高工作频率可达 100MHz，但最大正向电流只有 8mA。

检波二极管主要是在小信号高频电路中作检波、鉴频和变频用，也可用作小信号整流或限幅等。

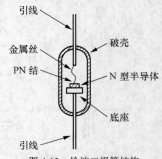

图 4-13　检波二极管结构

4.1.9　整流二极管与整流桥堆

整流二极管通常是面接触型二极管，结构如图 4-14 所示，它的 PN 结面积较大，因此可以通过较大的电流。

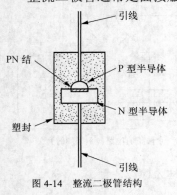

图 4-14　整流二极管结构

视频 4.9　二极管检波电路

整流二极管的性能特点是最大正向电流较大，可承受较高的反向电压，但工作频率较低。例如，2CZ58H 整流二极管，最大整流电流达 10A，最高反向电压达 600V，但最高工作频率只有 3kHz。

整流二极管主要用于电源整流，也可用作限幅、钳位和保护电路。

整流桥堆是一种整流二极管的组合器件，分为全桥整流堆和半桥整流堆两类。图 4-15 所示为部分常见整流桥堆。

1. 全桥整流堆

全桥整流堆通常简称为全桥，其文字符号为"UR"，图形符号如图 4-16 所示。

图 4-15　整流桥堆

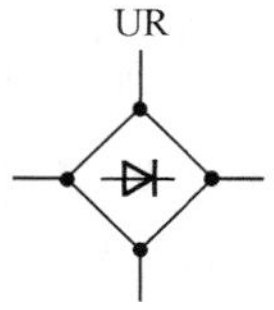

图 4-16　全桥整流堆的图形符号

全桥整流堆内部包含 4 只整流二极管，并连接成桥式整流模式，如图 4-17 所示。全桥整流堆具有两个交流输入端（用符号"～"标示）、一个直流正极输出端（用符号"+"标示）和一个直流负极输出端（用符号"–"标示）。

全桥整流堆主要用于桥式整流电路，可以取代 4 只整流二极管，简化了整流电路的结构。

2. 半桥整流堆

半桥整流堆通常简称为半桥。半桥整流堆内部包含两只整流二极管，其内部连接方式有三种：① 两只二极管正极相连构成的半桥，② 两只二极管负极相连构成的半桥，③ 两只二极管互相独立构成的半桥，如图 4-18 所示。

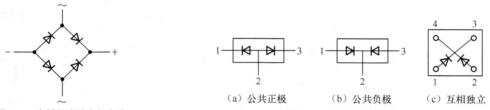

图 4-17　全桥整流堆内部电路

（a）公共正极　　（b）公共负极　　（c）互相独立

图 4-18　半桥整流堆内部电路

半桥整流堆主要用于全波整流电路。两只二极管负极相连的半桥适用于输出正电压的全波整流电路，两只二极管正极相连的半桥适用于输出负电压的全波整流电路。两只二极管互相独立构成的半桥可按需要灵活连接应用。使用两个半桥可组成桥式整流电路。

4.1.10　开关二极管

开关二极管的特点是正向电阻很小，反向电阻很大，反向恢复时间很小，开关速度很快，近似为一个理想的电子开关。例如，2CK 系列开关二极管的反向恢复时间小于 5ns。

开关二极管主要用于开关电路、脉冲电路、高频高速电路、逻辑控制电路等，大功率开关二极管主要用于开关电源、高频整流电路等。

4.1.11　变容二极管

变容二极管的特点是 PN 结的结电容可以在外加反向电压的控制下改变。

变容二极管的结构原理如图 4-19 所示，工作时 PN 结加反向电压。反向电压越高，中间的耗尽层越宽，则结电容越小；反向电压越低，耗尽层越窄，则结电容越大。改变反向电压即可改变变容二极管的结电容。例如，变容二极管 2CC32 在反向电压从 2V 增大到 25V 时，结电容从 14.0pF 减小到 2.1pF。

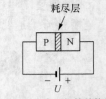

图 4-19　变容二极管结构原理

变容二极管主要用于电视机高频头、收音机调谐器以及通信设备的电调谐电路，起到可变电容器的作用。

4.1.12　检测晶体二极管

晶体二极管可用万用表电阻挡进行管脚识别和检测。

1. 判别管脚

检测时，将万用表置于 R×1k 挡，用两表笔分别接到被测二极管的两端，测量二极管两端间的电阻。

如果测得的电阻值较小，则为二极管的正向电阻，这时与黑表笔（即表内电池正极）相连接的是二极管正极，与红表笔（即表内电池负极）相连接的是二极管负极，如图 4-20 所示。

如果测得的电阻值很大，则为二极管的反向电阻，这时与黑表笔相连接的是二极管负极，与红表笔相连接的是二极管正极，如图 4-21 所示。

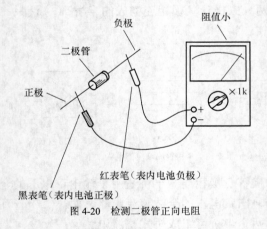

图 4-20　检测二极管正向电阻

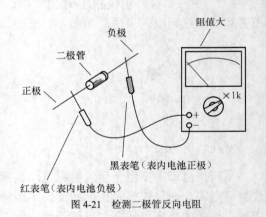

图 4-21　检测二极管反向电阻

2. 检测晶体二极管

正常的晶体二极管，其正、反向电阻的阻值应该相差很大，且反向电阻接近于无穷大。如果某二极管正、反向电阻值均为无穷大，说明该二极管内部断路损坏。如果正、反向电阻值均为 0，说明该二极管已被击穿短路。如果正、反向电阻值相差不大，说明该二极管质量太差，也不宜使用。

3. 区分锗管与硅管

由于锗二极管和硅二极管的正向管压降不同，因此，可以用测量二极管正向电阻的方法来区分。如果正向电阻小于 1kΩ，则为锗二极管，如图 4-22 所示。如果正向电阻为 1～5 kΩ，则为硅二极管，如图 4-23 所示。

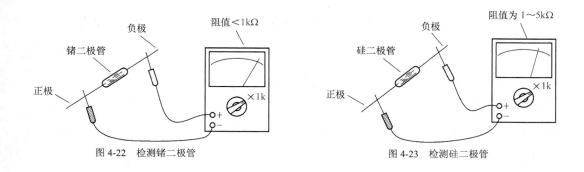

图 4-22　检测锗二极管　　　　　　　　　　　图 4-23　检测硅二极管

4.2　稳压二极管

稳压二极管是一种特殊的具有稳压功能的二极管，它也是具有一个 PN 结的半导体器件。与一般二极管不同的是，稳压二极管工作于反向击穿状态。

4.2.1　稳压二极管的种类

稳压二极管有很多种类。按封装不同可分为玻璃外壳、塑料封装、金属外壳稳压二极管等；按功率不同可分为小功率（1W 以下）和大功率稳压二极管；还可分为单向击穿（单极型）和双向击穿（双极型）稳压二极管两类。图 4-24 所示为部分稳压二极管外形。

视频 4.10　稳压二极管

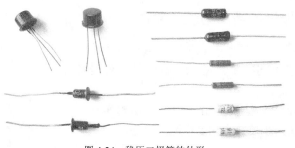

图 4-24　稳压二极管的外形

4.2.2　稳压二极管的符号

稳压二极管的文字符号为"VD"，图形符号如图 4-25 所示。

VD

图 4-25　稳压二极管的图形符号

4.2.3　稳压二极管的极性

稳压二极管两引脚有正、负极之分。由于稳压二极管工作于反向击穿状态，所以接入电路时，其负极应接电源正极，其正极应接地，如图 4-26（a）所示，R 为限流电阻。

视频 4.11　稳压二极管应用

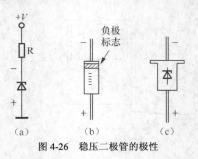
图 4-26　稳压二极管的极性

稳压二极管的管体上一般均印有负极标志或图形符号，如图 4-26（b）和图 4-26（c）所示，使用时应注意识别。

4.2.4　稳压二极管的参数

稳压二极管的主要参数是稳定电压 U_Z 和最大工作电流 I_{ZM}。

1. 稳定电压

稳定电压 U_Z 是指稳压二极管在起稳压作用的范围内，其两端的反向电压值。不同型号的稳压二极管具有不同的稳定电压 U_Z，使用时应根据需要选取。

2. 最大工作电流

最大工作电流 I_{ZM} 是指稳压二极管长期正常工作时，所允许通过的最大反向电流值。使用中应控制通过稳压二极管的工作电流，使其不超过最大工作电流 I_{ZM}，否则将烧毁稳压二极管。

4.2.5　稳压二极管的特点与工作原理

稳压二极管的特点是工作于反向击穿状态时具有稳定的端电压。与普通二极管不同的是，稳压二极管的工作电流是从负极流向正极。

稳压二极管是利用 PN 结反向击穿后，其端电压在一定范围内保持不变的原理工作的。图 4-27 所示为稳压二极管伏安特性曲线。

在加正向电压或反向电压较小时，稳压二极管与一般二极管一样具有单向导电性。当反向电压增大到一定程度时，反向电流剧增，二极管进入了反向击穿区，这时即使反向电

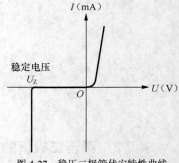
图 4-27　稳压二极管伏安特性曲线

流在很大范围内变化，二极管端电压仍保持基本不变，这个端电压即为稳定电压 U_Z。只要使反向电流不超过最大工作电流 I_{ZM}，稳压二极管就不会烧毁。

4.2.6　稳压二极管的应用

稳压二极管的作用是稳压，主要应用在各类稳压电路中。

1. 并联稳压电路

视频 4.12　串联调整型稳压电路组成及各单元作用

图 4-28 所示为简单并联稳压电路，稳压二极管 VD 上的电压即为输出电压。这种简单并

联稳压电路主要应用在输入电压变化不大、负载电流较小的场合。

2. 简单串联稳压电路

图 4-29 所示为简单串联稳压电路，由于调整管 VT 的基极电压被稳压二极管 VD 所稳定，所以当输出电压发生变化时，调整管 VT 的基-射极间电压相应变化，使得 VT 的管压降向相反方向变化，从而使输出电压基本保持稳定。

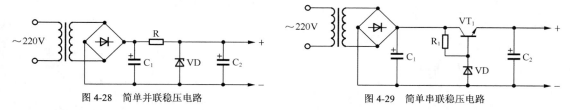

图 4-28　简单并联稳压电路　　　　　图 4-29　简单串联稳压电路

3. 典型串联稳压电路

图 4-30 所示为应用广泛的带放大环节的典型串联稳压电路，在调整管 VT_1 基极与稳压二极管 VD 之间，增加了一个由 VT_2 构成的直流放大器，起比较放大作用，因此该电路稳压效果较好。

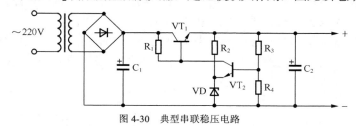

图 4-30　典型串联稳压电路

当输出电压发生变化时，VT_2 将输出电压与稳压二极管 VD 提供的基准电压进行比较，并将差值放大后去控制调整管 VT_1 的管压降做相反方向的变化，从而保持输出电压稳定。

视频 4.13　串联调整型稳压电路

4.2.7　特殊稳压二极管

除了前述稳压二极管外，还有一些特殊的稳压管，它们具有独特的功能和用途。

1. 三引脚稳压管

三引脚稳压管是一种具有温度补偿的稳压二极管。例如，2DW7 系列、2DW8 系列等，其外形与晶体三极管一样，具有三条管脚，其管壳内包含了两个背靠背反向串联的稳压二极管，如图 4-31 所示。

三引脚稳压管中，第 1 脚和第 2 脚分别为两个稳压二极管的负极，由于是对称的，可随意互换，使用时一个接电源正极，另一个接地。第 3 脚为两个稳压二极管的公共正极，悬空不用，如图 4-32 所示。

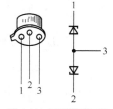

图 4-31　三引脚稳压管

工作时，这两个反向串联的二极管一个反向击穿，另一个正向导通。由于二极管正向导通和反向击穿时的温度系数正好相反，可以互相抵消。因此，这类稳压二极管具有较高的温度稳定性，主要应用于对温度稳定度要求较高的精密稳压电路中。

2. 瞬态电压抑制二极管

瞬态电压抑制二极管是一种特殊的稳压二极管，它在遇到高能量瞬态浪涌电压时，能迅速反向击穿泄放浪涌电流，并将其电压钳位于额定值，起到过压保护作用。

瞬态电压抑制二极管有单极型（单向击穿型）和双极型（双向击穿型）两种，其图形符号如图 4-33 所示。

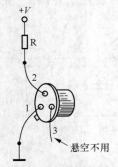

图 4-32　三引脚稳压管的应用

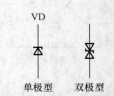

图 4-33　瞬态电压抑制二极管的图形符号

（1）单极型瞬态电压抑制二极管具有一个 PN 结，一般用于直流电路负载保护。保护电路如图 4-34 所示，VD 为单极型瞬态电压抑制二极管，R 是限流电阻。

（2）双极型瞬态电压抑制二极管具有背对背的两个 PN 结，具有双向过压保护功能，可用于包括交流电路在内的各电路不同部位的保护。保护电路如图 4-35 所示，VD_1、VD_2 为双极型瞬态电压抑制二极管。

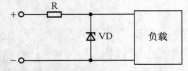

图 4-34　单极型瞬态电压抑制二极管的应用

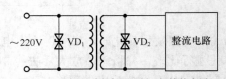

图 4-35　双极型瞬态电压抑制二极管的应用

瞬态电压抑制二极管具有钳位系数很小、体积小、响应快（不到 1ns）、每次经受瞬态电压后性能不会下降、电压范围很宽等特点，可以有效地降低由于雷电、电路中开关通断时感性元件产生的高压脉冲等的危害，在电话交换机、仪器电源电路、感性负载电路等电路系统中得到广泛的应用。

4.2.8　检测稳压二极管

稳压二极管可用万用表电阻挡进行管脚识别和检测，其检测方法与检测一般晶体二极管基本相同，只是稳压二极管的反向电阻要小一些。

1. 万用表测量稳压值

稳压值是稳压二极管最重要的参数。对于稳压值在 15V 以下的稳压二极管，可以用 MF47 万用表直接测量其稳压值。测量方法是：将万用表置于 R×10k 挡，红表笔（表内电池负极）接稳压二极管正极，黑表笔（表内电池正极）接稳压二极管负极，如图 4-36 所示。

因为 MF47 万用表内 R×10k 挡所用高压电池为 15V，所以读数时刻度线最左端为 15V，最右端为"0"。例如，测量时表针指在左 1/3 处，则其读数为 10V，如图 4-37 所示。

可利用万用表原有的 50V 挡刻度来读数，并代入以下公式求出稳压值 U_Z：

$$U_Z = \frac{50-x}{50} \times 15V$$

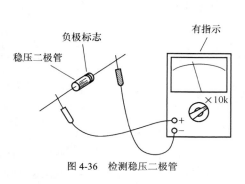

图 4-36 检测稳压二极管

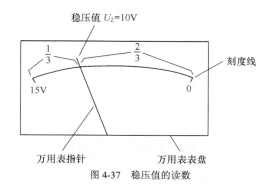

图 4-37 稳压值的读数

式中，x 为 50V 挡刻度线上的读数。

如果所用万用表的 R×10k 挡高压电池不是 15V，则将上式中的"15V"改为所用万用表内高压电池的电压值即可。

2. 接入电路测量稳压值

对于稳压值 $U_Z \geqslant 15V$ 的稳压二极管，可接入模拟工作电路进行测量。测量电路如图 4-38 所示，直流电源输出电压应大于被测稳压二极管的稳压值，适当选取限流电阻 R 的阻值，使稳压二极管反向工作电流为 5~10mA，用万用表直流电压挡即可直接测量出稳压二极管的稳压值。

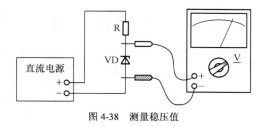

图 4-38 测量稳压值

4.3 单结晶体管

单结晶体管又称为双基极二极管，是一种具有一个 PN 结和两个欧姆电极的负阻半导体器件。

4.3.1 单结晶体管的种类

单结晶体管可分为 N 型基极单结晶体管和 P 型基极单结晶体管两大类，具有陶瓷封装、金属壳封装等形式。图 4-39 所示为常见单结晶体管。

图 4-39 单结晶体管

4.3.2 单结晶体管的符号

单结晶体管的文字符号为"V"，图形符号如图 4-40 所示。

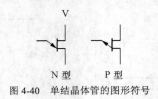

图 4-40　单结晶体管的图形符号

4.3.3 单结晶体管的型号

国产单结晶体管的型号命名由五部分组成，如图 4-41 所示。第一部分用字母"B"表示半导体管，第二部分用字母"T"表示特种管，第三部分用数字"3"表示有三个电极，第四部分用数字表示耗散功率，第五部分用字母表示特性参数分类。

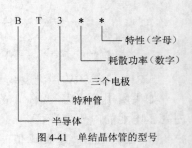

图 4-41　单结晶体管的型号

4.3.4 单结晶体管的引脚

单结晶体管共有 3 个管脚，分别是发射极 E、第一基极 B_1 和第二基极 B_2。图 4-42 所示为两种典型单结晶体管的管脚排列。

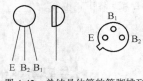

图 4-42　单结晶体管的管脚排列

4.3.5 单结晶体管的参数

单结晶体管的主要参数有分压比、峰点电压与电流、谷点电压与电流、调制电流、耗散功率等。

1. 分压比

分压比 η 是指单结晶体管发射极 E 至第一基极 B_1 间的电压（不包括 PN 结管压降）占两基极间电压的比例，如图 4-43 所示。η 是单结晶体管很重要的参数，一般为 0.3～0.9，是由管子内部结构所决定的常数。

2. 峰点电压与电流

峰点电压 U_P 是指单结晶体管刚开始导通时的发射极 E 与第一基极 B_1 间的电压，其所对应的发射极电流叫作峰点电流 I_P，如图 4-44 所示。

3. 谷点电压与电流

谷点电压 U_V 是指单结晶体管由负阻区开始进入饱和区时的发射极 E 与第一基极 B_1 间的电压，其所对应的发射极电流叫作谷点电流 I_V，如图 4-44 所示。

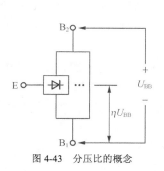

图 4-43　分压比的概念

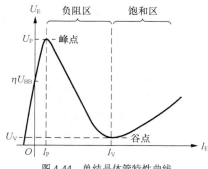

图 4-44　单结晶体管特性曲线

4. 调制电流

调制电流 I_{B2} 是指发射极处于饱和状态时，从单结晶体管第二基极 B₂ 流过的电流。

5. 耗散功率

耗散功率 P_{B2M} 是指单结晶体管第二基极的最大耗散功率。这是一项极限参数，使用中单结晶体管实际功耗应小于 P_{B2M} 并留有一定余量，以防损坏。

4.3.6　单结晶体管的特点与工作原理

单结晶体管最重要的特点是具有负阻特性，如图 4-44 特性曲线中负阻区所示。

单结晶体管的基本工作原理如图 4-45 所示（以 N 基极单结晶体管为例）。当发射极电压 U_E 大于峰点电压 U_P 时，PN 结处于正向偏置，单结晶体管导通。随着发射极电流 I_E 的增加，大量空穴从发射极注入硅晶体，导致发射极与第一基极间的电阻急剧减小，其间的电位也就减小，呈现出负阻特性。

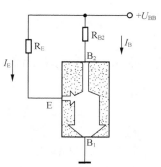

图 4-45　单结晶体管工作原理

4.3.7　单结晶体管的应用

单结晶体管的基本作用是组成脉冲产生电路，包括弛张振荡器、波形发生器等，并可使电路结构大为简化。还可用作延时电路和触发电路。

1. 弛张振荡器

图 4-46 所示为单结晶体管弛张振荡器。单结晶体管 V 的发射极输出锯齿波，第一基极输出窄脉冲，第二基极输出方波。R_E 与 C 组成充放电回路，改变 R_E 或 C 即可改变振荡周期。该电路振荡周期 $T \approx R_E C \ln\left(\dfrac{1}{1-\eta}\right)$，式中，ln 为自然对数，即以 e（2.718）为底的对数。

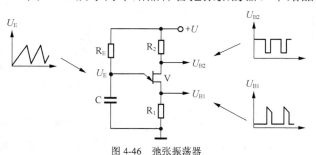

图 4-46　弛张振荡器

2. 延时电路

单结晶体管可以用作延时电路。

图 4-47 所示为延时接通开关电路，电源开关 S 接通后，继电器 K 并不立即吸合。这时电

源经 RP 和 R_1 向 C 充电，直到 C 上所充电压达到峰点电压 U_P 时，单结晶体管 V 导通，K 才吸合。接点 K–1 和 K–2 使 K 保持吸合状态。调节 RP 可改变延时时间。

3. 触发电路

单结晶体管还可以用作晶闸管触发电路。图 4-48 所示为调光台灯电路，在交流电的每半周内，晶闸管 VS 由单结晶体管 V 输出的窄脉冲触发导通。调节 RP 即可改变 V 输出窄脉冲的时间，即改变了 VS 的导通角，从而改变了流过照明灯泡 EL 的电流，实现调光的目的。

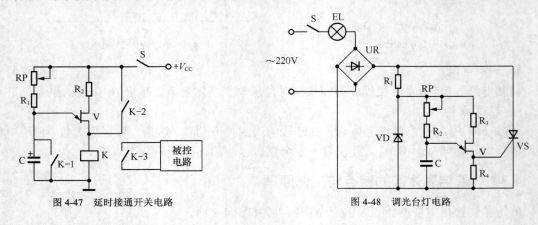

图 4-47　延时接通开关电路　　　　　　　　图 4-48　调光台灯电路

4.3.8　检测单结晶体管

单结晶体管可以用万用表进行检测。

1. 检测两基极间电阻

检测时，万用表置于 R×1k 挡，两表笔（不分正、负）接单结晶体管除发射极 E 以外的两个管脚，如图 4-49 所示，读数应为 3～10kΩ。

2. 检测 PN 结

检测 PN 结正向电阻时（以 N 基极管为例，下同），万用表黑表笔（表内电池正极）接发射极 E，红表笔分别接两个基极，如图 4-50 所示，读数均应为几千欧。

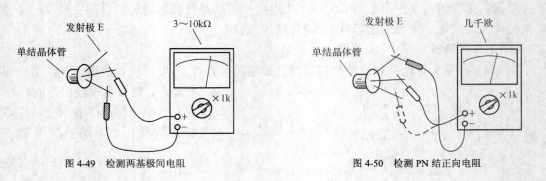

图 4-49　检测两基极间电阻　　　　　　　　图 4-50　检测 PN 结正向电阻

检测 PN 结反向电阻时，万用表红表笔（表内电池负极）接发射极 E，黑表笔分别接两个基极，如图 4-51 所示，读数均应为无穷大。如果测量结果与上述不符，则说明被测单结晶体管已损坏。

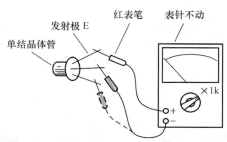

图 4-51　检测 PN 结反向电阻

3. 测量单结晶体管的分压比

分压比 η 是单结晶体管的重要参数，设计计算电路时往往需要知道所用单结晶体管准确的分压比。图 4-52 所示为测量单结晶体管分压比 η 的电路。测量时，被测单结晶体管接入该电路，首先用万用表直流 10V 挡测出 C_2 上的电压 U_{C2}，再代入公式 $\eta = \dfrac{U_{C2}}{U_B}$ 即可计算出该单结晶体管的分压比。

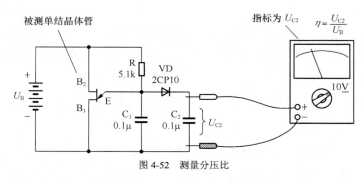

图 4-52　测量分压比

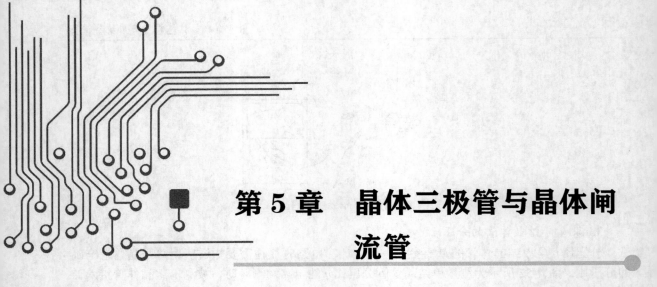

第 5 章 晶体三极管与晶体闸流管

晶体三极管和场效应管都是具有放大作用的半导体器件，是电子电路中的核心器件之一。

晶体闸流管是一种功率型半导体器件，在各种控制电路中的应用十分广泛。

5.1 晶体三极管

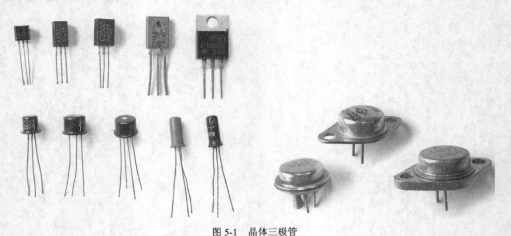

视频 5.1 晶体三极管

晶体三极管通常简称为晶体管或三极管，是一种具有两个 PN 结的半导体器件。晶体三极管是最重要的电子元器件之一，在电子电路中起着核心的作用。

5.1.1 晶体三极管的种类

晶体三极管的种类繁多，形状和大小各不相同，如图 5-1 所示。

图 5-1 晶体三极管

按所用半导体材料的不同，晶体三极管可分为锗管、硅管和化合物管。

按导电极性不同，可分为 NPN 型晶体管和 PNP 型晶体管两大类。NPN 型晶体管工作时，集电极 c 和基极 b 接正电，电流由集电极 c 和基极 b 流向发射极 e。PNP 型晶体管工作时，集电极 c 和基极 b 接负电，电流由发射极 e 流向集电极 c 和基极 b。

按截止频率可分为超高频管、高频管（≥3MHz）和低频管（＜3MHz）；按耗散功率可分为小功率管（＜1W）和大功率管（≥1W）；按用途可分为低频放大管、高频放大管、开关管、低噪声管、高反压管、复合管等。

5.1.2　晶体三极管的符号

晶体三极管的文字符号为"VT"，图形符号如图 5-2 所示。

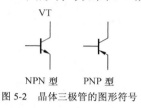

图 5-2　晶体三极管的图形符号

5.1.3　晶体三极管的型号

国产晶体三极管的型号命名由五部分组成，如图 5-3 所示。第一部分用数字"3"表示三极管，第二部分用字母表示材料和极性，第三部分用字母表示类型，第四部分用数字表示序号，第五部分用字母表示规格。

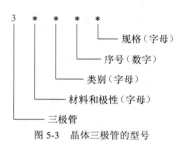

图 5-3　晶体三极管的型号

晶体三极管型号的意义见表 5-1。例如，3AX31 为 PNP 型锗材料低频小功率晶体三极管，3DG6B 为 NPN 型硅材料高频小功率晶体三极管。

表 5-1　　　　　　　　　　　　　晶体三极管型号的意义

第一部分	第二部分	第三部分	第四部分	第五部分
3	A：PNP 型锗材料	X：低频小功率管	序号	规格（可缺）
	B：NPN 型锗材料	G：高频小功率管		
	C：PNP 型硅材料	D：低频大功率管		
	D：NPN 型硅材料	A：高频大功率管		
	E：化合物材料	K：开关管		
		T：闸流管		
		J：结型场效应管		
		O：MOS 场效应管		
		U：光电管		

5.1.4　晶体三极管的引脚

晶体三极管具有三根管脚，分别是基极 b、发射极 e 和集电极 c，使用中应识别清楚。绝大多数小功率三极管的管脚均按 e-b-c 的标准顺序排列，并标有标志，如图 5-4 所示。但也有例外，如某些三极管型号后有后缀"R"，其管脚排列顺序往往是 e-c-b。

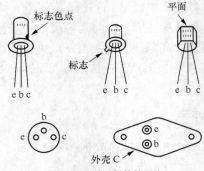

图 5-4　晶体三极管的引脚

5.1.5　晶体三极管的参数

晶体三极管的参数很多，包括直流参数、交流参数、极限参数 3 类，但一般使用时只需关注电流放大系数 β、特征频率 f_T、集电极-发射极击穿电压 BU_{CEO}、集电极最大电流 I_{CM} 和集电极最大功耗 P_{CM} 即可。

1. 电流放大系数

电流放大系数 β 和 h_{FE} 是晶体三极管的主要电参数之一。

（1）β 是三极管的交流电流放大系数，指集电极电流 I_c 的变化量与基极电流 I_b 的变化量之比，反映了三极管对交流信号的放大能力。

（2）h_{FE} 是三极管的直流电流放大系数（也可用 β 表示），指集电极电流 I_c 与基极电流 I_b 的比值，反映了三极管对直流信号的放大能力。

图 5-5 所示为 3DG6 管的输出特性曲线，当 I_b 从 40μA 上升到 60μA 时，相应的 I_c 从 6mA 上升到 9mA，其电流放大系数 $\beta = \dfrac{(9-6)\times 10^3}{60-40} = 150$。

2. 特征频率

特征频率 f_T 是晶体三极管的另一主要电参数。三极管的电流放大系数 β 与工作频率有关，工作频率超过一定值时，β 值开始下降。当 β 值下降为 1 时，所对应的频率即为特征频率 f_T，如图 5-6 所示。这时三极管已完全没有电流放大能力。一般应使三极管工作于 5% f_T 以下。

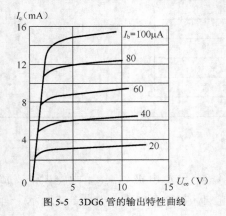

图 5-5　3DG6 管的输出特性曲线

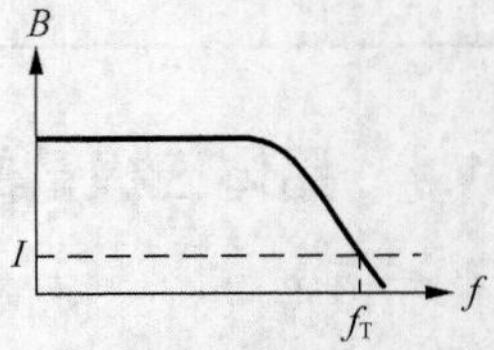

图 5-6　特征频率的意义

3. 集射极击穿电压

集电极-发射极击穿电压 BU_{CEO} 是晶体三极管的一项极限参数。BU_{CEO} 是指基极开路时，所允许加在集电极与发射极之间的最大电压。工作电压超过 BU_{CEO} 时，三极管将可能被击穿。

4. 集电极最大电流

集电极最大电流 I_{CM} 也是晶体三极管的一项极限参数。I_{CM} 是指三极管正常工作时，集电极所允许通过的最大电流。三极管的工作电流不应超过 I_{CM}。

5. 集电极最大功耗

集电极最大功耗 P_{CM} 是晶体三极管的又一项极限参数。P_{CM} 是指三极管性能不变坏时所允许的最大集电极耗散功率。使用时三极管实际功耗应小于 P_{CM} 并留有一定余量，以防烧管。

视频 5.2　晶体三极管的工作原理

5.1.6　晶体三极管的特点与工作原理

晶体三极管的特点是具有电流放大作用，即可以用较小的基极电流控制较大的集电极（或发射极）电流，集电极电流是基极电流的 β 倍。

晶体三极管的基本工作原理如图 5-7 所示（以 NPN 型管为例），当给基极（输入端）输入一个较小的基极电流 I_b 时，其集电极（输出端）将按比例产生一个较大的集电极电流 I_c，这个比例就是三极管的电流放大系数 β，即 $I_c = \beta I_b$。

发射极是公共端，发射极电流 $I_e = I_b + I_c = (1+\beta) I_b$。可见，集电极电流和发射极电流受基极电流的控制，所以晶体三极管是电流控制型器件。

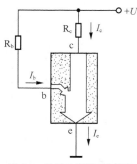

图 5-7　晶体三极管工作原理

5.1.7　晶体三极管的作用

晶体三极管的主要作用是放大、振荡、电子开关、可变电阻和阻抗变换。

视频 5.3　晶体三极管三种工作状态

1. 放大

晶体三极管最基本的作用是放大。图 5-8 所示为晶体三极管放大电路，输入信号 U_i 经耦合电容 C_1 加至三极管 VT 基极使基极电流 I_b 随之变化，进而使集电极电流 I_c 相应变化，变化量为基极电流的 β 倍，并在集电极负载电阻 R_c 上产生较大的压降，经耦合电容 C_2 隔离直流后输出，在输出端便得到放大了的信号电压 U_o。

由于输出电压等于电源电压 $+V_{cc}$ 与

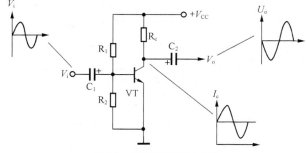

图 5-8　晶体三极管放大电路

R_c 上压降的差值，因此输出电压 U_o 与输入电压 U_i 相位相反。R_1、R_2 为 VT 的基极偏置电阻。

2. 振荡

晶体三极管可以构成振荡电路。图 5-9 所示为电子门铃电路，三极管 VT 与变压器 T 等

组成变压器反馈音频振荡器，由于变压器 T 初、次级之间的倒相作用，VT 集电极的音频信号经 T 耦合后正反馈至其基极，形成振荡。

3. 电子开关

晶体三极管具有开关作用。图 5-10 所示为驱动发光二极管的电子开关电路，三极管 VT 即为电子开关。VT 的基极由脉冲信号 CP 控制，当 $CP=1$ 时，VT 导通，发光二极管 VD 发光；当 $CP=0$ 时，VT 截止，发光二极管 VD 熄灭。R 为限流电阻。

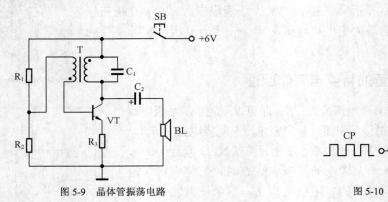

图 5-9　晶体管振荡电路　　　　　　　　　　　　图 5-10　晶体管开关电路

4. 可变电阻

晶体三极管可以用作可变电阻。图 5-11 所示为录音机录音电平自动控制电路（ALC 电路），三极管 VT 在这里作可变电阻用。话筒输出的信号经 R_2 与 VT 集-射极间等效电阻分压后，送往放大器进行放大。由于三极管集-射极间等效电阻随其基极电流变化而变化，而基极电流由放大器输出信号经整流获得的控制电平控制，使分压比随输出信号做反向改变，从而实现录音电平的自动控制。

5. 阻抗变换

晶体三极管具有阻抗变换的作用。图 5-12 所示为射极跟随器电路，由于电路输出信号自三极管 VT 的发射极取出，输出电压全部负反馈到输入端，所以射极跟随器具有很高的输入阻抗 Z_i 和很低的输出阻抗 Z_o，常用作阻抗变换和缓冲电路。

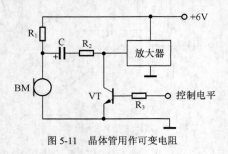
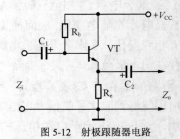

图 5-11　晶体管用作可变电阻　　　　　　　　　图 5-12　射极跟随器电路

5.1.8　常用晶体三极管

常用晶体三极管主要有低频小功率管、高频小功率管、低频大功率管、高频大功率管、开关管等。

1．低频小功率管

低频小功率管是指特征频率小于 3MHz、额定功率小于 1W 的晶体三极管。低频小功率管包括锗管和硅管。锗管的性能特点是管压降小、最低工作电压低，但反向电流较大、温度特性较差。硅管的性能特点是输出特性好、反向电流小、耐压较高，但管压降较大。

低频小功率管一般工作于低频小信号状态，主要应用于收音机、录音机、电视机、扩音机、电子仪器等电子设备的低频或音频电路中，作电压放大、振荡或 1W 以下的功率放大用。常用低频小功率管主要有 3AX 系列、3BX 系列、3DX 系列等。

2．高频小功率管

高频小功率管是指特征频率大于或等于 3MHz、额定功率小于 1W 的晶体三极管。高频小功率管也包括锗管和硅管，目前应用较多的是硅高频小功率管。

高频小功率管一般工作于高频小信号状态，主要应用于收音机、电视机、仪器仪表、无线电通信、无线电遥控和遥测等高频或中频电路中，作高放、振荡、变频、混频、中放或 1W 以下的高频功放用。常用高频小功率管主要有 3AG 系列、3CG 系列、3DG 系列等。

3．低频大功率管

低频大功率管是指特征频率小于 3MHz、额定功率大于或等于 1W 的晶体三极管。低频大功率管也包括锗管和硅管。

低频大功率管主要应用于收音机、电视机、扩音机和音响设备的音频功放、稳压电源电路中的电源调整、低速控制电路中的输出控制或功率驱动等低频功率电路中。常用低频大功率管主要有 3AD 系列、3CD 系列、3DD 系列等。

4．高频大功率管

高频大功率管是指特征频率大于或等于 3MHz、额定功率大于或等于 1W 的晶体三极管。高频大功率管也包括锗管和硅管。

高频大功率管主要应用于无线电台、广播和电视发射、高频加热、无线电遥控和开关电源等高频功率电路中，作高频功放、高速功率开关或驱动用。常用高频大功率管主要有 3AA 系列、3DA 系列等。

5．开关管

开关管的性能特点主要是响应时间短、开关速度快。开关管也有锗管和硅管、小功率管和大功率管之分。

开关管主要应用于彩电、计算机、仪器仪表、自动控制、通信设备和开关电源等电路中，用作电子开关用。常用开关管主要有 3AK 系列、3CK 系列、3DK 系列等。

5.1.9　特殊晶体三极管

特殊晶体三极管主要有达林顿管复合管、带阻三极管等。

1．复合管

复合管是指由两个或更多三极管按一定规律连接在一起构成的晶体管组合。达林顿管是一种常见的复合管形式，由两个晶体三极管构成。

达林顿管的性能特点是具有极高的放大系数，它的放大系数等于构成达林顿管的两个三极管放大系数的乘积。例如，图 5-13 所示为由两个 NPN 型三极管构成的达林顿管，它可等

效为一个高 β 值的晶体三极管，$\beta=\beta_1\cdot\beta_2$。

达林顿管也可由两个 PNP 管或者一个 PNP 管和一个 NPN 管构成，如图 5-14 所示。

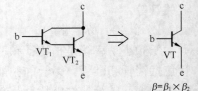

图 5-13　达林顿复合管原理

2. 带阻三极管

带阻三极管是一种内部包含有一个或几个电阻的晶体三极管，在特定电路中使用可以简化结构，在彩电、音响设备和家用电器中应用较多。图 5-15 所示为较常见的两种带阻三极管内部电路结构。

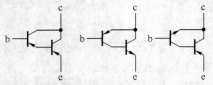

图 5-14　达林顿复合管形式

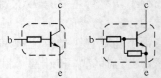

图 5-15　带阻三极管内部电路结构

5.1.10　检测晶体三极管

晶体三极管可以用万用表进行管脚识别和检测。

1. 管脚识别与检测

检测时，将万用表置于 R×1k 挡。检测 NPN 管如图 5-16 所示，先用万用表的黑表笔接某一管脚，红表笔分别接另外两管脚，测得两个电阻值。再将黑表笔换接另一管脚，重复以上步骤，直至测得两个电阻值都很小，这时黑表笔所接的是基极 b。改用红表笔接基极 b，黑表笔分别接另外两管脚，测得两个电阻值应都很大，说明被测三极管基本上是好的。

检测 PNP 管如图 5-17 所示，先用万用表的红表笔接某一管脚，黑表笔分别接另外两管脚，测得两个电阻值。再将红表笔换接另一管脚，重复以上步骤，直至测得两个电阻值都很小，这时红表笔所接的是基极 b。改用黑表笔接基极 b，红表笔分别接另外两管脚，测得两个电阻值应都很大，说明被测三极管基本上是好的。

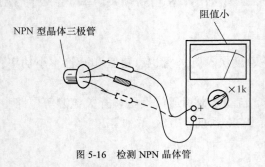

图 5-16　检测 NPN 晶体管

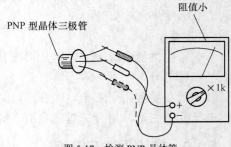

图 5-17　检测 PNP 晶体管

2. 万用表专用挡测量放大倍数

基极 b 确定以后，即可识别集电极 c 和发射极 e，并测量晶体三极管的电流放大系数 β。用 MF47 等具有 β 或 h_{FE} 挡的万用表测量时，将万用表置于 h_{FE} 挡，如图 5-18 所示将被测三极管插入测量插座（基极插入 b 孔，另两管脚随意插入），记下 β 读数。

再将基极以外的另两管脚对调后插入，也记下 β 读数。两次测量中，β 读数较大的那一次管脚插入是正确的，在测得 β 值时同时也就识别出了集电极 c 和发射极 e。测量时需注意

NPN 管和 PNP 管应插入各自相应的插座。

3. 万用表电阻挡估测放大倍数

万用表电阻挡也可估测晶体三极管的放大倍数，下面以 NPN 管为例介绍估测方法。将万用表置于 R×1k 挡，红表笔接被测晶体管基极以外的一管脚，左手拇指与中指将黑表笔与基极以外的另一管脚捏在一起，同时用左手食指触摸余下的基极管脚，如图 5-19 所示，这时表针应向右摆动。

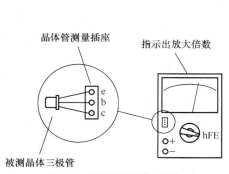

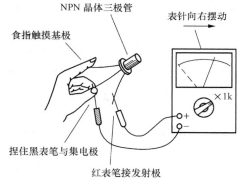

图 5-18　测量晶体管放大倍数

图 5-19　电阻挡估测放大倍数

将基极以外的两管脚对调后再测一次。两次测量中，表针摆动幅度较大的那一次，黑表笔所接为集电极，红表笔所接为发射极。表针摆动幅度越大，说明被测三极管的 β 值越大。

4. 区分锗三极管与硅三极管

由于锗材料三极管的 PN 结压降约为 0.3V，而硅材料三极管的 PN 结压降约为 0.7V，所以可通过测量 b-e 结正向电阻的方法来区分锗三极管与硅三极管。

检测方法是：万用表置于 R×1k 挡，对于 NPN 管，黑表笔接基极 b，红表笔接发射极 e，如果测得的电阻值小于 1kΩ，则被测管是锗三极管。如果测得的电阻值在 5～10kΩ，则被测管是硅三极管，如图 5-20 所示。对于 PNP 管，则对调两表笔后测量。

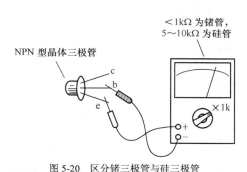

图 5-20　区分锗三极管与硅三极管

5.2　场效应管

场效应晶体管通常简称为场效应管，是一种利用场效应原理工作的半导体器件，外形如图 5-21 所示。和普通双极型晶体管相比较，场效应管具有输入阻抗高、噪声低、动态范围大、功耗小、易于集成等特点，得到了越来越广泛的应用。

图 5-21　场效应管

视频 5.6　场效应管

5.2.1　场效应管的种类

场效应管的种类很多，主要分为结型场效应管和绝缘栅场效应管两大类，它们又都有 N 沟道场效应管和 P 沟道场效应管之分。

绝缘栅场效应管也叫作金属氧化物半导体场效应管，简称为 MOS 场效应管，分为耗尽型 MOS 管和增强型 MOS 管。

场效应管还有单栅极管和双栅极管之分。双栅场效应管具有两个互相独立的栅极 G_1 和 G_2，从结构上看相当于由两个单栅场效应管串联而成，其输出电流的变化受到两个栅极电压的控制。双栅场效应管的这种特性，使得其用作高频放大器、增益控制放大器、混频器和解调器时带来很大方便。

视频 5.7　结型场效应管工作原理

5.2.2　场效应管的符号

场效应管的文字符号为"VT"，图形符号如图 5-22 所示。

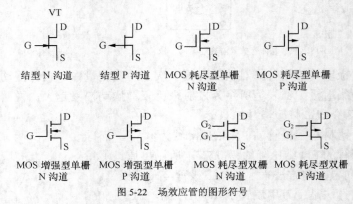

结型 N 沟道　　结型 P 沟道　　MOS 耗尽型单栅 N 沟道　　MOS 耗尽型单栅 P 沟道

MOS 增强型单栅 N 沟道　　MOS 增强型单栅 P 沟道　　MOS 耗尽型双栅 N 沟道　　MOS 耗尽型双栅 P 沟道

图 5-22　场效应管的图形符号

视频 5.8　N 沟道增强型绝缘栅型场效应管工作原理

5.2.3　场效应管的引脚

场效应管一般具有 3 个引脚（双栅管有 4 个引脚），分别是栅极 G、源极 S 和漏极 D，它们的功能分别对应于双极型晶体管的基极 b、发射极 e 和集电极 c。由于场效应管的源极 S 和漏极 D 是对称的，实际使用中可以互换。常用场效应管的引脚如图 5-23 所示，使用中应注意识别。

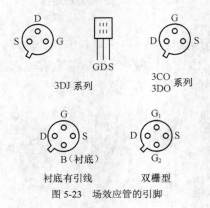

3DJ 系列　　　　　3CO 3DO 系列

B（衬底）

衬底有引线　　　　双栅型

图 5-23　场效应管的引脚

5.2.4　场效应管的参数

场效应管的参数很多，包括直流参数、交流参数和极限参数，但一般使用时只需关注以下主要参数：饱和漏源电流 I_{DSS}、夹断电压 U_P（结型管和耗尽型绝缘栅管）或开启电压 U_T（增强型绝缘栅管）、跨导 g_m、漏源击穿电压 BU_{DS}、最大耗散功率 P_{DSM} 和最大漏源电流 I_{DSM}。

视频 5.9　场效应管的参数

1. 饱和漏源电流

饱和漏源电流 I_{DSS} 是指结型或耗尽型绝缘栅场效应管中，栅极电压 $U_{GS}=0$ 时的漏源电流。

2. 夹断电压

夹断电压 U_P 是指结型或耗尽型绝缘栅场效应管中，使漏源间刚截止时的栅极电压。

3. 开启电压

开启电压 U_T 是指增强型绝缘栅场效应管中，使漏源间刚导通时的栅极电压。

4. 跨导

跨导 g_m 是表示栅源电压 U_{GS} 对漏极电流 I_D 的控制能力，即漏极电流 I_D 变化量与栅源电压 U_{GS} 变化量的比值。g_m 是衡量场效应管放大能力的重要参数。

5. 漏源击穿电压

漏源击穿电压 BU_{DS} 是指栅源电压 U_{GS} 一定时，场效应管正常工作时所能承受的最大漏源电压。这是一项极限参数，加在场效应管上的工作电压必须小于 BU_{DS}。

6. 最大耗散功率

最大耗散功率 P_{DSM} 也是一项极限参数，是指场效应管性能不变坏时所允许的最大漏源耗散功率。使用时场效应管实际功耗应小于 P_{DSM} 并留有一定余量。

7. 最大漏源电流

最大漏源电流 I_{DSM} 是又一项极限参数，是指场效应管正常工作时，漏源间所允许通过的最大电流。场效应管的工作电流不应超过 I_{DSM}。

5.2.5　场效应管的特点与工作原理

场效应管的特点是由栅极电压 U_G 控制其漏极电流 I_D。和普通双极型晶体管相比较，场效应管具有输入阻抗高、噪声低、动态范围大、功耗小、易于集成等特点。

1. 场效应管的工作原理

场效应管的基本工作原理如图 5-24 所示（以结型 N 沟道管为例）。由于栅极 G 接有负偏压（$-U_G$），在 G 附近形成耗尽层。

（1）当负偏压（$-U_G$）的绝对值增大时，耗尽层增大，沟道减小，漏极电流 I_D 减小。

（2）当负偏压（$-U_G$）的绝对值减小时，耗尽层减小，沟道增大，漏极电流 I_D 增大。

可见，漏极电流 I_D 受栅极电压的控制，所以场效应

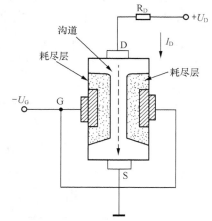

视频 5.10　场效应管特性

图 5-24　场效应管工作原理

管是电压控制型器件，即通过输入电压的变化来控制输出电流的变化，从而达到放大的目的。

2．场效应管的偏置电压

和双极型晶体管一样，场效应管用于放大电路时，其栅极也应加偏置电压。

结型场效应管的栅极应加反向偏置电压，即 N 沟道管加负栅压，P 沟道管加正栅压；增强型绝缘栅场效应管应加正向栅压；耗尽型绝缘栅场效应管的栅压可正、可负、可为 0；见表 5-2。加偏置的方法有固定偏置法、自给偏置法、直接耦合法等。

表 5-2 　　　　　　　　　　　　　　场效应管的偏置电压

类型	沟道	电压极性	
		U_D	U_G
结型	N	+	−
	P	−	+
MOS 耗尽型	N	+	−、0、+
	P	−	+、0、-
MOS 增强型	N	+	+
	P	−	−

视频 5.11　场效应管放大电路

5.2.6　场效应管的作用

场效应管的主要作用是放大、恒流、阻抗变换、可变电阻、电子开关等。

1．放大

场效应管具有放大作用。图 5-25 所示为场效应管放大器，输入信号 U_i 经 C_1 耦合至场效应管 VT 的栅极，与原来的栅极负偏压相叠加，使其漏极电流 I_D 相应变化，并在负载电阻 R_D 上产生压降，经 C_2 隔离直流后输出，在输出端即得到放大了的电压信号 U_o。I_D 与 U_i 同相，U_o 与 U_i 反相。由于场效应管放大器的输入阻抗很高，因此耦合电容可以容量较小，不必使用电解电容器。

2．恒流

场效应管可以方便地构成恒流源，电路如图 5-26 所示。恒流原理是：如果通过场效应管的漏极电流 I_D 因故增大，源极电阻 R_S 上形成的负栅压也随之增大，迫使 I_D 回落，反之亦然，使 I_D 保持恒定。恒定电流 $I_D = \dfrac{|U_P|}{R_S}$，式中，U_P 为场效应管夹断电压。

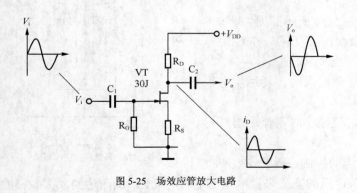

图 5-25　场效应管放大电路

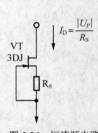

图 5-26　恒流源电路

3. 阻抗变换

场效应管很高的输入阻抗非常适合作阻抗变换。图 5-27 所示为场效应管源极输出器，电路结构与晶体三极管射极跟随器类似，但由于场效应管是电压控制型器件，输入阻抗极高，因此场效应管源极输出器具有更高的输入阻抗 Z_i 和较低的输出阻抗 Z_o，常用于多级放大器的高阻抗输入级作阻抗变换。

4. 可变电阻

场效应管可以用作可变电阻。图 5-28 所示为自动电平控制电路，当输入信号 U_i 增大导致 U_o 增大时，由 U_o 经二极管 VD 负向整流后形成的栅极偏压 $-U_G$ 的绝对值也增大，使场效应管 VT 的等效电阻增大，R_1 与其的分压比减小，从而使进入放大器的信号电压减小，最终使 U_o 保持基本不变。

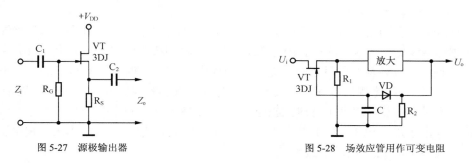

图 5-27　源极输出器　　　　　　　　　　　　图 5-28　场效应管用作可变电阻

5. 电子开关

场效应管可以用作电子开关。图 5-29 所示为直流信号调制电路，场效应管 VT_1、VT_2 工作于开关状态，其栅极分别接入频率相同、相位相反的方波电压。当 VT_1 导通 VT_2 截止时，U_i 向 C 充电；当 VT_1 截止 VT_2 导通时，C 放电；其输出 U_o 便是与输入直流电压 U_i 相关的交变电压。

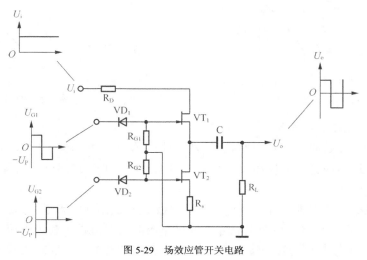

图 5-29　场效应管开关电路

5.2.7　常用场效应管

常用场效应管主要有结型场效应管、耗尽型绝缘栅场效应管、增强型绝缘栅场效应管、双栅场效应管、功率场效应管等。

1. 结型场效应管

结型场效应管因其具有两个 PN 结而得名。结型场效应管正常工作时，栅极应加负偏压（相对漏极而言）。对于 N 沟道结型场效应管，漏极加正电压，栅极加负电压。对于 P 沟道结型场效应管，漏极加负电压，栅极加正电压。

结型场效应管的性能特点是，当栅极电压 $U_{GS}=0$ 时管子导通，漏极电流 I_D 达最大值。栅极电压的绝对值越大 I_D 越小，直至管子截止。图 5-30 所示为结型场效应管的转移特性曲线（$U_{GS}-I_D$ 曲线）。

结型场效应管具有很高的输入阻抗，约为 $10^7 \sim 10^9\Omega$。常用结型场效应管主要有 3DJ 系列，以及进口的 2SJ 系列、2SK 系列等。

2. 耗尽型绝缘栅场效应管

绝缘栅场效应管因栅极与沟道之间有一层二氧化硅绝缘层而得名，分为耗尽型绝缘栅场效应管和增强型绝缘栅场效应管两类。绝缘栅场效应管具有极高的输入阻抗，约为 $10^9 \sim 10^{15}\Omega$。

耗尽型绝缘栅场效应管的性能特点是，当栅极电压 $U_{GS}=0$ 时管子有一定的漏极电流 I_D。对于 N 沟道耗尽型绝缘栅场效应管，漏极加正电压，栅极电压从 0 逐渐上升时漏极电流 I_D 逐渐增大，栅极电压从 0 逐渐下降时漏极电流 I_D 逐渐减小直至截止；对于 P 沟道耗尽型绝缘栅场效应管，漏极加负电压，栅极电压从 0 逐渐下降时漏极电流 I_D 逐渐增大，栅极电压从 0 逐渐上升时漏极电流 I_D 逐渐减小直至截止。

图 5-31 所示为耗尽型绝缘栅场效应管的转移特性曲线（$U_{GS}-I_D$ 曲线）。常用耗尽型绝缘栅场效应管有 3DO1、3DO2、3DO4 等。

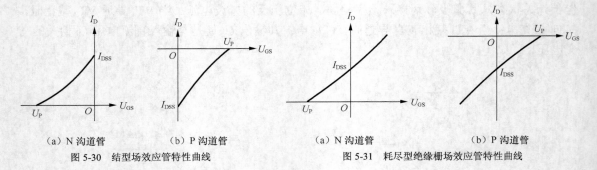

（a）N 沟道管　　　　　　（b）P 沟道管　　　　　　　　　（a）N 沟道管　　　　　　（b）P 沟道管
图 5-30　结型场效应管特性曲线　　　　　　　　　图 5-31　耗尽型绝缘栅场效应管特性曲线

3. 增强型绝缘栅场效应管

增强型绝缘栅场效应管正常工作时，栅极应加正偏压（即与漏极电压相同）。对于 N 沟道增强型绝缘栅场效应管，漏极和栅极均加正电压。对于 P 沟道增强型绝缘栅场效应管，漏极和栅极均加负电压。

增强型绝缘栅场效应管的性能特点是，当栅极电压 $U_{GS}=0$ 时管子截止。栅极电压的绝对值达到开启电压 U_T 时开始有漏极电流 I_D，栅极电压的绝对值越大漏极电流 I_D 越大。

图 5-32 所示为增强型绝缘栅场效应管的转移特性曲线（$U_{GS}-I_D$ 曲线）。常用增强型绝缘栅场效应管有 3CO1、3CO2、3CO3、3CO6、3DO3、3DO6 等。

4. 双栅场效应管

双栅场效应管的特点是具有两个互相独立的栅极 G_1 和 G_2，从结构上看相当于两个单栅场效应管的串联体，如图 5-33 所示。

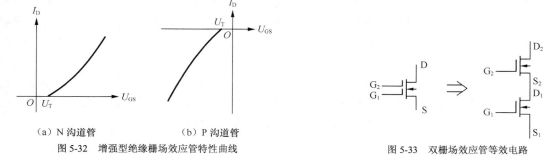

（a）N 沟道管　　　　（b）P 沟道管
图 5-32　增强型绝缘栅场效应管特性曲线

图 5-33　双栅场效应管等效电路

双栅场效应管的输出电流受到两个栅极电压的控制。双栅场效应管的这种特性，使得其用作高频放大器、增益控制放大器、混频器和解调器时非常方便。

双栅场效应管也有结型和绝缘栅型、N 沟道和 P 沟道之分。常用结型双栅场效应管有 4DJ 系列，常用绝缘栅型双栅场效应管有 4DO 系列等。

5. 功率场效应管

功率场效应管也称为 VMOS 场效应管，因其金属栅极采用 V 型槽结构而得名，它也属于绝缘栅场效应管。常用功率场效应管有 MT 系列、VN 系列、IRF 系列等。

功率场效应管是一种性能优良的电压控制型功率开关器件，具有输入阻抗高、驱动电流小、电压增益高、耐压高、工作电流大、输出功率大、开关速度快、导通电阻小、热稳定性好、过载能力强等特点，在功率放大器、开关电源、逆变器、电机控制、调速等场合应用广泛。

5.2.8　检测场效应管

场效应管可以用万用表电阻挡进行管脚识别和检测。

1. 管脚识别与检测

结型场效应管的管脚识别方法如图 5-34 所示，将万用表置于 R×1k 挡，用两表笔分别测量每两个管脚间的正、反向电阻。当某两个管脚间的正、反向电阻相等，均为几千欧时，则这两个管脚为漏极 D 和源极 S（可互换），余下的一个管脚即为栅极 G。

2. 区分 N 沟道场效应管和 P 沟道场效应管

如图 5-35 所示，将万用表置于 R×1k 挡，黑表笔接栅极 G，红表笔分别接另外两管脚，如果测得两个电阻值均很大，则为 N 沟道场效应管。如果测得两个电阻值均很小，则为 P 沟道场效应管。如果测量结果不符合以上两步，则说明该场效应管已坏或性能不良。

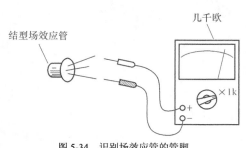

图 5-34　识别场效应管的管脚

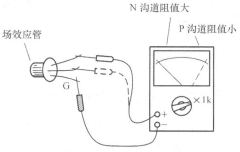

图 5-35　区分 N 沟道和 P 沟道场效应管

3. 估测结型场效应管放大能力

将万用表置于 R×100 挡，两表笔分别接漏极 D 和源极 S，然后用手捏住栅极 G（注入人体感应电压），表针应向左或向右摆动，如图 5-36 所示。表针摆动幅度越大说明场效应管的放大能力越大。如果表针不动，说明该管已坏。

4. 估测绝缘栅场效应管放大能力

估测绝缘栅场效应管（MOS 管）放大能力时，由于其输入阻抗很高，为防止人体感应电压引起栅极击穿，不要用手直接接触栅极 G，应手拿螺丝刀的绝缘柄，用螺丝刀的金属杆去接触栅极 G，如图 5-37 所示。判断方法与测量结型场效应管相同。

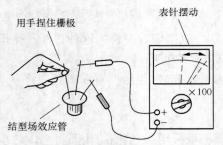
图 5-36 估测结型场效应管放大能力

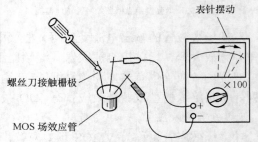
图 5-37 估测 MOS 场效应管放大能力

5.3 晶体闸流管

晶体闸流管简称为晶闸管，也叫作可控硅，是一种具有三个 PN 结的功率型半导体器件。因为它可以象闸门一样控制电流，所以称之为"晶体闸流管"。晶体闸流管是最常用的功率型半导体控制器件之一，具有广泛的用途。图 5-38 所示为部分常见晶体闸流管。

视频 5.12 晶体闸流管

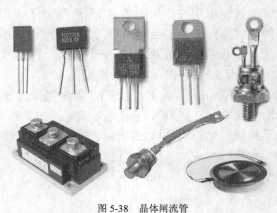
图 5-38 晶体闸流管

5.3.1 晶体闸流管的种类

晶体闸流管种类和规格很多，适用于各种不同的场合。

根据控制特性的不同，晶体闸流管可分为单向晶闸管、双向晶闸管、可关断晶闸管、正向阻断晶闸管、反向阻断晶闸管、光控晶闸管等。

根据电流容量的不同，晶体闸流管可分为小功率管、中功率管和大功率管。

根据关断速度的不同，晶体闸流管可分为普通晶闸管和高频晶闸管（工作频率＞10kHz）。

根据封装和外观形式的不同，晶体闸流管可分为塑封式、陶瓷封装式、金属壳封装式、大功率螺栓式、平板式等。

5.3.2　晶体闸流管的符号

晶体闸流管的文字符号为"VS"，图形符号如图 5-39 所示。

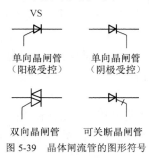

图 5-39　晶体闸流管的图形符号

5.3.3　晶体闸流管的型号

国产晶体闸流管的型号见表 5-3。单向晶闸管主要有 3CT 系列和 KP 系列，双向晶闸管主要有 3CTS 系列和 KS 系列，高频晶闸管主要有 KK 系列。

表 5-3　　　　　　　　　　　　　　　晶体闸流管的型号

类型	型号
单向晶闸管	3CT＊＊＊ KP＊＊＊
双向晶闸管	3CTS＊＊ KS＊＊
高频晶闸管	KK＊＊

5.3.4　晶体闸流管的引脚

晶体闸流管具有 3 个引脚。单向晶闸管的 3 个引脚分别是阳极 A、阴极 K 和控制极 G，如图 5-40 所示。双向晶闸管的 3 个引脚分别是控制极 G、主电极 T_1 和主电极 T_2，如图 5-41 所示。由于双向晶闸管的两个主电极 T_1 和 T_2 是对称的，因此使用中可以任意互换。

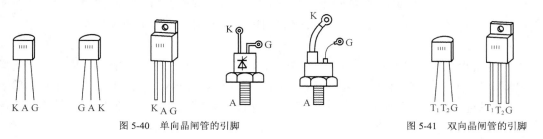

图 5-40　单向晶闸管的引脚　　　　　　　　　　　图 5-41　双向晶闸管的引脚

视频 5.13 晶体管参数

5.3.5 晶体闸流管的参数

晶体闸流管的主要参数是额定通态平均电流、阻断峰值电压、触发电压和电流、维持电流等。

1. 额定通态平均电流

额定通态平均电流 I_T 是指晶闸管导通时所允许通过的最大交流正弦电流的有效值。使用中电路的工作电流应小于晶闸管的额定通态平均电流 I_T。

2. 阻断峰值电压

阻断峰值电压包括正向阻断峰值电压 U_{DRM} 和反向峰值电压 U_{RRM}。

正向阻断峰值电压 U_{DRM} 是指晶闸管正向阻断时所允许重复施加的正向电压的峰值。反向峰值电压 U_{RRM} 是指允许重复加在晶闸管两端的反向电压的峰值。应用中电路施加在晶闸管上的电压必须小于 U_{DRM} 与 U_{RRM} 并留有一定余量，以免造成击穿损坏。

3. 触发电压和电流

控制极触发电压 U_G 和控制极触发电流 I_G，是指使晶闸管从阻断状态转变为导通状态时，所需要的最小控制极直流电压和直流电流。使用中应使实际触发电压和电流大于 U_G 和 I_G，以保证可靠触发。

视频 5.14 晶体管特性

4. 维持电流

维持电流 I_H 是指保持晶闸管导通所需要的最小正向电流。当通过晶闸管的电流小于 I_H 时，晶闸管将退出导通状态而关断。

5.3.6 晶体闸流管的特点

晶体闸流管的特点是具有可控制的单向导电性，即不但具有一般二极管单向导电的整流特性，而且还可以对导通电流进行控制。

形象地说，晶体闸流管就好比是水渠中的闸门。晶体闸流管未触发时无电流通过，相当于未开门水渠中无水流。晶体闸流管触发后有电流通过，相当于打开了闸门水渠中有水流。改变触发信号的导通角可以控制通过晶体闸流管的电流的大小，相当于改变闸门开启的大小可以控制水渠中水流的大小。

晶体闸流管具有以小电流（电压）控制大电流（电压）的作用，并具有体积小、重量轻、功耗低、效率高、开关速度快等优点，在无触点开关、可控整流、逆变、调光、调压、调速等方面得到广泛的应用。

5.3.7 单向晶体闸流管

单向晶体闸流管简称单向晶闸管，是指具有单向控制能力的晶体闸流管。单向晶闸管中的电流在控制极的控制下，只能从阳极流向阴极，主要用于直流电流的控制。

1. 单向晶闸管工作原理

单向晶闸管是 PNPN 四层结构，形成三个 PN 结，具有三个外电极 A、K 和 G，可等效为 PNP、NPN 两晶体管组成的复合管，如图 5-42 所示。在 A、K 间加上正电压后，管子并不导通。当在控制极 G 加上正电压时，VT_1、VT_2 相继迅速导通，此时即使去掉控制极的电压，晶闸管仍维持导通状态。

2．单向晶闸管应用——无触点开关

单向晶闸管可以用作无触点开关。图 5-43 所示为报警器电路，当探头检测到异常情况时，输出一正脉冲至控制极 G，晶闸管 VS 导通使报警器报警，直至有关人员到场并切断开关 S 才停止报警。

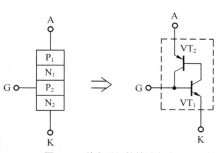

图 5-42 单向晶闸管等效电路

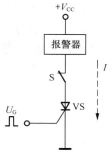

图 5-43 无触点开关电路

3．单向晶闸管应用——可控整流

单向晶闸管可以用作可控整流，电路如图 5-44 所示。只有当控制极有正触发脉冲时晶闸管才导通进行整流，而每当交流电压过零时晶闸管关断。改变触发脉冲在交流电每半周内出现的时刻，即可改变晶闸管的导通角，从而改变了输出到负载的直流电压的大小。

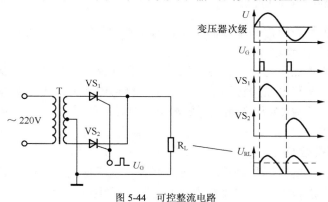

图 5-44 可控整流电路

5.3.8 双向晶体闸流管

双向晶体闸流管简称双向晶闸管，是指具有双向控制能力的晶体闸流管。双向晶闸管中的电流在控制极的控制下，既能从主电极 T_1 流向主电极 T_2，也能从主电极 T_2 流向主电极 T_1，可以用于交流电流的控制。

1．双向晶闸管工作原理

双向晶闸管是在单向晶闸管的基础之上开发出来的，是一种交流型功率控制器件。双向晶闸管不仅能够取代两个反向并联的单向晶闸管，而且只需要一个触发电路，使用非常方便。双向晶闸管的主要作用是无触点交流开关、交流调压、调光、调速等。

视频 5.15 双向晶闸管应用电路

双向晶闸管可以等效为两个单向晶闸管反向并联，如图 5-45 所示。双向晶闸管可以控制双向导通，因此除控制极 G 外的另两个电极不再分阳极、阴极，而称之为主电极 T_1、T_2。

2. 双向晶闸管应用——无触点交流开关

双向晶闸管可以用作无触点交流开关。图 5-46 所示
为交流固态继电器电路，当其输入端加上控制电压时，
双向晶闸管 VS 导通，接通输出端交流电路。

3. 双向晶闸管应用——交流调压

双向晶闸管可以用作交流调压器。图 5-47 所示电路中，
RP、R 和 C 组成充放电回路，C 上电压作为双向晶闸管 VS
的触发电压。调节 RP 可改变 C 的充电时间，也就改变了 VS 的导通角，达到交流调压的目的。

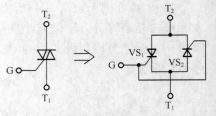

图 5-45　双向晶闸管等效电路

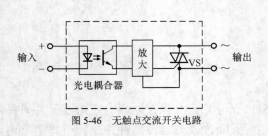

图 5-46　无触点交流开关电路

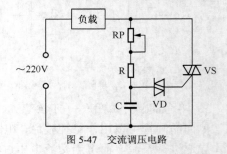

图 5-47　交流调压电路

5.3.9　可关断晶体闸流管

可关断晶闸管也称为门控晶闸管，是在普通晶闸管基础上发展起来的功率型控制器件。

1. 可关断晶闸管工作原理

可关断晶闸管的特点是可以通过控制极关断。普通晶闸管导通后控制极即不起作用，要
关断必须切断电源，使流过晶闸管的正向电流小于维持电流 I_H。可关断晶闸管克服了上述缺
陷，如图 5-48 所示，当控制极 G 加上正脉冲电压时晶闸管导通，当控制极 G 加上负脉冲电
压时晶闸管关断。

2. 可关断晶闸管应用

可关断晶闸管的主要作用是可关断无触点开关、直流逆变、调压、调光、调速等。

可关断晶闸管可以很方便地构成直流逆变电路，如图 5-49 所示。两个可关断晶闸管 VS₁、
VS₂ 的控制极触发电压 U_{G1}、U_{G2}，为频率相同、极性相反的正、负脉冲，使得 VS₁ 与 VS₂ 轮
流导通，在变压器次级即可得到频率与 U_G 相同的交流电压。

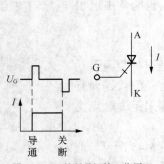

图 5-48　可关断晶闸管工作原理

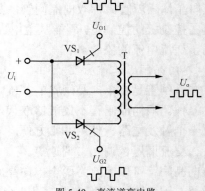

图 5-49　直流逆变电路

5.3.10　检测晶体闸流管

晶闸管可用万用表电阻挡进行检测，下面分别介绍不同类型晶闸管的检测方法。

1. 检测单向晶闸管

首先将万用表置于 R×10Ω 挡，黑表笔（表内电池正极）接控制极 G，红表笔接阴极 K，如图 5-50 所示，这时测量的是 PN 结的正向电阻，应有较小的阻值。对调两表笔后测其反向电阻，应比正向电阻明显大一些。

黑表笔仍接控制极 G，红表笔改接至阳极 A，阻值应为无穷大，如图 5-51 所示。对调两表笔后再测，阻值仍应为无穷大。这是因为 G、A 间为两个 PN 结反向串联，正常情况下正、反向电阻均为无穷大。

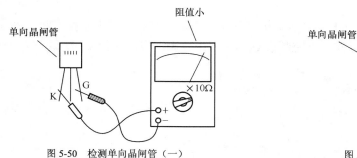

图 5-50　检测单向晶闸管（一）

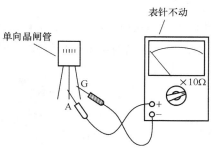

图 5-51　检测单向晶闸管（二）

接着检测导通特性，将万用表置于 R×1Ω 挡，黑表笔接阳极 A，红表笔接阴极 K，表针指示应为无穷大。用螺丝刀等金属物将控制极 G 与阳极 A 短接一下（短接后即断开），表针应向右偏转并保持在十几欧姆处，如图 5-52 所示。否则说明该晶闸管已损坏。

2. 检测双向晶闸管

检测时，万用表置于 R×1Ω 挡，用两表笔测量控制极 G 与主电极 T_1 间的正、反向电阻，均应为较小阻值，如图 5-53 所示。用两表笔测量控制极 G 与主电极 T_2 间的正、反向电阻，均应为无穷大，如图 5-54 所示。

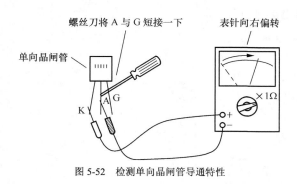

图 5-52　检测单向晶闸管导通特性

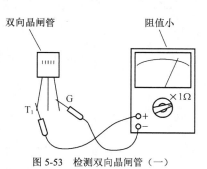

图 5-53　检测双向晶闸管（一）

检测双向晶闸管导通特性时，万用表仍置于 R×1Ω 挡，黑表笔接主电极 T_1，红表笔接主电极 T_2，表针指示应为无穷大。将控制极 G 与主电极 T_2 短接一下，表针应向右偏转并保持在十几欧姆处，如图 5-55 所示。否则说明该双向晶闸管已损坏。

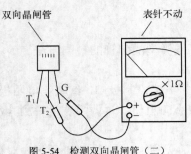

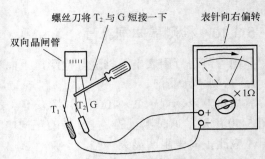

图 5-54 检测双向晶闸管（二）　　　　　图 5-55 检测双向晶闸管导通特性

3. 检测可关断晶闸管

检测时，将万用表置于 R×1Ω 挡，黑表笔接阳极 A，红表笔接阴极 K，表针指示应为阻值无穷大。

用一节 1.5V 电池作为控制电压，电池负极串联一只 100Ω 左右限流电阻接在可关断晶闸管的阴极 K 上。当用电池正极触碰一下控制极 G 后，万用表表针应向右偏转指示晶闸管导通，如图 5-56 所示。

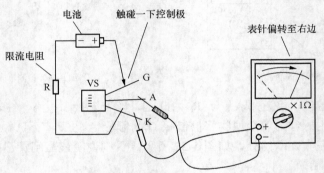

图 5-56 检测可关断晶闸管（一）

然后调换电池极性，改为电池正极串联一只 100Ω 左右限流电阻接在可关断晶闸管的阴极 K 上，用电池负极触碰一下控制极 G 后，万用表表针应向左返回至阻值无穷大，指示晶闸管已关断，如图 5-57 所示。否则说明该可关断晶闸管已损坏。

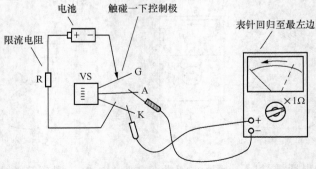

图 5-57 检测可关断晶闸管（二）

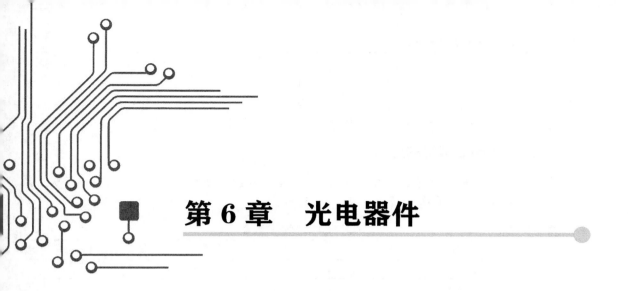

第 6 章　光电器件

光电器件是指能够实现光电转换的半导体器件，包括光电二极管、光电三极管、光电耦合器、发光二极管、LED 数码管等。光电器件在光电转换、自动控制、遥控、监控、夜视、显示、光纤通信等领域有着广泛的应用。

6.1　光电二极管

光电二极管是一种常用的光敏器件，和晶体二极管相似，光电二极管也是具有一个 PN 结的半导体器件，不同的是光电二极管有一个透明的窗口，以便使光线能够照射到 PN 结上。

6.1.1　光电二极管的种类

光电二极管有很多种类，常用的有 PN 结型、PIN 结型、雪崩型、肖特基结型等，用得最多的是硅材料 PN 结型光电二极管。外形上常见的有透明塑封光电二极管、金属壳封装光电二极管、树脂封装光电二极管等，如图 6-1 所示。

图 6-1　光电二极管

6.1.2　光电二极管的符号

光电二极管的文字符号为"VD"，图形符号如图 6-2 所示。

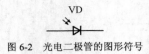

图 6-2　光电二极管的图形符号

6.1.3　光电二极管的型号

国产光电二极管主要有 2CU 系列（N 型硅光电二极管）、2DU 系列（P 型硅光电二极管）、PIN 系列（PIN 结型硅光电二极管）等，见表 6-1。

表 6-1　　　　　　　　　　　　　　国产光电二极管的型号

类型	型号
N 型硅管	2CU＊＊＊
P 型硅管	2DU＊＊＊
PIN 型硅管	PIN＊＊＊

6.1.4　光电二极管的极性

光电二极管两管脚有正、负极之分，如图 6-3 所示，靠近管键或色点的是正极，另一脚是负极；较长的是正极，较短的是负极。

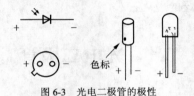

图 6-3　光电二极管的极性

6.1.5　光电二极管的参数

光电二极管的主要参数是最高工作电压 U_{RM}、光电流 I_L 和光电灵敏度 S_n。

1. 最高工作电压

最高工作电压 U_{RM} 是指在无光照、反向电流不超过规定值（通常为 $0.1\mu A$）的前提下，光电二极管所允许加的最高反向电压，如图 6-4 所示。光电二极管的 U_{RM} 一般为 10～50V，使用中不要超过。

2. 光电流

光电流 I_L 是指在受到一定光照时，加有反向电压的光电二极管中所流过的电流，约为几十微安，如图 6-4 所示。一般情况下，选用光电流 I_L 较大的光电二极管效果较好。

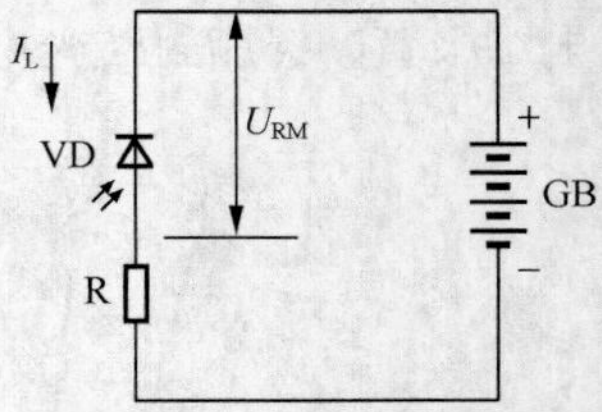

3. 光电灵敏度

光电灵敏度 S_n 是指在光照下，光电二极管的光电流 I_L 与入射光功率之比，单位为 $\mu A/\mu W$。光电灵敏度 S_n 越高越好。

图 6-4　光电二极管参数的意义

6.1.6　光电二极管的特点与工作原理

光电二极管的特点是具有将光信号转换为电信号的功能，并且其光电流 I_L 的大小与光照强度成正比，光照越强光电流 I_L 越大，如图 6-5 所示。

光电二极管通常工作在反向电压状态，如图 6-6 所示。无光照时，光电二极管 VD 截止，反向电流 $I=0$，负载电阻 R_L 上的输出电压 $U_o=0$。有光照时，VD 的反向电流 I 明显增大并随光照强度的变化而变化，这时输出电压 U_o 也较大并随光照强度的变化而变化，从而实现了光电转换。

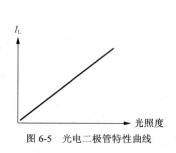

图 6-5　光电二极管特性曲线

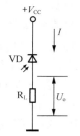

图 6-6　光电二极管工作原理

6.1.7　光电二极管的应用

光电二极管的作用是进行光电转换，在光控、红外遥控、光探测、光纤通信、光电耦合等方面有广泛的应用。

1．光控

光电二极管可以用作光控开关，电路如图 6-7 所示。无光照时，光电二极管 VD 因接反向电压而截止，晶体管 VT_1、VT_2 因无基极电流也截止，继电器处于释放状态。当有光线照射到光电二极管 VD 时，VD 从截止转变为导通，使 VT_1、VT_2 相继导通，继电器 K 吸合接通被控电路。

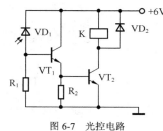

图 6-7　光控电路

2．光信号接收

光电二极管可以用作接收光信号。图 6-8 所示为光信号放大电路，光信号由光电二极管 VD 接收，经 VT 放大后通过耦合电容 C 输出。

3．光转换

光电二极管可以用作红外光到可见光的转换，电路如图 6-9 所示，红外光信号由光电二极管 VD_1 接收，经晶体管 VT_1、VT_2 放大后，驱动发光二极管 VD_2 发出可见光。

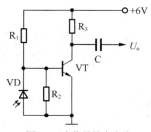

图 6-8　光信号放大电路

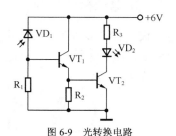

图 6-9　光转换电路

6.1.8　检测光电二极管

光电二极管可用万用表的电阻挡进行检测。

1. 检测光电二极管

检测时，将万用表置于 R×1k 挡，黑表笔（表内电池正极）接光电二极管正极，红表笔（表内电池负极）接光电二极管负极，这时测量的是光电二极管正向电阻，应为 10～20kΩ，如图 6-10 所示。

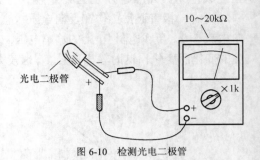

图 6-10　检测光电二极管

2. 检测光电性能

用一遮光物（例如黑纸片等）将光电二极管的透明窗口遮住，然后对调万用表两表笔，即用红表笔接光电二极管正极，黑表笔接光电二极管负极，然后如图 6-11 所示，这时测得的是无光照情况下的反向电阻，应为无穷大。

保持上一步万用表表笔与光电二极管的连接，移去遮光物，使光电二极管的透明窗口朝向光源（自然光、白炽灯、手电筒等），这时万用表表针应向右偏转至几千欧处，如图 6-12 所示。表针偏转越大说明光电二极管灵敏度越高。

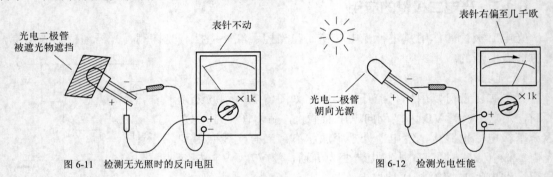

图 6-11　检测无光照时的反向电阻　　　　　　　图 6-12　检测光电性能

6.2　光电三极管

光电三极管是在光电二极管的基础上发展而来的光电器件。和晶体三极管相似，光电三极管也是具有两个 PN 结的半导体器件，所不同的是管壳上有透明窗口，使其基极受光信号的控制。

6.2.1　光电三极管的种类

光电三极管有许多种类，按导电极性可分为 NPN 型和 PNP 型；按结构类型可分为普通光电三极管和复合型（达林顿型）光电三极管；按外引脚数可分为二引脚式和三引脚式。图 6-13 所示为常见光电三极管。

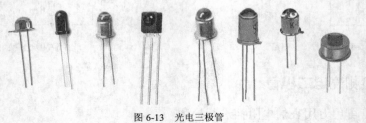

图 6-13　光电三极管

6.2.2　光电三极管的符号

光电三极管的文字符号为"VT"，图形符号如图 6-14 所示。

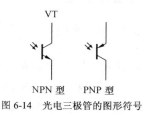

NPN 型　　PNP 型

图 6-14　光电三极管的图形符号

6.2.3　光电三极管的型号

光电三极管的型号命名方法与晶体三极管相同。目前普遍使用的是 3DU 系列 NPN 型硅光电三极管，其型号定义如图 6-15 所示。

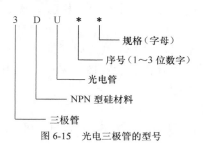

规格（字母）
序号（1～3 位数字）
光电管
NPN 型硅材料
三极管

图 6-15　光电三极管的型号

6.2.4　光电三极管的引脚

由于光电三极管的基极即为光窗口，因此大多数光电三极管只有发射极 e 和集电极 c 两个管脚，基极无引出线，光电三极管的外形与光电二极管几乎一样。也有部分光电三极管基极 b 有引出管脚，常作温度补偿用。

图 6-16 所示为常见光电三极管管脚示意图，靠近管键或色点的是发射极 e，离管键或色点较远的是集电极 c；较长的管脚是发射极 e，较短的管脚是集电极 c。

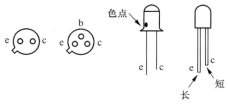

图 6-16　光电三极管的引脚

6.2.5　光电三极管的参数

光电三极管的参数较多，主要参数有最高工作电压 U_{ceo}、光电流 I_L、最大允许功耗 P_{CM} 等。

1. 最高工作电压

最高工作电压 U_{ceo} 是指在无光照、集电极漏电流不超过规定值（约 0.5μA）时，光电三极管所允许加的最高工作电压，一般为 10～50V，使用中不要超过。

2. 光电流

光电流 I_L 是指在受到一定光照时光电三极管的集电极电流，通常可达几毫安。光电流 I_L 越大，光电三极管的灵敏度越高。

3. 最大允许功耗

最大允许功耗 P_{CM} 是指光电三极管在不损坏的前提下所能承受的最大集电极耗散功率。

6.2.6 光电三极管的特点与工作原理

光电三极管的特点是不仅能实现光电转换，而且同时还具有放大功能。

光电三极管可以等效为光电二极管和普通三极管的组合元件，如图 6-17 所示。光电三极管基极与集电极间的 PN 结相当于一个光电二极管，在光照下产生的光电流 I_L 又从基极进入三极管放大，因此光电三极管输出的光电流可达光电二极管的 β 倍。

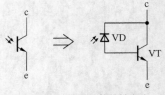

图 6-17 光电三极管等效电路

6.2.7 光电三极管的应用

光电三极管的主要作用也是光控，但比光电二极管具有更高的灵敏度。

1. 光电三极管的作用

光电三极管的主要作用是光控。由于光电三极管本身具有放大作用，给使用带来了很大方便。图 6-18 所示为光控开关电路，由于光控器件采用了光电三极管，因此，该电路比使用光电二极管的同类电路简化很多。

2. 光电二极管与光电三极管比较

光电二极管和光电三极管各有所长，见表 6-2。光电二极管温度特性和输出线性度好、响应时间快；光电三极管灵敏度高、输出光电流大。因此，在对输出线性要求较高或工作频率较高的场合应选用光电二极管；而一般的光电控制电路要求灵敏度高，应选用光电三极管。

表 6-2 　　　　　　　　　　光电二极管与光电三极管的比较

参数	光电二极管	光电三极管
光电流	小	大
灵敏度	较低	高
输出特性线性度	好	差
响应时间	快	慢

3. 达林顿型光电三极管

达林顿型光电三极管是将光电三极管和晶体三极管按达林顿复合管形式组合在一起，如图 6-19 所示。

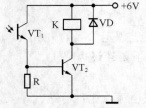

图 6-18 光电三极管光控电路

图 6-19 达林顿型光电三极管

由于光信号转换为电信号后，得到两级三极管的放大，总放大倍数等于两个三极管放大倍数的乘积，所以达林顿型光电三极管的灵敏度更高、光电流更大，可达十几毫安。达林顿型光电三极管的缺点是响应速度较慢。

6.2.8　检测光电三极管

光电三极管可用万用表电阻挡进行检测。

1．检测光电三极管

检测光电三极管时（以 NPN 型为例），将万用表置于 R×1k 挡，黑表笔（表内电池正极）接光电三极管发射极 e，红表笔（表内电池负极）接光电三极管集电极 c，此时光电三极管所加电压为反向电压，万用表指示的阻值应为无穷大，如图 6-20 所示。

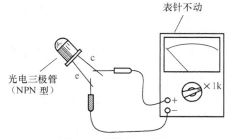

图 6-20　检测光电三极管

2．检测光电性能

用黑纸片等遮光物将光电三极管窗口遮住，在上一步检测的基础上对调万用表两表笔，即红表笔接光电三极管发射极 e、黑表笔接光电三极管集电极 c，如图 6-21 所示，此时虽然所加为正向电压，但因其基极无光照，光电三极管仍无电流，其阻值接近为无穷大。

保持万用表表笔与光电三极管的连接，然后移去遮光物，使光电三极管窗口朝向光源，如图 6-22 所示，这时万用表表针应向右偏转到 1kΩ 左右。表针偏转越大说明被测光电三极管灵敏度越高。

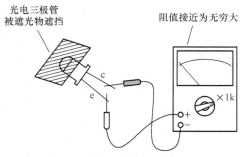

图 6-21　检测光电性能（无光照时）

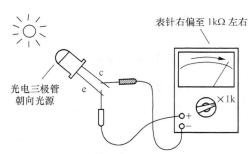

图 6-22　检测光电性能（有光照时）

3．区别光电二极管与光电三极管

由于光电二极管与光电三极管外形几乎一样，上述检测方法也可用来区别它们。遮住窗口测两管脚间的正、反向电阻，阻值一大一小者是光电二极管，两阻值均为无穷大者为光电三极管。

6.3　光电耦合器

光电耦合器是以光为媒介传输电信号的器件。图 6-23 所示为部分常见光电耦合器。

图 6-23　光电耦合器

6.3.1　光电耦合器的种类

光电耦合器种类较多。按其内部输出电路结构不同可分为光电二极管型、光电三极管型、光敏电阻型、光控晶闸管型、达林顿型、集成电路型、光电二极管、半导体管型等。

按其输出形式可分为普通型、线性输出型、高速输出型、高传输比输出型、双路输出型、组合型等。

6.3.2　光电耦合器的符号

光电耦合器的电路图形符号如图 6-24 所示。

视频 6.1　光电耦合器

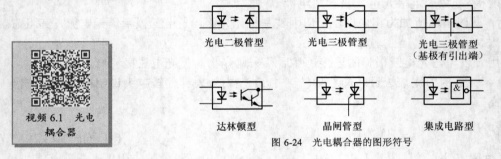

光电二极管型　　　光电三极管型　　　光电三极管型（基极有引出端）

达林顿型　　　晶闸管型　　　集成电路型

图 6-24　光电耦合器的图形符号

6.3.3　光电耦合器的引脚

光电耦合器的封装形式多种多样，仅双列直插式就有 4 脚、6 脚、8 脚等，使用时必须弄清楚它们的引脚排列情况。图 6-25 所示为部分常见光电耦合器的引脚图。

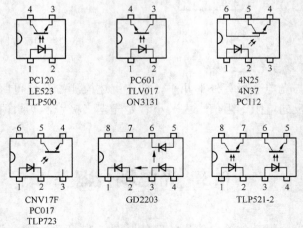

PC120　　PC601　　4N25
LE523　　TLV017　　4N37
TLP500　　ON3131　　PC112

CNV17F　　GD2203　　TLP521-2
PC017
TLP723

图 6-25　光电耦合器的引脚

6.3.4　光电耦合器的参数

光电耦合器的主要参数有正向电压 U_F、输出电流 I_L 和反向击穿电压 U_{BR}。

1. 正向电压

正向电压 U_F 是光电耦合器输入端的主要参数，是指使输入端发光二极管正向导通所需要的最小电压（即发光二极管管压降），如图 6-26 所示。

2. 输出电流

输出电流 I_L 是光电耦合器输出端的主要参数，是指输入端接入规定正向电压时，输出端光电器件通过的光电流，如图 6-26 所示。

3. 反向击穿电压

反向击穿电压 U_{BR} 是一项极限参数，是指输出端光电器件反向电流达到规定值时，其两极间的电压降。使用中工作电压应在 U_{BR} 以下并留有一定余量。

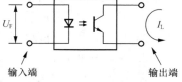

视频 6.2　光电耦合器参数和主要特性

图 6-26　光电耦合器结构原理

6.3.5　光电耦合器的特点

光电耦合器的特点是输入端与输出端之间既能传输电信号又具有电的隔离性，并且传输效率高、隔离度好、抗干扰能力强、使用寿命长。

6.3.6　光电耦合器的应用

光电耦合器的主要作用是隔离传输，在隔离耦合、电平转换、继电控制等方面得到广泛应用。

1. 隔离传输

光电耦合器内部包括一个发光二极管和一个光电器件，其基本工作电路如图 6-27 所示（以光电三极管型为例）。

当输入端加上电压 GB_1 时，电流 I_1 流过发光二极管使其发光；光电三极管接受光照后就产生光电流 I_2，从而实现了电信号的传输。由于这个传输过程是通过"电→光→电"的转换完成的，GB_1 与 GB_2 之间并没有电气连接，所以同时实现了输入端与输出端之间的电的隔离。

2. 隔离控制

图 6-28 所示为交流电钻控制电路。当按下按钮开关 SB 时，光电耦合器产生输出电流，使双向晶闸管 VS 导通，电钻电机 M 转动。由于光电耦合器的隔离作用，只需控制 3V 低压直流电即可间接控制交流 220V 电源。

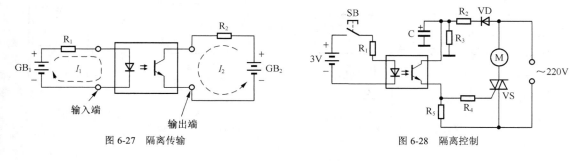

图 6-27　隔离传输　　　　　　　　　　图 6-28　隔离控制

6.3.7 检测光电耦合器

光电耦合器输入部分与输出部分之间是绝缘的，因此检测光电耦合器时应分别检测其输入部分和输出部分。

1. 检测输入部分

检测时，万用表置于 R×1k 挡，分别测量输入部分发光二极管的正、反向电阻，其正向电阻约为数百欧，反向电阻约为几十千欧。图 6-29 所示为测量正向电阻时的情况。

这里有一点需要说明，光电耦合器中的发光二极管的正向管压降较普通发光二极管低，在 1.3V 以下，所以可以用万用表 R×1k 挡直接测量。

2. 检测输出部分

以光电三极管型光电耦合器为例，在输入端悬空的前提下，测量输出端两引脚（光电三极管的 c、e 极）间的正、反向电阻，均应为无穷大，如图 6-30 所示。

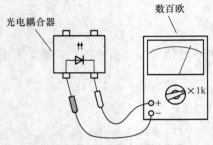

图 6-29　检测光电耦合器输入部分

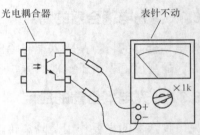

图 6-30　检测光电耦合器输出部分

3. 检测光电耦合器的传输性能

如图 6-31 所示，将万用表置于 R×100 挡，黑表笔接输出部分光电三极管的集电极 c，红表笔接发射极 e。当按图示给光电耦合器输入端接入正向电压时，光电三极管应导通，万用表指示阻值很小。当切断输入端正向电压时，光电三极管应截止，阻值为无穷大。

4. 检测绝缘电阻

将万用表置于 R×10k 挡，测量输入端与输出端之间任两个引脚间的电阻，均应为无穷大，如图 6-32 所示。

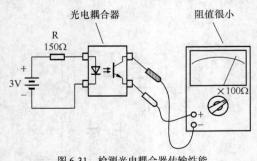

图 6-31　检测光电耦合器传输性能

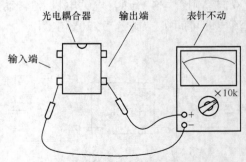

图 6-32　检测光电耦合器绝缘性能

6.4 发光二极管

发光二极管简称为 LED，是一种具有一个 PN 结的半导体电发光器件，具有耗电少、寿命长、反应速度快的特点，广泛应用在指示、显示、通信、照明等领域。

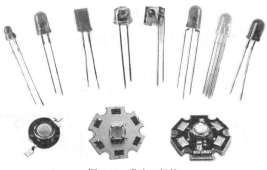

视频 6.3 发光二极管

6.4.1 发光二极管的种类

发光二极管种类很多，如图 6-33 所示。按发光光谱可分为可见光 LED 和红外光 LED 两类，其中可见光 LED 包括红、绿、黄、橙、蓝、白等颜色。按发光效果可分为固定颜色 LED 和变色 LED 两类，其中变色 LED 包括双色、三色等。

发光二极管的体积有大、中、小等多种规格。发光二极管还可分为普通型和特殊型两类，特殊型包括组合 LED、带阻 LED（电压型 LED）、闪烁 LED、照明 LED 等。

图 6-33 发光二极管

6.4.2 发光二极管的符号

发光二极管的文字符号为"VD"，图形符号如图 6-34 所示。

图 6-34 发光二极管的图形符号

6.4.3 发光二极管的极性

发光二极管是一个有正、负极之分的器件，使用前应先分清它的正、负极。

发光二极管两管脚中，较长的是正极，较短的是负极。对于透明或半透明塑料封装的发光二极管，可以用肉眼观察到它的内部电极的形状，正极的内电极较小，负极的内电极较大。如图 6-35 所示。

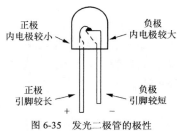

图 6-35 发光二极管的极性

正极 内电极较小 　负极 内电极较大

正极 引脚较长 　负极 引脚较短

6.4.4 发光二极管的参数

发光二极管的主要参数有最大工作电流 I_{FM} 和最大反向电压 U_{RM}。

视频 6.4 发光二极管的极性和参数

1. 最大工作电流

最大工作电流 I_{FM} 是指发光二极管长期正常工作所允许通过的最大正向电流。使用中不能超过此值，否则将会烧毁发光二极管。

2. 最大反向电压

最大反向电压 U_{RM} 是指发光二极管在不被击穿的前提下，所能承受的最大反向电压。发光二极管的最大反向电压 U_{RM} 一般在 5V 左右，使用中不应使发光二极管承受超过 5V 的反向电压，否则发光二极管将可能被击穿。

3. 其他参数

发光二极管还有发光波长、发光强度等参数，业余使用时可不必考虑，只要选择自己喜欢的颜色和形状就可以了。

6.4.5　发光二极管的特点

发光二极管的特点是会发光。发光二极管与普通二极管一样具有单向导电性，当有足够的正向电流通过 PN 结时，便会发出不同颜色的可见光或红外光。

视频 6.5 发光二极管特性

6.4.6　发光二极管的应用

发光二极管的主要作用是指示灯和光发射，并可作为稳压管使用。发光二极管广泛应用在显示、指示、遥控和通信领域。

1. 指示灯

发光二极管的典型应用电路如图 6-36 所示，R 为限流电阻，I 为通过发光二极管的正向电流。发光二极管的管压降一般比普通二极管大，约为 2V，电源电压必须大于管压降，发光二极管才可能正常工作。

发光二极管用作交流电源指示灯的电路如图 6-37 所示，VD_1 为整流二极管，VD_2 为发光二极管，R 为限流电阻，T 为电源变压器。

图 6-36　发光二极管的应用　　　　　　　图 6-37　用作电源指示灯

2. 光发射

在红外遥控器、红外无线耳机、红外报警器等电路中，红外发光二极管担任光发射管，电路如图 6-38 所示，VT 为开关调制晶体管，VD 为红外发光二极管。信号源通过 VT 驱动和调制 VD，使 VD 向外发射调制红外光。

3. 稳压

发光二极管可作为低电压稳压二极管使用。图 6-39 所示为简单并联稳压电路，利用发光二极管 VD 的管压降，可提供+2V 的直流稳压输出。VD 同时具有电源指示功能。

4. 发光二极管的扫描驱动

需要点亮多个发光二极管时，可以采用扫描驱动的方式，以简化电路和节约电能。如图 6-40

所示，电子开关将电源电压依次快速轮流接通 4 个发光二极管，只要轮流的速度足够快，看起来这 4 个发光二极管都一直在点亮。

图 6-38 红外光发射电路　　　　　　　　图 6-39 稳压电路

5. 照明灯

LED 照明灯通常由许多白光 LED 组合在一起构成。LED 照明灯具有工作电压低、耗电量少、性能稳定、响应速度快（纳秒级）、抗冲击与耐振动性强、体积小、重量轻、应用灵活等特点。LED 照明灯的使用寿命可达 10 万小时以上，能够使用 25～30 年，比普通白炽灯泡长 100 倍。

LED 照明灯可以说是 21 世纪最有发展前途的绿色电光源。现在国内外许多现代化都市，不少标志性景观和夜景照明都开始使用 LED 照明灯。小功率家用 LED 照明灯和 LED 手电筒已得到较多应用。图 6-41 所示为 LED 台灯，图 6-42 所示为 LED 手电筒，图 6-43 所示为火车卧铺车厢床头的 LED 阅读灯，LED 照明灯必将在更多领域发挥积极作用。

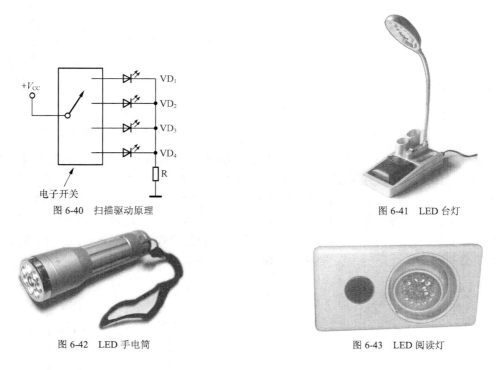

图 6-40 扫描驱动原理　　　　　　　　图 6-41 LED 台灯

图 6-42 LED 手电筒　　　　　　　　图 6-43 LED 阅读灯

6.4.7 特殊发光二极管

除了单色发光二极管和红外发光二极管外，还有一些特殊的发光二极管，例如双色发光

二极管、变色发光二极管、三色发光二极管、带阻发
光二极管、闪烁发光二极管等。

1. 双色发光二极管

双色发光二极管的特点是可以发出两种颜色的光。

双色发光二极管是将两种发光颜色（常见的为红
色和绿色）的管芯反向并联后封装在一起，如图6-44
所示。当工作电压为左正右负时，电流 I_1 通过管芯
VD_1 使其发红光。当工作电压为左负右正时，电流 I_2
通过管芯 VD_2 使其发绿光。

可以用脉冲驱动的方式使双色 LED 发出其他颜

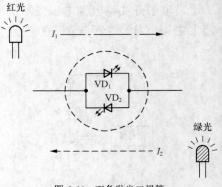

图 6-44 双色发光二极管

色的光。如图 6-45 所示，在双色 LED 左右两端分别接入互为反相的脉冲电压 CP_1 和 CP_2。
只要 CP 频率足够高，当 CP_1 和 CP_2 占空比相同时，双色 LED 发橙色光；当 CP_1 占空比大于 CP_2
占空比时，双色 LED 发偏红光；当 CP_1 占空比小于 CP_2 占空比时，双色 LED 发偏绿光。

2. 变色发光二极管

变色发光二极管的特点是发光颜色可以变化。变色发光二极管分为共阴极和共阳极两种。

（1）共阴极三管脚变色 LED 内部结构如图6-46所示，两种发光颜色（通常为红、绿色）
的管芯负极连接在一起。三管脚中，左右两边的管脚分别为红、绿色 LED 的正极，中间的管
脚为公共负极。

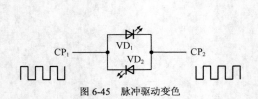

图 6-45 脉冲驱动变色

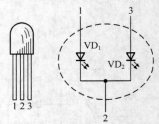

图 6-46 共阴极变色发光二极管

使用时，公共负极 2 脚接地。当 1 脚接入工作电压时，电流 I_1 通过管芯 VD_1 使其发红光。当
3 脚接入工作电压时，电流 I_2 通过管芯 VD_2 使其发绿光。当 1 脚和 3 脚同时接入工作电压时，LED
发橙色光。当 I_1 与 I_2 的大小不同时，LED 发光颜色按比例在红↔橙↔绿之间变化，如图6-47所示。

（2）共阳极三管脚变色 LED 内部结构如图6-48所示，与共阴极管不同的是，两种发光
颜色的管芯正极连接在一起。三管脚中，左右两边的管脚分别为两种颜色 LED 的负极，中间
的管脚为公共正极。使用时，公共正极 2 脚接工作电压，其余两管脚按需要接地即可。

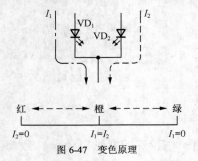

图 6-47 变色原理

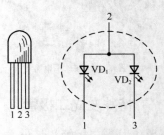

图 6-48 共阳极变色发光二极管

3. 三色发光二极管

三色发光二极管是将三种不同颜色的管芯封装在一起，也分为共阴极和共阳极两种。

（1）共阴极四管脚三色 LED 内部结构如图 6-49 所示，三种发光颜色（例如红、蓝、绿三色）的管芯负极连接在一起。

四管脚中，1 脚为绿色 LED 的正极，2 脚为蓝色 LED 的正极，3 脚为公共负极，4 脚为红色 LED 的正极。使用时，公共负极 3 脚接地，其余管脚按需要接入工作电压即可。

（2）共阳极四管脚三色 LED 内部结构如图 6-50 所示，三种发光颜色的管芯正极连接在一起。使用时，公共正极 3 脚接工作电压，其余管脚按需要接地即可。

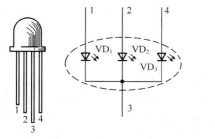
图 6-49 共阴极三色发光二极管

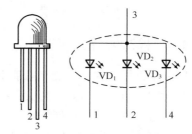
图 6-50 共阳极三色发光二极管

4. 带阻发光二极管

带阻发光二极管又称电压型发光二极管，其电路结构如图 6-51 所示。带阻 LED 已将限流电阻做到了发光二极管内，只要接入规定的直流电压即可发光。

5. 闪烁发光二极管

闪烁发光二极管是一种特殊的 LED，它将控制电路集成到了发光二极管内，如图 6-52 所示，接入规定的直流电压即可发出一定频率的脉冲光。

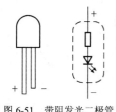
图 6-51 带阻发光二极管

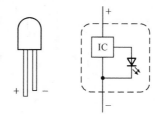
图 6-52 闪烁发光二极管

6. 照明发光二极管

照明发光二极管是一种半导体固体电光源，具有绿色环保、节能高效的明显优点，世界各发达国家竞相投资研发。我国也正式启动了"国家半导体照明工程"，加速发展高亮度 LED 产业。随着白光 LED 的制造技术不断取得突破，LED 灯的应用也越来越广泛。图 6-53 所示为 LED 灯组件。

白光 LED 的基本结构如图 6-54 所示，由蓝光 LED 芯片与黄色荧光粉复合而成。蓝光 LED 芯片在通过足够的正向电流时会发出蓝光，这些蓝光一部分被荧光粉吸收激发荧光粉发出黄光，另一部分蓝光与荧光粉发出的黄光混合，最终得到白光。白光 LED 的开发成功，使得 LED 照明成为现实。

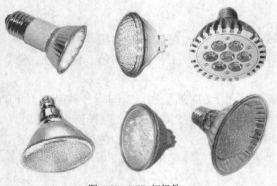

图 6-53　LED 灯组件

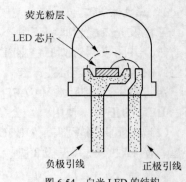

图 6-54　白光 LED 的结构

6.4.8　检测发光二极管

用指针式万用表检测发光二极管时，必须使用 R×10k 挡。因为发光二极管的管压降为 2V 左右，而万用表 R×1k 及其以下各电阻挡表内电池仅为 1.5V，低于管压降，无论正、反向接入，发光二极管都不可能导通，也就无法检测。R×10k 挡时表内接有 15V（有些万用表为 9V）高压电池，高于管压降，所以可以用来检测发光二极管，如图 6-55 所示。

1. 检测一般发光二极管

万用表黑表笔（表内电池正极）接发光二极管正极，红表笔（表内电池负极）接发光二极管负极，这时发光二极管为正向接入，万用表表针应偏转过半，同时发光二极管中有一发光亮点，如图 6-56 所示。

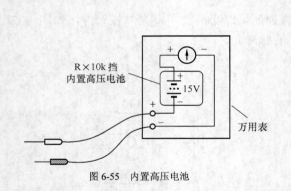

图 6-55　内置高压电池

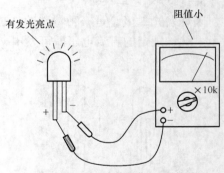

图 6-56　正向检测发光二极管

再将万用表两表笔对调后与发光二极管相接，这时为反向接入，万用表表针应不动，发光二极管无发光亮点，如图 6-57 所示。如果无论正向接入还是反向接入，表针都偏转到头或都不动，则说明该发光二极管已损坏。

2. 检测双色发光二极管

检测双色发光二极管时，万用表表笔对调前后测量的都是发光二极管的正向电阻，万用表表针指示的阻值都较小，如图 6-58 所示。但两次测量的不是同一个管芯，发光二极管中的发光亮点应分别为两种颜色。

3. 检测变色发光二极管

检测共阴极三管脚变色发光二极管的方法如图 6-59 所示，万用表红表笔接变色发光二极管的中间管脚（公共负极），黑表笔分别接左右两管脚，发光二极管应分别有不同颜色的发光亮点，同时万用表表针指示发光二极管的正向电阻。

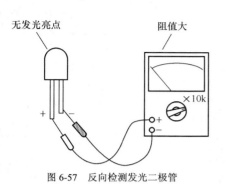

图 6-57　反向检测发光二极管

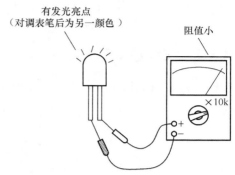

图 6-58　检测双色发光二极管

检测共阳极三管脚变色发光二极管时，将万用表红、黑表笔对调即可，方法同上。

4. 检测三色发光二极管

检测共阴极四管脚三色发光二极管的方法如图 6-60 所示，万用表红表笔接公共负极 3 脚，黑表笔分别接其余三个管脚，发光二极管应分别有不同颜色的发光亮点，同时万用表表针指示发光二极管的正向电阻。

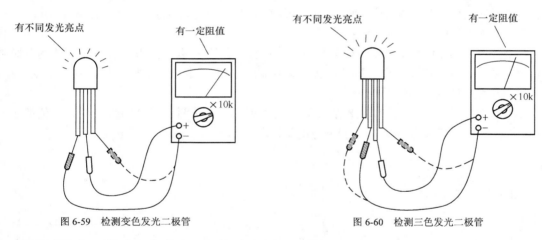

图 6-59　检测变色发光二极管

图 6-60　检测三色发光二极管

检测共阳极四管脚三色发光二极管时，将万用表红、黑表笔对调即可，方法同上。

6.5　LED 数码管

LED 数码管是最常用的一种字符显示器件，它是将若干个发光二极管按一定图形排列在一起构成的。

6.5.1　LED 数码管的种类

LED 数码管具有很多种类，如图 6-61 所示。按显示字形可分为数字

视频 6.6　分段式
数码管

管和符号管；按显示位数可分为一位、双位和多位数码管；按内部连接方式可分为共阴极数码管和共阳极数码管两种；按字符颜色可分为红色、绿色、黄色、橙色等。七段数码管是应用较多的一种数码管。

图 6-61　LED 数码管

6.5.2　LED 数码管的符号

LED 数码管的图形符号如图 6-62 所示。

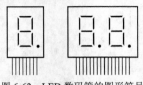

图 6-62　LED 数码管的图形符号

6.5.3　LED 数码管的引脚

LED 数码管具有较多管脚，使用中应注意识别。

1.　一位共阴极数码管的管脚

一位共阴极 LED 数码管共 10 个管脚，其中第 3、第 8 两管脚为公共负极（该两管脚内部已连接在一起），其余 8 个管脚分别为七段笔画和一个小数点的正极，如图 6-63 所示。

2.　一位共阳极数码管的管脚

一位共阳极 LED 数码管共 10 个管脚，其中第 3、第 8 两管脚为公共正极（该两管脚内部已连接在一起），其余 8 个管脚分别为七段笔画和一个小数点的负极，如图 6-64 所示。

3.　两位共阴极数码管的管脚

两位共阴极 LED 数码管共 18 个管脚，其中第 6、第 5 两管脚分别为个位和十位的公共负极，其余 16 个管脚分别为个位和十位的笔画与小数点的正极，如图 6-65 所示。

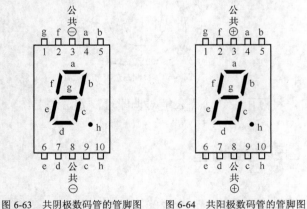

图 6-63　共阴极数码管的管脚图　　图 6-64　共阳极数码管的管脚图

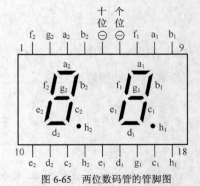

图 6-65　两位数码管的管脚图

6.5.4　LED 数码管的特点与工作原理

LED 数码管的特点是发光亮度高、响应时间快、高频特性好、驱动电路简单等，而且体积小、重量轻、寿命长和耐冲击性能好。

LED 数码管的显示原理如下。七段数码管将七个笔画段组成"8"字形,能够显示"0~9"10 个数字和"A~F"6 个字母,如图 6-66 所示,可以用于二进制数、十进制数以及十六进制数的显示。

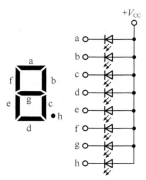

图 6-66　数码管显示的字符

共阴极 LED 数码管内部电路如图 6-67 所示,8 个 LED(七段笔画和一个小数点)的负极连接在一起接地,译码电路按需给不同笔画的 LED 正极加上正电压,使其显示出相应数字。

共阳极 LED 数码管内部电路如图 6-68 所示,8 个 LED 的正极连接在一起接正电压,译码电路按需使不同笔画的 LED 负极接地,使其显示出相应数字。

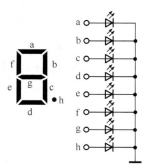

图 6-67　共阴极数码管内部电路

图 6-68　共阳极数码管内部电路

6.5.5　LED 数码管的应用

LED 数码管的作用是显示字符。例如,在时钟电路中显示时间、在计数电路中显示数字、在测量电路中显示结果等。

图 6-69 所示为电子时钟原理图,4 个 LED 数码管分别构成各两位数的分钟和小时的数字显示部分,完成"00:00"至"23:59"的时间显示。

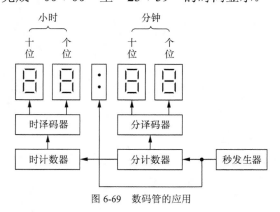

图 6-69　数码管的应用

视频 6.7　八段式荧光数码管译码器

6.5.6　检测 LED 数码管

LED 数码管可用万用表电阻挡进行检测。因为 LED 数码管中每一个笔画及小数点都是一个独立的发光二极管，所以对 LED 数码管的检测就是对其中的各个发光二极管逐个检测。

检测时，万用表置于 R×10k 挡。对于共阴极数码管，万用表红表笔（表内电池负极）接 LED 数码管的公共阴极，黑表笔依次分别接各笔段进行检测，如图 6-70 所示。对于共阳极数码管，万用表黑表笔（表内电池正极）接 LED 数码管的公共阳极，红表笔依次分别接各笔段进行检测，如图 6-71 所示。检测结果的判断与检测发光二极管相同。

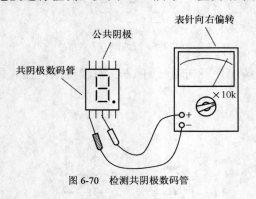

图 6-70　检测共阴极数码管

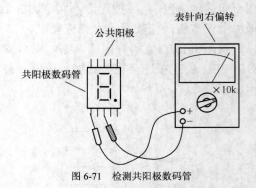

图 6-71　检测共阳极数码管

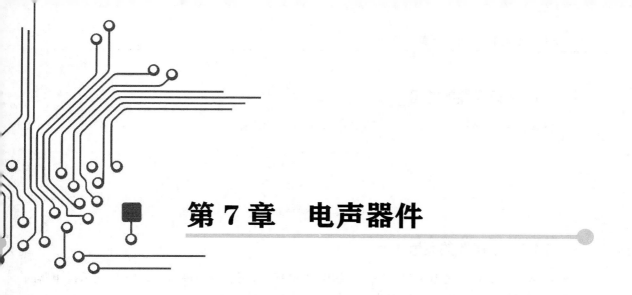

第7章 电声器件

电声器件是指具有电声转换功能的器件，包括能够将电信号转换为声音的扬声器、耳机、讯响器和蜂鸣器，能够将声音转换为电信号的传声器，以及晶体和超声波换能器等。具有电磁转换功能的磁头也放在本章来讲。

视频 7.1 扬声器

7.1 扬声器

扬声器俗称喇叭，是一种常用的电声转换器件，其基本作用是将电信号转换为声音，在收音机、录音机、电视机、计算机、音响和家庭影院系统、电影院、剧场、体育场馆、交通设施等场所得到广泛的应用。扬声器外形多种多样，如图 7-1 所示。

图 7-1　扬声器

7.1.1 扬声器的种类

扬声器按换能方式可分为电动式扬声器、舌簧式扬声器、压电式扬声器、气动式扬声器等；按结构可分为纸盆式扬声器、球顶式扬声器、号筒式扬声器、带式扬声器、平板式扬声器等；按照扬声器的工作频率范围可分为高音扬声器、中音扬声器、低音扬声器、全频扬声器等。

7.1.2　扬声器的符号

扬声器的文字符号是"BL"，图形符号如图 7-2 所示。

图 7-2　扬声器的图形符号

7.1.3　扬声器的型号

扬声器的型号命名由四部分组成，如图 7-3 所示。第一部分用字母"Y"表示扬声器的主称，第二部分用字母表示扬声器的类型，第三部分用字母或数字表示扬声器的额定功率、口径等特征，第四部分用数字表示序号。

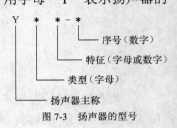

图 7-3　扬声器的型号

扬声器型号中字母代号的意义见表 7-1。例如，型号为 YD3-25 表示这是 3W（3VA）的电动式扬声器，型号为 YDG50-1 表示这是口径 50 mm 的电动式高音扬声器。

表 7-1　　　　　　　　　　　　　扬声器型号中字母的意义

字母代号	意义
D	电动式
C	舌簧式
Y	压电式
R	静电式
H	号筒式
DT	电动椭圆式
DG	电动高音
HT	号筒椭圆式
HG	号筒高音
QG	球顶高音
QZ	球顶中音

视频 7.2　扬声器种类及主要参数

7.1.4　扬声器的参数

扬声器的主要参数有额定功率、标称阻抗、频率范围、灵敏度等。

1. 额定功率

额定功率是指扬声器在长期正常工作时所能输入的最大电功率，单位为"W"。常用扬声器的功率有 0.1W、0.25W、0.5W、1W、3W、5W、10W、50W、100W、200W 等。选用扬声器时，不宜使扬声器长期工作在超过其额定功率的状态，否则易损坏扬声器。

2. 标称阻抗

标称阻抗是指扬声器工作时输入的信号电压与流过的电流之比值，单位为"Ω"。标称阻抗是指交流阻抗，在数值上约是扬声器音圈直流电阻值的 1.2～1.3 倍。常用扬声器的标称阻抗有 4Ω、8Ω、16Ω 等，应按照电路图的要求选用。

额定功率和标称阻抗一般均直接标示在扬声器上，如图 7-4 所示。

3. 频率范围

频率范围是指输出声压变化幅度在一定的允许范围内（一般为 −3dB）时，扬声器的有效工作频率范围。低音扬声器的频率范围为 30～8000Hz，中音扬声器的频率范围为 200～10000Hz，高音扬声器的频率范围为 2000～16000Hz。在一般应用场合应选用全频或中音扬声器，在分频音箱中则应按照要求选用高、中、低音扬声器。

图 7-4　扬声器的标示

4. 灵敏度

灵敏度是指给扬声器输入 1W 的电功率时，其发出的平均声压大小，单位为 "dB"。灵敏度越高，说明扬声器的电声转换效率越高。

视频 7.3　电动式
扬声器工作原理

7.1.5　电动式扬声器

电动式扬声器通常指电动式纸盆扬声器，其结构与工作原理如图 7-5 所示。音圈位于环形磁钢与芯柱之间的磁隙中，当音频电流通过音圈时，所产生的交变磁场与磁隙中的固定磁场相互作用，使音圈在磁隙中往复运动，并带动与其粘在一起的纸盆运动而发声。

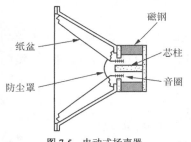

图 7-5　电动式扬声器

电动式扬声器有许多种，按外形可分为圆形、椭圆形、超薄形等，并有大、中、小多种口径尺寸；按磁体结构可分为外磁式和内磁式扬声器；按悬边类型可分为布边、橡皮边、泡沫边、复合边扬声器等。

电动式扬声器是最常用的扬声器，既有全频扬声器，又有专门的高音、中音、低音扬声器，广泛应用在收音机、录音机、电视机等各种场合。

7.1.6　压电式扬声器

压电式扬声器是一种简易型扬声器，其结构如图 7-6 所示，其核心是压电陶瓷片。

压电式扬声器是利用压电效应原理工作的。当给压电陶瓷片加上音频电压时，压电陶瓷片就会随音频电压产生相应的机械振动，并带动与其连接在一起的纸盆运动而发声。音频电压越大，压电陶瓷片带动纸盆振动的幅度就越大，发出的声音也就越大。

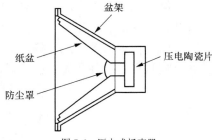

图 7-6　压电式扬声器

压电式扬声器具有结构简单、价格低廉、驱动功率小的特点，但频率特性较差、音质不好，主要应用在对音质要求不高的场合。

7.1.7　球顶式扬声器

球顶式扬声器内部结构如图 7-7 所示，其工作原理类似于电动式扬声器，但取消了纸盆，而是采用球顶式振膜。

球顶式扬声器可分为软质振膜和硬质振膜两类。软质振膜一般采用布、丝绸等天然纤维或复合纤维制成，音色甜美自然，属于暖音色。硬质振膜常用钛合金制成，高频瞬态响应更好，音色清脆，属于冷音色。

常见的球顶式扬声器有高音扬声器和中音扬声器两种，主要应用在高档分频式组合音箱中，如图 7-8 所示。

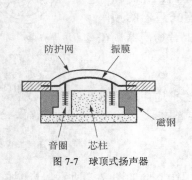

图 7-7　球顶式扬声器

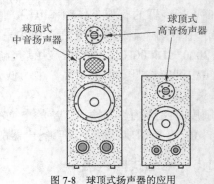

图 7-8　球顶式扬声器的应用

7.1.8　号筒式扬声器

号筒式扬声器由发音头和号筒两部分组成，其结构如图 7-9 所示。号筒起到聚集声音的作用，可以使声音更有效地传播。号筒可分为直接式和反射式两类，反射式可以缩短号筒的长度。

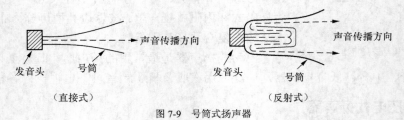

图 7-9　号筒式扬声器

号筒式扬声器有多种，按号筒可分为圆柱形、锥形、指数形、反射式等；按发音头可分为电动式、压电式、静电式等。

号筒式扬声器多是高音扬声器，主要应用在要求较高的音箱等还音系统中。室外广播用的高音喇叭也是一种号筒式扬声器，如图 7-10 所示。

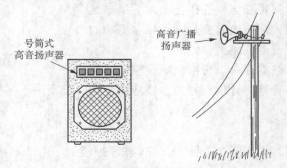

图 7-10　号筒式扬声器的应用

7.1.9　检测扬声器

扬声器可用万用表电阻挡进行检测，并可判断扬声器的相位。

1．检测扬声器

检测时，将万用表置于 R×1Ω 挡，并进行欧姆挡校零。然后用万用表两表笔（不分正、负）断续触碰扬声器两引出端，如图 7-11 所示，扬声器中应发出"喀、喀……"声，声音越大越清脆越好。如果无声说明该扬声器已损坏。如"喀、喀……"声小或不清晰，说明该扬声器质量较差。

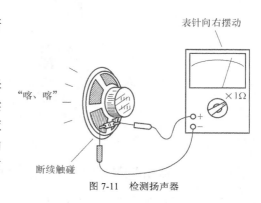

图 7-11　检测扬声器

2．测量扬声器音圈电阻

我们也可通过测量扬声器音圈直流电阻的方法来检测扬声器。万用表仍置于 R×1Ω 挡，并进行欧姆挡校零。然后如图 7-12 所示，万用表两表笔（不分正、负）接扬声器两引出端，表针所指示的即为扬声器音圈的直流电阻，应为扬声器标称阻抗的 80%。如过小说明音圈有局部短路，如不通（表针不动）则说明音圈已断路，扬声器已损坏。

3．判别扬声器相位

在多只扬声器组成的音箱中，为了保持各扬声器的相位一致，必须搞清楚扬声器两引出端的正与负，可用万用表进行判别，方法如下。

将扬声器口朝上放置，万用表置于直流 50μA 挡，两表笔分别接扬声器两引出端，如图 7-13 所示。这时用手轻轻向下压一下纸盆，在向下压的瞬间，如果表针向右偏转，则黑表笔所接为扬声器"+"端，红表笔所接为扬声器"−"端。

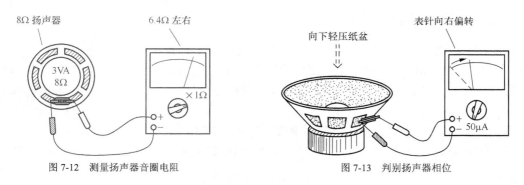

图 7-12　测量扬声器音圈电阻　　　　　图 7-13　判别扬声器相位

在向下压纸盆的时候，可同时检查音圈位置是否有偏斜。如感觉到音圈与磁钢或芯柱有擦碰，则该扬声器不宜使用。

7.2　耳机

耳机也是常用的电声转换器件，主要用于个人聆听。常见耳机如图 7-14 所示。

图 7-14　耳机

7.2.1　耳机的种类

耳机按结构形式可分为头戴式、耳挂式、耳塞式、听诊式、手持式等；按传送声音的不同可分为单声道耳机和立体声耳机两种；按换能方式的不同可分为动圈式、电磁式、压电式、静电式、平膜式、平板式等。

7.2.2　耳机的符号

耳机的文字符号是"BE"，图形符号如图 7-15 所示。

图 7-15　耳机的图形符号

7.2.3　耳机的型号

耳机的型号命名由四部分组成，如图 7-16 所示。第一部分用字母"E"表示耳机的主称，第二部分用字母表示耳机的类型，第三部分用字母或数字表示耳机的特征，第四部分用数字表示序号。

耳机型号中字母代号的意义见表 7-2。例如，型号为 EDL-3 表示这是立体声动圈式耳机，型号为 ECS-1 表示这是电磁式耳塞机。

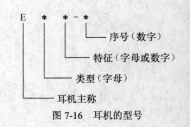

图 7-16　耳机的型号

表 7-2　　　　　　　　　　　　　　耳机型号中字母代号的意义

类型部分		特征部分	
字母	意义	字母	意义
D	动圈式	S	耳塞式
C	电磁式	G	耳挂式
Y	压电式	Z	听诊式
R	静电式	D	头戴式
		C	手持式
		L	立体声

7.2.4　耳机的参数

耳机的主要参数有标称阻抗、频率范围、灵敏度等，其意义与扬声器的参数基本相同。耳机有低阻和高阻之分，常用低阻耳机的标称阻抗有 4Ω、8Ω、16Ω、32Ω 等，常用高阻耳机的标称阻抗为数百欧，应根据需要选用。

7.2.5　单声道耳机

单声道耳机只有一个放音单元，其插头上有两个接点，分别是芯线接点和地线接点，如图 7-17 所示。单声道耳机主要用作一般性的个人聆听，如手机、助听器、小型收音机、网络耳麦等。

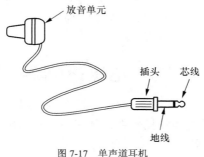

图 7-17　单声道耳机

7.2.6　立体声耳机

立体声耳机具有两个独立工作的放音单元，可以分别播放左、右声道的声音。立体声耳机插头上有三个接点，其中两个是芯线接点，另一个是公共地线接点，如图 7-18 所示。立体声耳机主要用作立体声的个人聆听。

立体声耳机一般均标有左、右声道标志 "L" 和 "R"，使用时应注意，"L" 应戴在左耳，"R" 应戴在右耳，如图 7-19 所示，这样才能聆听到正常的立体声。

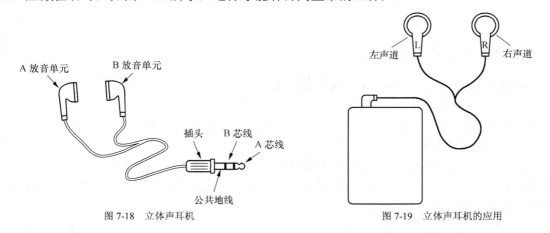

图 7-18　立体声耳机　　　　　　　　　　图 7-19　立体声耳机的应用

7.2.7　检测耳机

耳机可用万用表电阻挡进行检测，方法与检测扬声器相同。检测立体声耳机时，应分别检测左、右声道，如图 7-20 所示。

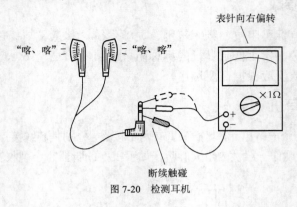

图 7-20　检测耳机

7.3　电磁讯响器

电磁讯响器是一种微型的电声转换器件，体积小、重量轻，但音质较差，应用在一些特定的场合，外形如图 7-21 所示。

图 7-21　电磁讯响器

7.3.1　电磁讯响器的种类

电磁讯响器可分为不带音源和自带音源两大类。

1．不带音源讯响器

不带音源讯响器相当于一个微型扬声器，工作时需要接入音频驱动信号才能发声。

2．自带音源讯响器

自带音源讯响器内部包含有音源集成电路，可以自行产生音频驱动信号，工作时不需要外加音频信号，接上规定的直流电压即可发声。按照所发声音的不同，自带音源讯响器又分为连续长音和断续声音两种。

7.3.2　电磁讯响器的符号

电磁讯响器的文字符号是"HA"，图形符号如图 7-22 所示。

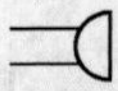

HA

图 7-22　电磁讯响器的图形符号

7.3.3　电磁讯响器的参数

电磁讯响器的参数主要有工作电压和标称阻抗。

1. 工作电压

自带音源讯响器的额定直流工作电压有 1.5V、3V、6V、9V、12V 等规格，可根据电路电源电压进行选用。

2. 标称阻抗

不带音源讯响器的标称阻抗有 16Ω、32Ω、50Ω 等，应根据需要选用。

7.3.4　电磁讯响器的特点

电磁讯响器频响范围较窄、低频响应较差，一般不宜作还音系统的扬声器用。但电磁讯响器具有体积小、重量轻和灵敏度高的特点，广泛应用在家用电器、仪器仪表、报警器、电子时钟、电子玩具等领域。

7.3.5　不带音源讯响器

电磁讯响器是运用电磁原理工作的，其内部结构如图 7-23 所示，由线圈、磁铁、振动膜片、外壳等部分组成。当音频电流通过线圈时产生交变磁场，振动膜片在交变磁场的吸引力作用下振动而发声。电磁讯响器的外壳形成一共鸣腔，使其发声更加响亮。

不带音源讯响器一般作为一个微型扬声器用。图 7-24 所示的电话机振铃电路中，当有电话呼入时，信号源产生的铃音信号，经控制电路驱动不带音源讯响器 HA 发出振铃声。

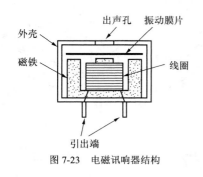

图 7-23　电磁讯响器结构

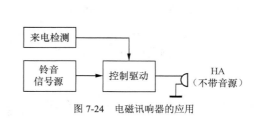

图 7-24　电磁讯响器的应用

7.3.6　自带音源讯响器

自带音源讯响器结构如图 7-25 所示，它实质上是音源集成电路与电磁讯响器的结合体。由于内部已包含有音源集成电路，当接上规定的直流电压后，音源集成电路产生音频信号（连续长音或断续声音）驱动讯响器发声。

自带音源讯响器主要作为声音信号源使用。图 7-26 所示的提示音电路中，HA 为自带音源讯响器，VT 为驱动开关管。当控制脉冲为 1 时 VT 导通，HA 发声；当控制脉冲为 0 时VT 截止，HA 不发声。

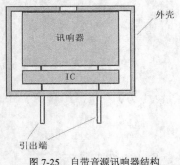

图 7-25　自带音源讯响器结构

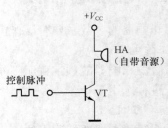

图 7-26　自带音源讯响器的应用

7.3.7　检测电磁讯响器

电磁讯响器可以用万用表进行检测。

1.　检测不带音源电磁讯响器

检测不带音源讯响器的方法与检测扬声器相同，万用表置于 $R \times 1\Omega$ 挡，两表笔（不分正、负）断续触碰电磁讯响器两引出端，如图 7-27 所示，讯响器中应发出"喀、喀……"声，否则说明该讯响器已损坏。

2.　检测自带音源电磁讯响器

检测自带音源讯响器的最简便的方法，就是如图 7-28 所示给其加上规定的直流电压，听其发声是否正常、明亮。

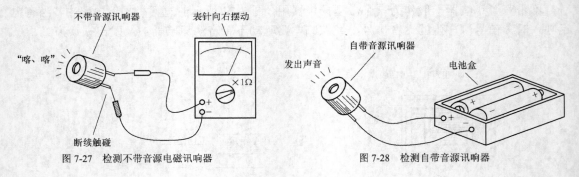

图 7-27　检测不带音源电磁讯响器

图 7-28　检测自带音源讯响器

7.4　压电蜂鸣器

压电蜂鸣器是一种利用压电效应原理工作的电声转换器件，应用在一些特定的场合，外形如图 7-29 所示。

图 7-29　压电蜂鸣器外形

7.4.1 压电蜂鸣器的符号

压电蜂鸣器的文字符号是"HA"，图形符号如图 7-30 所示。

图 7-30 压电蜂鸣器的图形符号

7.4.2 压电蜂鸣器的工作原理

压电蜂鸣器结构如图 7-31 所示，由压电陶瓷片和助声腔盖组成。压电陶瓷片的结构是在金属基板上做有一压电陶瓷层，压电陶瓷层上镀有一镀银层。

当通过金属基板和镀银层对压电陶瓷层施加音频电压时，由于压电效应的作用，压电陶瓷片随音频信号产生机械变形振动而发出声音。助声腔盖与压电陶瓷片之间形成一共鸣腔，使压电蜂鸣器发出响亮的声音。

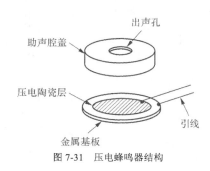

图 7-31 压电蜂鸣器结构

7.4.3 压电蜂鸣器的特点

压电蜂鸣器与电磁讯响器一样，频响范围较窄、低频响应较差，但压电蜂鸣器具有厚度更薄、重量很轻、所需驱动功率极小的特点，特别适用于便携式超薄型的仪器仪表、计算器、电子玩具等电子产品。

7.4.4 压电蜂鸣器的应用

压电蜂鸣器的作用是发出保真度要求不高的声音。

图 7-32 所示为音乐贺卡电路，HA 为压电蜂鸣器。当打开贺卡时开关 S 接通，音乐集成电路产生的音乐信号驱动压电蜂鸣器 HA 发出乐曲声。

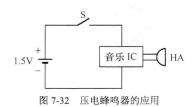

图 7-32 压电蜂鸣器的应用

7.4.5 检测压电蜂鸣器

压电蜂鸣器可用指针式万用表电压挡或数字万用表电容挡进行检测。

1. 指针式万用表检测

万用表置于直流 0.25V 挡，黑表笔接触压电蜂鸣器的金属基板，用红表笔去接触压电蜂鸣器的镀银层，并轻轻地略向下压一下，这时万用表的表针应摆动一下，如图 7-33 所示。表针摆动幅度越大，说明压电蜂鸣器的灵敏度越高。如果表针不动，说明该压电蜂鸣器已损坏。

2. 数字万用表检测

用数字万用表也可方便地检测压电蜂鸣器。数字万用表（以 DT890B 型为例）置于电容 200nF 挡，将压电蜂鸣器两引脚接入被测电容插孔 C_X，如图 7-34 所示，压电蜂鸣器应发出 400Hz 的音频声音，否则说明该压电蜂鸣器已损坏。

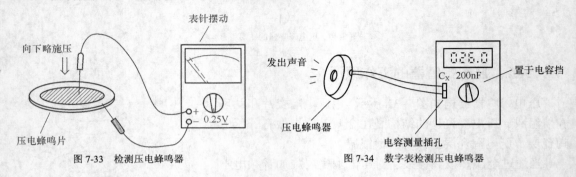

图 7-33　检测压电蜂鸣器　　　　　　图 7-34　数字表检测压电蜂鸣器

7.5　传声器

传声器俗称话筒，是一种将声音信号转换为电信号的声电器件。传声器种类很多，性能、外形各不相同，如图 7-35 所示。

视频 7.4　传声器

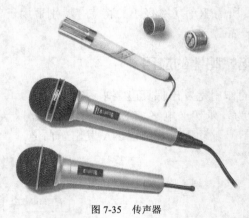

图 7-35　传声器

7.5.1　传声器的种类

传声器有很多种类。

按换能原理可分为动圈式传声器、电容式传声器、驻极体传声器、晶体式传声器、铝带式传声器、碳粒式传声器等。

按输出阻抗可分为低阻型和高阻型两类，一般将输出阻抗小于 2kΩ 的称作低阻传声器，将输出阻抗大于 2kΩ 的称作高阻传声器。

按指向性不同可分为全向式传声器、单向心形传声器、单向超心形传声器、单向超指向传声器、双向式传声器、可变指向式传声器等。

各种传声器广泛应用在扩音、录音、通信、声控、监测等一切需要声电转换的领域，其中动圈式传声器和驻极体传声器应用最广泛。

7.5.2 传声器的符号

传声器的文字符号是"BM"，图形符号如图 7-36 所示。

图 7-36 传声器的图形符号

7.5.3 传声器的型号

传声器的型号命名由四部分组成，如图 7-37 所示。第一部分用字母"C"表示传声器的主称，第二部分用字母表示传声器的类型，第三部分用字母或数字表示传声器的特征，第四部分用数字表示序号。

传声器型号中字母代号的意义见表 7-3。例如，型号为 CD1-2 表示这是动圈式传声器，型号为 CZ3-1 表示这是驻极体传声器。

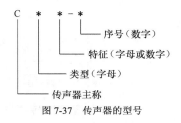

图 7-37 传声器的型号

表 7-3 传声器型号中字母代号的意义

字母代号	意义
D	动圈式
R	电容式
Z	驻极体式
Y	晶体式
A	带式
T	碳粒式

7.5.4 传声器的参数

传声器的主要参数有灵敏度、输出阻抗、频率响应、指向性等。

1. 灵敏度

灵敏度是指传声器将声音转换为电压信号的能力，用每帕声压产生多少毫伏电压来表示，其单位为 mV/Pa。灵敏度还常用分贝（dB）表示，0dB=1000mV/Pa。一般来说，选用灵敏度较高的传声器效果较好。

2. 输出阻抗

输出阻抗是指传声器输出端的交流阻抗。低阻型传声器的输出阻抗大多在 200～600Ω，高阻型传声器的输出阻抗大多在 2～20kΩ。大多数传声器将灵敏度和输出阻抗直接标示在传声器上，如图 7-38 所示。选用时应使传声器的输出阻抗与扩音设备大体匹配。

3. 频率响应

频率响应是指传声器灵敏度与声音频率之间的关系。一般而言，频率响应范围宽的传声器其音质也好。普通传声器的频响范围多在 100Hz～10kHz，质量优良的传声器则可达 20Hz～20kHz 以上。

4. 指向性

指向性是指传声器灵敏度随声波入射方向而变化的特性。根据需要传声器可以设计成各种指向性，主要有全向指向性传声器、单向指向性传声器和双向指向性传声器 3 种，实际使用时应根据需要选择指向性合适的传声器。

（1）全向指向性传声器对来自四面八方的声音都有基本相同的灵敏度，其有效拾音范围为圆形，传声器位于圆心，如图 7-39 所示。

图 7-38　传声器的标示　　　　　　　　　　图 7-39　全向指向性

（2）单向指向性传声器其正面的灵敏度明显高于背面和侧面，有效拾音范围在传声器的前方，如图 7-40 所示。根据指向特性曲线的形状，单向指向性传声器又可分为心形、超心形、超指向等。

（3）双向指向性传声器其正面和背面具有基本相同的灵敏度，两侧灵敏度较低，有效拾音范围在传声器的前方和后方，如图 7-41 所示。

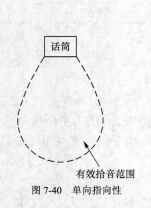

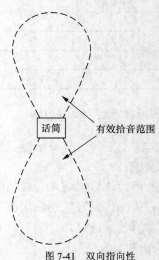

图 7-40　单向指向性　　　　　　　　　　图 7-41　双向指向性

7.5.5　动圈式传声器

动圈式传声器是一种最常用的传声器，具有坚固耐用、价格较低、单向指向性的特点，广泛应用在广播、扩音、录音、文艺演出、卡拉 OK 等领域。

1．动圈式传声器工作原理

动圈式传声器结构如图 7-42 所示，由永久磁铁、音膜、音圈、输出变压器等部分组成。音圈位于永久磁铁的磁隙中，并与音膜粘接在一起。当声波使音膜振动时，带动音圈做切割磁力线运动而产生音频感应电压，这个音频感应电压代表了声波的信息，从而实现了声电转换。

2．输出变压器的作用

由于传声器音圈的圈数很少，其输出电压和输出阻抗都很低。为了提高输出电压和便于阻抗匹配，音圈产生的信号经过输出变压器输出。

输出变压器的初、次级圈数比不同，使得动圈式传声器的输出阻抗有高阻和低阻两种。有的传声器的输出变压器次级有两个抽头，既有高阻输出又有低阻输出，可通过改变接头变换输出阻抗。使用时将传声器输出端信号直接输入电路进行放大即可，如图 7-43 所示。

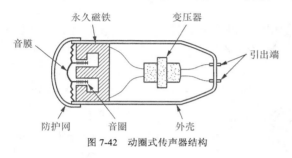

图 7-42　动圈式传声器结构

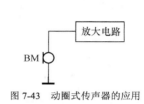

图 7-43　动圈式传声器的应用

7.5.6　驻极体传声器

驻极体传声器也是一种最常用的传声器，具有体积小、重量轻、电声性能好、价格低廉的特点，在电子制作中得到了非常广泛的应用。

1．驻极体传声器工作原理

驻极体传声器属于电容式传声器的一种，其结构如图 7-44 所示。传声器有防尘网的一面是受话面。声电转换元件采用驻极体振动膜，它与金属极板之间形成一个电容，当声波使振动膜振动时，引起电容两端的电场变化，从而产生随声波变化的音频电压。

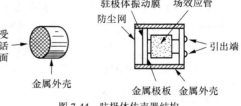

图 7-44　驻极体传声器结构

2．驻极体传声器的特点

驻极体传声器内部包含有一个结型场效应管作阻抗变换和放大用，因此拾音灵敏度较高，输出音频信号较大。由于内部有场效应管，因此驻极体传声器必须加上直流电压才能工作。

3．驻极体传声器的种类

根据内电路的接法不同，驻极体传声器分为三端式（源极输出）和二端式（漏极输出）两种。

（1）三端式驻极体传声器如图 7-45 所示，三个引出端分别是源极 S、漏极 D 和接地端。该传声器底部有三个接点，其中与金属外壳相连的是接地端。

三端式驻极体传声器的典型应用电路如图 7-46 所示，漏极 D 接电源正极，输出信号自源极 S 取出并经电容 C 耦合至放大电路，R 是源极 S 的负载电阻。

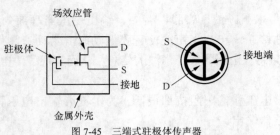

图 7-45　三端式驻极体传声器

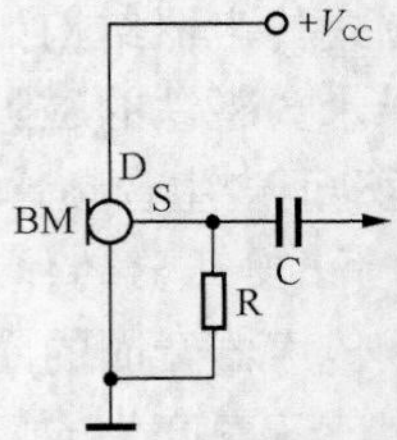

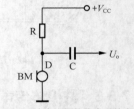

图 7-46　三端式驻极体传声器的应用

（2）二端式驻极体传声器如图 7-47 所示，两个引出端分别是漏极 D 和接地端，源极 S 已在传声器内部与接地端连接在一起。该传声器底部只有两个接点，其中与金属外壳相连的是接地端。

二端式驻极体传声器的典型应用电路如图 7-48 所示，漏极 D 经负载电阻 R 接电源正极，输出信号自漏极 D 取出并经电容 C 耦合至放大电路。

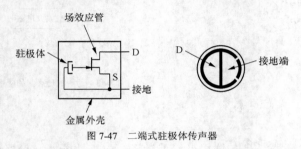

图 7-47　二端式驻极体传声器

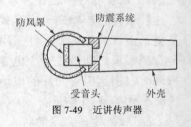

图 7-48　二端式驻极体传声器的应用

7.5.7　近讲传声器

近讲传声器又称为手持传声器，它是专为手持演唱而设计的特殊传声器，结构如图 7-49 所示。

近讲传声器设有防震系统，有效防止了手持时抖动的影响。还设有防风罩，降低了近讲或近唱时呼吸的气流声。由于近讲传声器的特殊设计，使其近用时灵敏度高、频率响应好，而对远处的环境噪声不敏感，因此可以有效地提高演出的扩音质量。

图 7-49　近讲传声器

7.5.8　无线传声器

无线传声器也是一种特殊传声器，它实际上是普通传声器和无线发射装置的组合体。无线传声器由受音头、调制发射电路、天线、电池等组成，图 7-50 所示为其结构示意图。

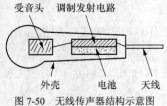

图 7-50　无线传声器结构示意图

受音头把声音转换为电信号，通过调制发射电路调制载频后发射出去，由相应的接收机接收、放大和解调后送入扩音设备。无线传声器一般采用调频制，以保证较宽的通频带和较好的传输质量。由于无线传声器不需要传输线，使用十分灵活方便，得到了广泛的应用。

7.5.9 检测传声器

传声器可用万用表进行检测，下面分别介绍动圈式传声器和驻极体传声器的检测方法。

1. 检测动圈式传声器

动圈式传声器可用万用表电阻挡进行检测。检测时，万用表置于 R×1Ω 挡，两表笔不分正、负，断续触碰传声器的两引出端（设有控制开关的传声器应先打开开关），如图 7-51 所示，传声器中应发出清脆的"喀、喀……"声。如果无声说明该传声器已损坏。如果声小或不清晰，说明该传声器质量较差。

2. 测量动圈式传声器输出电阻

动圈式传声器输出端的电阻值实际上就是传声器内部输出变压器的次级电阻值。测量时将万用表置于 R×10Ω 挡，两表笔不分正、负与传声器的两引出端相接，低阻传声器应为 50～200Ω，高阻传声器应为 500～1500Ω，如图 7-52 所示。如果相差太大说明该传声器质量有问题。

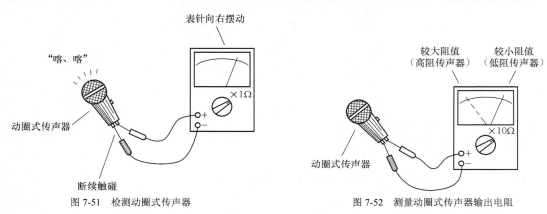

图 7-51 检测动圈式传声器　　　　　　图 7-52 测量动圈式传声器输出电阻

3. 检测二端式驻极体传声器

检测时，将万用表置于 R×1k 挡，负表笔接传声器的 D 端，正表笔接传声器的接地端，如图 7-53 所示，这时用嘴向传声器吹气，万用表表针应有摆动。摆动范围越大，说明该传声器灵敏度越高。如果表针无摆动，说明该传声器已损坏。

4. 检测三端式驻极体传声器

检测时，将万用表置于 R×1k 挡，负表笔接传声器的 D 端，正表笔同时接传声器的 S 端和接地端，如图 7-54 所示，然后按相同方法吹气检测。

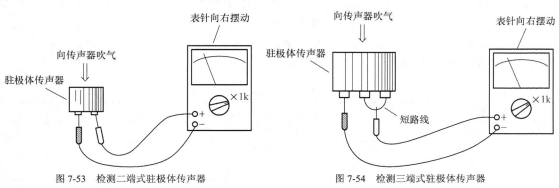

图 7-53 检测二端式驻极体传声器　　　　图 7-54 检测三端式驻极体传声器

7.6　晶体

石英晶体谐振器通常简称为晶体，是一种常用的选择频率和稳定频率的电子元件，广泛应用在电子仪器仪表、通信设备、广播和电视设备、影音播放设备、计算机、电子钟表等领域。

7.6.1　晶体的种类

晶体一般密封在金属、玻璃、塑料等外壳中，外形如图 7-55 所示。按频率稳定度可分为普通型和高精度型，其标称频率和体积大小也有多种规格。

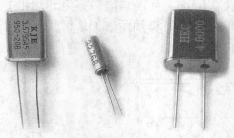

图 7-55　晶体

7.6.2　晶体的符号

晶体的文字符号为"B"，图形符号如图 7-56 所示。

双电极型　三电极型　两对电极型
图 7-56　晶体的图形符号

7.6.3　晶体的型号

晶体的型号命名由三部分组成，如图 7-57 所示。第一部分用字母表示晶体外壳的形状、材料等特征，第二部分用字母表示晶片的切型，第三部分用数字表示晶体的主要性能和外形尺寸。

晶体型号的意义见表 7-4。例如，JA5 为金属壳 AT 切型晶体，BX8 为玻璃壳 X 切型晶体。

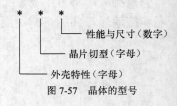

图 7-57　晶体的型号

表 7-4　　　　　　　　　　　　　　　　晶体型号的意义

第一部分（外壳）	第二部分（晶片切型）	第三部分（性能与尺寸）
J：金属壳 B：玻璃壳 S：塑料壳	A：AT 切型 B：BT 切型 C：CT 切型	数字

续表

第一部分（外壳）	第二部分（晶片切型）	第三部分（性能与尺寸）
	D：DT 切型	
	E：ET 切型	
	F：FT 切型	
J：金属壳 B：玻璃壳 S：塑料壳	G：GT 切型	
	H：HT 切型	
	M：MT 切型	
	N：NT 切型	
	U：WX 切型	
	X：X 切型	
	Y：Y 切型	

7.6.4 晶体的参数

晶体的主要参数有标称频率 f_o、负载电容 C_L 和激励电平。

1. 标称频率

标称频率 f_o 是指晶体的振荡频率，通常直接标注在晶体的外壳上，一般用带有小数点的几位数字来表示，单位为 MHz 或 kHz，如图 7-58 所示。标注有效数字位数较多的晶体，其标称频率的精度较高。

2. 负载电容

负载电容 C_L 是指晶体组成振荡电路时所需配接的外部电容。负载电容 C_L 是参与决定振荡频率的因数之一，在规定的 C_L 下晶体的振荡频率即为标称频率 f_o。使用晶体时必须按要求接入规定的 C_L，才能保证振荡频率符合该晶体的标称频率。

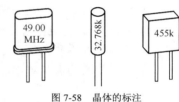

图 7-58 晶体的标注

3. 激励电平

激励电平是指晶体正常工作时所消耗的有效功率，常用的标称值有 0.1mW、0.5mW、1mW、2mW 等。激励电平的大小关系到电路工作的稳定性和可靠性。激励电平过大会使频率稳定度下降，甚至造成晶体损坏。激励电平过小会使振荡幅度变小和不稳定，甚至不能起振。一般应将激励电平控制在其标称值的 50%～100%范围内。

7.6.5 晶体的特点

晶体的特点是具有压电效应。当有机械压力作用于晶体时，在晶体两面即会产生电压；反之，当有电压作用于晶体两面时，晶体会产生机械变形。

如图 7-59 所示在晶体两面加上交流电压时，晶体将会随之产生周期性的机械振动。当交流电压的频率与晶体的固有谐振频率相等时，晶体的机械振动最强，电路中的电流最大，产生谐振。

晶体可等效为一个品质因数 Q 值极高的谐振回路。图 7-60 所示为晶体的电抗－频率特性曲线，f_1 为其串联谐振频率，f_2 为其并联谐振频率。在 $f<f_1$ 和 $f>f_2$ 的频率范围内晶体呈电容性；在 $f_1<f<f_2$ 的频率范围内晶体呈电感性；在 $f=f_1$ 时晶体呈纯电阻性。通常将晶体作为

一个 Q 值极高的电感元件使用，即在 f_1 至 f_2 这段很窄的频率范围内使用。

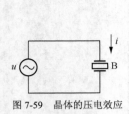

图 7-59　晶体的压电效应

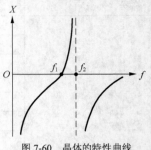

图 7-60　晶体的特性曲线

7.6.6　晶体的应用

晶体的作用是构成频率稳定度很高的振荡器。

1. 并联晶体振荡器

并联晶体振荡器电路如图 7-61 所示，这是一个电容三点式晶体振荡器，晶体 B 等效为一个电感，与电容 C_2、C_3 组成并联谐振回路，振荡频率 f_o 处于 $f_1 \sim f_2$ 范围内，由这个谐振回路决定。由于晶体的电抗曲线在 $f_1 \sim f_2$ 范围内非常陡峭，因此该振荡器的频率稳定性很高。

2. 串联晶体振荡器

串联晶体振荡器电路如图 7-62 所示，晶体管 VT_1、VT_2 组成两级阻容耦合放大器，晶体 B 与负载电容 C_2 构成正反馈电路。晶体 B 在这里起着带通滤波器的作用，只有当电路振荡频率 f_o 等于晶体的串联谐振频率 f_1 时，晶体才呈纯电阻性，满足振荡必需的相位和振幅条件。串联晶体振荡器的振荡频率 $f_o=f_1$。

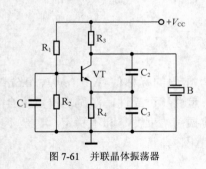

图 7-61　并联晶体振荡器

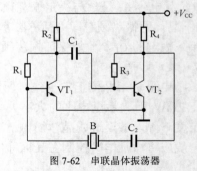

图 7-62　串联晶体振荡器

7.6.7　检测晶体

晶体可用万用表、验电笔或测试电路进行检测。

1. 万用表检测

检测时，万用表置于 R×10k 挡，用两表笔测量晶体的正、反向电阻，均应为无穷大（表针不动），如图 7-63 所示。如果表针有一定阻值指示，表示该晶体已漏电；如果测量电阻为"0"，表示该晶体已击穿或短路。

2. 验电笔检测

将验电笔的笔尖插入交流 220V 市电插座的相线孔内，用手指捏住晶体的一个引脚，将晶体的另一个引脚与验电笔的金属笔帽相接触，如图 7-64 所示。如验电笔中的氖泡发亮，说明该晶体是好的。如验电笔中的氖泡不亮，说明该晶体已损坏。

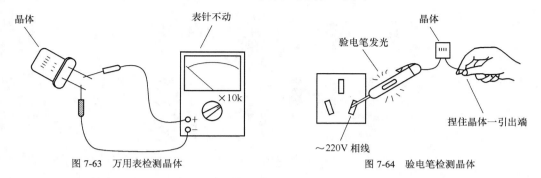

图 7-63　万用表检测晶体　　　　　　　　　图 7-64　验电笔检测晶体

3. 测试电路检测

晶体测试电路如图 7-65 所示，场效应管 VT_1 与被测晶体 BC 等构成一个振荡电路，振荡信号经 C_1、VD_1、VD_2 等倍压检波，VT_2、VT_3 直流放大后，驱动发光二极管 VD_3 发光。检测时，将被测晶体接入电路，如发光二极管亮，说明该晶体是好的；如发光二极管不亮，说明该晶体已损坏。该电路可检测各种频率的晶体。

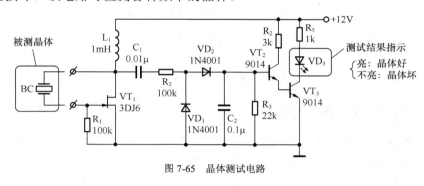

图 7-65　晶体测试电路

7.7　超声波换能器

超声波换能器是工作于超声波范围的电声器件，其特点是能够将超声波转换为电信号，或者将电信号转换为超声波。超声波换能器在遥控、遥测、无损探伤、医学检查等领域被广泛应用。

7.7.1　超声波换能器的种类

超声波换能器包括超声波发射器和超声波接收器两大类，如图 7-66 所示。超声波发射器的功能是将电信号转换为超声波信号发射出去，超声波接收器的功能是将接收到的超声波信号转换为电信号，也有些超声波换能器同时兼具发射和接收功能。

我们知道，人耳可以听到的声波频率范围为 20Hz～20kHz，高于 20kHz 的声波称之为超声波。超声波具有波长短、方向性好、穿透能力强、可以在液体和固体中定向传播、遇异质或界面会产生反射波等特点，特别适合于水下和固体中进行探测。完成超声波发射和接收功能的元器件就是超声波换能器。

图 7-66　超声波换能器

超声波换能器有多种类型，包括压电式、磁致伸缩式、电磁式等，最常用的是压电式超声波换能器。

7.7.2　超声波换能器的符号

超声波换能器的文字符号为"B"，图形符号如图 7-67 所示。

图 7-67　超声波换能器的图形符号

7.7.3　超声波换能器的型号

常用超声波换能器型号主要有 UCM40 系列、T/R40 系列、MA40 系列、SE05B 系列等，它们的主要性能分别见表 7-5、表 7-6、表 7-7 和表 7-8。

表 7-5　　　　　　　　　　　　　　UCM40 系列超声波换能器

型号	用途	中心频率（kHz）	灵敏度（dB/V/Vb）
UCM40T	发射	40	110
UCM40R	接收	40	−65

表 7-6　　　　　　　　　　　　　　T/R40 系列超声波换能器

型号	用途	中心频率（kHz）	灵敏度（dB/V/Vb）
T40-12	发射	40±1	112
R40-12	接收	40±1	−67
T40-16	发射	40±1	115
R40-16	接收	40±1	−64
T40-18	发射	40±1	115
R40-18	接收	40±1	−64
T40-24	发射	40±1	115
R40-24	接收	40±1	−64

表 7-7　　　　　　　　　　　　　　**MA40 系列超声波换能器**

型号	用途	中心频率（kHz）	灵敏度（dB/V/Vb）	指向角（°）
MA40LIS	发射	40	96	60
MA40LIR	接收	40	−65	60
MA40A5S	发射	40	112	
MA40A5R	接收	40	−60	
MA40EIS	发射	40	100	
MA40EIR	接收	40	−74	

表 7-8　　　　　　　　　　　　　　**SE05B 系列超声波换能器**

型号	用途	中心频率（kHz）	灵敏度（dB/V/Vb）	指向角（°）
SE05B-40T	发射	40±1	17±6	40
SE05B-40R	接收	40±1	−56±6	40

7.7.4　超声波换能器的参数

超声波换能器的参数主要是中心频率、灵敏度、指向角等。

1. 中心频率

中心频率就是压电晶片的共振频率。对于超声波发射器，当加到它两端的交流电压的频率与压电晶片的共振频率相等时，输出的超声波能量最大。对于超声波接收器，接收到的超声波的频率与压电晶片的共振频率相等时，输出的电压信号最大。

超声波换能器的中心频率有许多规格，从 20kHz 到数兆赫兹都有。最常见的是中心频率为 40kHz 的超声波换能器。

2. 灵敏度

灵敏度是反映超声波换能器转换能力和效率的参数。灵敏度越高，对于超声波发射器来说所需发射功率就越低，对于超声波接收器来说接收微弱超声波信号的能力就越强。

3. 指向角

指向角是指超声波换能器灵敏度随超声波入射方向而变化的特性。超声波换能器的指向角一般为 40°～80°。

7.7.5　超声波换能器的特点与工作原理

超声波换能器的特点是能够完成超声波与电信号之间的相互转换。超声波换能器的核心是压电晶体，它是利用压电效应原理工作的。

超声波换能器内部结构如图 7-68 所示，由压电晶片、锥形共振盘、引脚、底座、外壳、防护网等部分组成。

超声波发射器的工作原理是，当通过引脚给压电晶片施加超声频率的交流电压时，压电晶片产生机械振动向外辐射超声波。

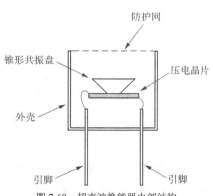

图 7-68　超声波换能器内部结构

超声波接收器的工作原理是，当超声波作用于压电晶片使其振动时，压电晶片产生相应的交流电压通过引脚输出。锥形共振盘的作用是使发射或接收的超声波能量集中，并保持一定的指向角。

7.7.6　超声波换能器的应用

超声波换能器的主要作用是超声波发射、超声波接收、超声波探测等。

1. 超声波发射

超声波发射电路如图 7-69 所示，超音频振荡器输出的超音频电压，经驱动电路驱动超声波换能器 B 向外发射超声波。

2. 超声波接收

超声波接收电路如图 7-70 所示，超声波换能器 B 接收到超声波信号后，转换为电信号送入接收放大器放大。

图 7-69　超声波发射电路　　　　　　　　　　　　　图 7-70　超声波接收电路

3. 超声波探测

超声波换能器广泛应用于探测领域，特别是水下和固体中的探测，例如潜艇中的声呐、金属的无损探伤、医院的 B 超、超声波接近开关、超声波测距等。

图 7-71 所示为超声波探测器，由发射电路和接收电路两部分组成。电路图上半部分为发射电路，包括 555 时基电路 IC_1 等构成的音频多谐振荡器，555 时基电路 IC_2 等构成的超音频门控多谐振荡器。

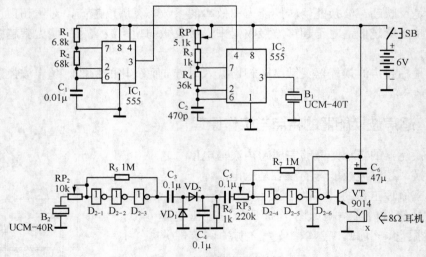

图 7-71　超声波探测器电路图

电路图下半部分为接收电路，包括非门 D_{2-1}、D_{2-2}、D_{2-3} 等构成的超音频电压放大器，C_3、VD_1、VD_2 等构成的倍压检波器，非门 D_{2-4}、D_{2-5}、D_{2-6} 等构成的音频电压放大器，晶体管 VT 构成的射极跟随器。

超声波探测器的工作原理类似于蝙蝠，能够在黑暗中探测出一定范围内的物体。图 7-72 所示为超声波探测器方框图，发射电路中的超音频振荡器产生 40kHz 超音频振荡信号，被音频信号调制后，通过超声波换能器向外发射超声波束。

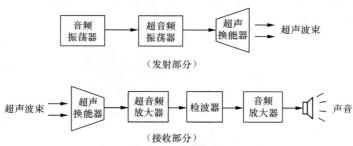

图 7-72　超声波探测器工作原理方框图

接收电路中的超声波换能器接收到障碍物反射回来的超声波回波后，将其转换为电信号，经超音频放大、检波、音频放大后，使耳机发声。声音大小与接收到的超声波回波的强弱，即与障碍物的距离有关。这样通过听觉便"看见"了一定距离内的障碍物，根据音响信号的大小，还可以判断出障碍物的远近。

7.7.7　检测超声波换能器

超声波换能器可用万用表或测试电路进行检测。

1. 万用表检测

检测时，万用表置于 R×10k 挡，用两表笔测量超声波换能器两引脚间的正、反向电阻，均应为无穷大（表针不动），如图 7-73 所示。否则说明该超声波换能器已损坏。

2. 测试电路检测

测试电路如图 7-74 所示，非门 D_1、D_2 等构成多谐振荡器，振荡频率取决于R_1和C，

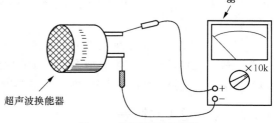

图 7-73　检测超声波换能器

约为 2kHz，非门 D_3、D_4 起缓冲作用。将被测超声波换能器 B 接入电路，应能听到约 2kHz 的音频声，否则说明该超声波换能器已损坏。

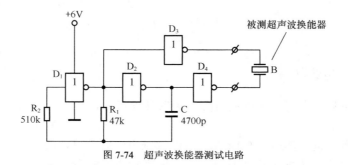

图 7-74　超声波换能器测试电路

7.8 磁头

磁头是一种电磁转换器件，包括音频磁头、视频磁头、控制磁头等，视频磁头通常安装在磁鼓上，如图7-75所示。

图7-75 磁头与磁鼓

7.8.1 磁头的种类

磁头的种类较多，形状和大小也各不相同。按照工作范围不同，磁头可分为音频磁头、视频磁头、控制磁头等；按功能不同，可分为记录磁头、播放磁头、录放磁头、消磁磁头等；按磁芯材料不同，可分为坡莫合金磁头、铁氧体磁头、铁硅铝合金磁头等。

音频录放磁头分为单声道磁头和立体声（双声道）磁头两种，立体声磁头实际上是将两个互相独立的单声道磁头上下重叠封装在一个外壳内，如图7-76所示。

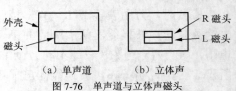

（a）单声道 （b）立体声
图7-76 单声道与立体声磁头

7.8.2 磁头的符号

磁头的文字符号是"B"，图形符号如图7-77所示。

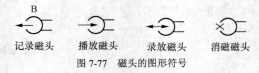

记录磁头 播放磁头 录放磁头 消磁磁头
图7-77 磁头的图形符号

7.8.3 磁头的参数

磁头的主要参数有阻抗、录放灵敏度、录放音频响等。

1. 阻抗

录放磁头的阻抗是指其通过0.1mA、1kHz音频电流时所呈现的阻抗，一般为几百欧至数千欧。抹音磁头的阻抗是指其通过1mA、50kHz高频电流时所呈现的阻抗，一般为数百欧。

2．放音灵敏度

放音灵敏度是指播放信号频率为 315Hz、磁平为 $25×10^{-8}$Wb/m 的测试磁带时，磁头两端输出的开路电压，一般为 0.2～0.8mV。在阻抗相同时，放音灵敏度越高越好。

3．录音灵敏度

录音灵敏度是指录音时使磁带上达到 $25×10^{-8}$Wb/m 的标准磁平，磁头所需要的录音电流，一般为 40～100μA。该电流值越小录音灵敏度越高。

4．录放音频响

录放音频响是指录放不同频率的信号时输出电平与信号频率的关系，一般以 10kHz 输出电平相对 315Hz 输出电平的 dB 数表示。频响范围越宽越好。

7.8.4　磁头的工作原理

磁头具有将磁信号转换为电信号，或将电信号转换为磁信号的功能。

磁头结构如图 7-78 所示，由磁芯和绕在磁芯上的线圈组成，在磁芯前端有一极窄的工作隙缝。当有信号电压 U 加在磁头线圈上时，在工作隙缝处便产生相应的磁场，由沿工作隙缝移动的磁带记录下来。反之，当磁带上的磁场作用于磁头的工作隙缝时，在线圈上则感应出相应的信号电压。

在工作过程中，磁头与磁带处于相对移动状态。在录音机等音频设备中，磁头静止而磁带移动。在录像机等视频设备中，磁头安装在高速旋转的磁鼓上，以提高磁头与磁带的相对移动速度,满足高频信号记录的要求。

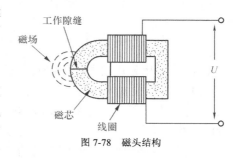

图 7-78　磁头结构

7.8.5　磁头的应用

磁头的主要作用是录放音像信号。

1．放音

图 7-79 所示为录音机的放音电路，放音磁头 B 将磁带上记录的磁信号转换为电信号，经电容器 C_1 耦合至放音放大器进行放大。C_2 为磁头频率补偿电容。

2．录音

图 7-80 所示为录音机的录音电路，录音放大器输出的音频电压经耦合电容 C_1 加至录音磁头 B，由录音磁头 B 将音频电压转换为磁信号并记录到磁带上。偏磁电路为录音磁头 B 提供交流或直流偏磁电流，以减小录音失真。

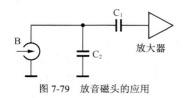

图 7-79　放音磁头的应用

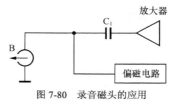

图 7-80　录音磁头的应用

3．消磁

录音机的消磁电路如图 7-81 所示，包括直流消磁和交流消磁两种。

图 7-81（a）为直流消磁电路，直流电压 U 经限流电阻 R 加至消磁磁头 B，产生直流磁

场将记录在磁带上的磁信号消去（实际上是覆盖掉）。

图 7-81（b）为交流消磁电路，超音频振荡器输出超音频交流电压使消磁磁头 B 产生高频交流磁场，将记录在磁带上的磁信号消去（覆盖掉）。

4. 录放像

图 7-82 所示为录像机的录放像原理方框图，录放磁头 B 安装在高速旋转的磁鼓上。放像时，磁带上的磁信号经磁头 B 转换为电信号，然后送入放像放大器。录像时，录像放大器输出的电信号经磁头 B 转换为磁信号记录到磁带上。

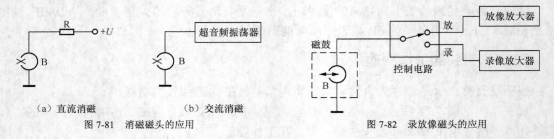

（a）直流消磁　　　　（b）交流消磁

图 7-81　消磁磁头的应用

图 7-82　录放像磁头的应用

7.8.6　检测磁头

磁头可用万用表的电阻挡进行检测。

1. 检测磁头线圈

万用表置于 R×10 挡，两表笔（不分正、负）接磁头的两引脚，即可测量磁头的直流电阻，如图 7-83 所示。

一般音频录放磁头线圈的直流电阻为 $100\sim500\Omega$，直流抹音磁头线圈的直流电阻为数百欧，交流抹音磁头线圈的直流电阻为数欧。如果测量磁头直流电阻为无穷大，说明该磁头线圈已断路；如果测量磁头直流电阻为"0"，说明该磁头线圈已短路；如果测得的电阻值与磁头应有直流电阻值相差很大，说明该磁头质量太差，也不宜使用。

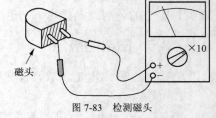

图 7-83　检测磁头

对于立体声录放磁头，应分别检测其中的两个线圈。立体声磁头的引脚如图 7-84 所示，上面两引脚为 R 声道磁头线圈，下面两引脚为 L 声道磁头线圈。

2. 检测绝缘情况

万用表置于 R×1k 或 R×10k 挡，分别检测磁头线圈引脚与磁头外壳、L 声道线圈与 R 声道线圈之间的绝缘电阻，均应为无穷大（表针不动），如图 7-85 所示。否则说明该磁头绝缘不良，不能使用。

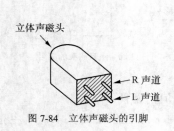

图 7-84　立体声磁头的引脚

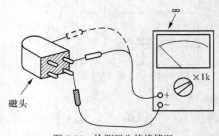

图 7-85　检测磁头绝缘情况

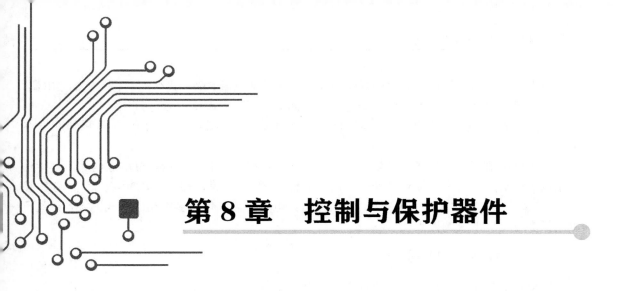

第8章 控制与保护器件

控制与保护器件主要包括继电器、开关、接插件、保险器件等，是电子电路中经常使用的元器件。

8.1 继电器

视频 8.1 继电器

继电器是一种常用的控制器件，它可以用较小的电流来控制较大的电流、用低电压来控制高电压、用直流电来控制交流电等，并且可实现控制电路与被控电路之间的完全隔离，在自动控制、遥控、保护电路等方面得到广泛的应用。

8.1.1 继电器的种类

继电器的种类很多，外形各异，如图8-1所示。

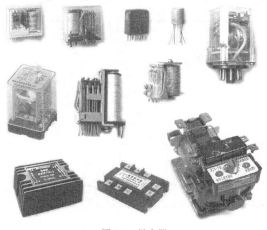

图 8-1 继电器

根据其结构与特征可分为电磁式继电器、干簧式继电器、湿簧式继电器、压电式继电器、固态继电器、磁保持继电器、步进继电器、时间继电器、温度继电器等。

按照工作电压类型的不同，继电器可分为直流型继电器、交流型继电器和脉冲型继电器。

按照继电器接点的形式与数量，可分为单组接点继电器和多组接点继电器两类，其中单组接点继电器又分为常开接点（动合接点，简称 H 接点）、常闭接点（动断接点，简称 D 接点）、转换接点（简称 Z 接点）3 种。多组接点继电器既可以包括多组相同形式的接点，又可以包括多种不同形式的接点。

8.1.2　继电器的符号

继电器的文字符号为"K"，图形符号如图 8-2 所示。

在电路图中，继电器的接点可以画在该继电器线圈的旁边，也可以为了便于图面布局将接点画在远离该继电器线圈的地方，而用编号表示它们是一个继电器。

图 8-2　继电器的图形符号

8.1.3　继电器的型号

继电器的型号命名一般由五部分组成，如图 8-3 所示。第一部分用字母"J"表示继电器的主称，第二部分用字母表示继电器的功率或形式，第三部分用字母表示继电器的外形特征，第四部分用 1～2 位数字表示序号，第五部分用字母表示继电器的封装形式。

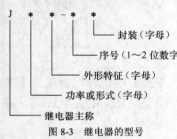

图 8-3　继电器的型号

继电器型号中字母的意义见表 8-1。例如，型号为 JZX-10M 表示这是中功率小型密封式电磁继电器，型号为 JAG-2 表示这是干簧式继电器。

表 8-1　　　　　　　　　　　　继电器型号中字母的意义

功率或形式	外形	封装
W：微功率	W：微型	F：封闭式
R：弱功率	C：超小型	M：密封式
Z：中功率	X：小型	（无）：敞开式
Q：大功率	G：干式	—
A：舌簧	S：湿式	—
M：磁保持	—	—
H：极化	—	—
P：高频	—	—
L：交流	—	—
S：时间	—	—
U：温度	—	—

8.1.4 继电器的参数

继电器的主要参数有额定工作电压、额定工作电流、线圈电阻、接点负荷等。继电器各参数可通过查看说明书或手册得知。

1. 额定工作电压

额定工作电压是指继电器正常工作时线圈需要的电压，对于直流继电器是指直流电压，对于交流继电器则是指交流电压。同一种型号的继电器往往有多种额定工作电压以供选择，并在型号后面加以规格号来区别。

2. 额定工作电流

额定工作电流是指继电器正常工作时线圈需要的电流值，对于直流继电器是指直流电流值，对于交流继电器则是指交流电流值。选用继电器时必须保证其额定工作电压和额定工作电流符合要求。

3. 线圈电阻

线圈电阻是指继电器线圈的直流电阻。对于直流继电器，线圈电阻与额定工作电压和额定工作电流的关系符合欧姆定律。

4. 接点负荷

接点负荷是指继电器接点的负载能力，也称为接点容量。例如，JZX-10M 型继电器的接点负荷为直流 28V×2A 或交流 115V×1A。使用中通过继电器接点的电压、电流均不应超过规定值，否则会烧坏接点，造成继电器损坏。一个继电器的多组接点的负荷一般都是相同的。

8.1.5 继电器的应用

继电器的主要作用是间接控制和隔离控制。

1. 间接控制

图 8-4 所示为继电器用于声控电灯开关，这是弱电控制强电的典型例子。当传声器 BM 接收到声音信号时，经放大控制电路后使继电器 K 吸合，其接点 K-1 接通照明灯 EL 的市电电源使其点亮。

2. 隔离控制

图 8-5 所示为继电器用于扬声器保护电路，这是隔离控制的典型电路。

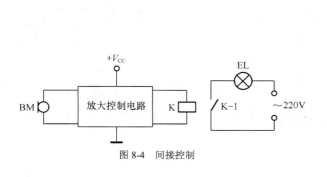

图 8-4　间接控制

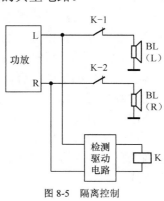

图 8-5　隔离控制

功率放大器 L 声道或 R 声道的输出端如果出现直流电压,被扬声器保护电路检测放大后,使继电器 K 吸合,其接点 K–1 和 K–2（均为常闭接点）断开,切断了功放输出端与扬声器的连接,保护了扬声器免予被烧毁。采用继电器控制扬声器的通断,使保护电路与音频电路完全隔离,确保了高保真的音质。

3. 保护二极管的作用

由于继电器线圈实质上是一个大电感,为避免驱动继电器的晶体管被损坏,实际使用中应在继电器线圈两端并接保护二极管,如图 8-6 所示。当开关管 VT 关断的瞬间,继电器线圈 K 产生的反向高压可以通过保护二极管 VD 泄放,保护了开关管 VT 不会被反向高压所击穿。

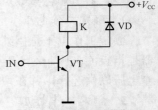

图 8-6 保护二极管的作用

8.1.6 电磁继电器

电磁继电器是应用最广泛的继电器之一,其结构如图 8-7 所示。电磁继电器是利用电磁力实现控制和隔离的,具有控制可靠、隔离彻底、控制形式多样（接通、断开或转换）、可同时控制多组负载等特点。

电磁继电器具有两个线圈引脚和若干个接点引脚,非密封型和透明外罩继电器的引脚可直接观察识别。密封型继电器一般会将引脚示意图标示在外壳上,如图 8-8 所示。

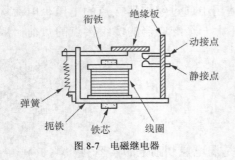

图 8-7 电磁继电器

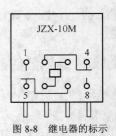

图 8-8 继电器的标示

8.1.7 干簧继电器

干簧继电器也是应用较多的继电器之一,它由干簧管和线圈组成,如图 8-9 所示。

干簧管是将两根互不相通的铁磁性金属条密封在玻璃管内而成,干簧管置于线圈中。当工作电流通过线圈时,线圈产生的磁场使干簧管中的金属条被磁化,两金属条因极性相反而吸合,接通被控电路。

在线圈中可以放入若干个干簧管,它们在线圈磁场的作用下同时动作,如图 8-10 所示。

干簧管还可以直接由永久磁铁控制,如图 8-11 所示。当永久磁铁靠近时,干簧管中的金属条被磁化而吸合接通。

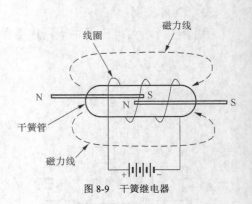

图 8-9 干簧继电器

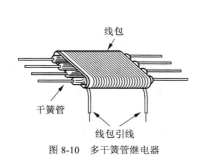

图 8-10 多干簧管继电器

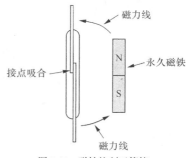

图 8-11 磁铁控制干簧管

8.1.8 固态继电器

固态继电器简称为 SSR，是一种新型的电子继电器，它采用光电耦合器实现控制信号的传递，同时实现控制电路与被控电路之间的隔离。固态继电器可分为直流式和交流式两大类。

1. 直流固态继电器

直流式固态继电器的特点是驱动电路输出端 OUT 有正、负极之分，适用于直流电路的控制。

直流式固态继电器电路原理如图 8-12 所示。当其输入端 IN 接入控制电压时，光电耦合器中的发光二极管发光，光电耦合器中的光电三极管接收到光照而导通，实现了控制信号的隔离传递，再经放大电路放大后驱动开关管 VT 导通，接通被控电路。

2. 交流固态继电器

交流式固态继电器的特点是驱动电路输出端 OUT 无正、负极之分，主要适用于交流电路的控制。

交流式固态继电器电路原理如图 8-13 所示，与直流式不同的是，开关元件采用双向可控硅 VS，因此可以控制交流电路的通断。

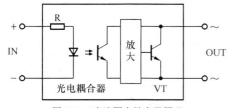

图 8-12 直流固态继电器原理

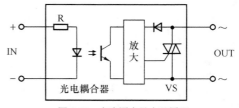

图 8-13 交流固态继电器原理

8.1.9 时间继电器

时间继电器是一种延时动作的继电器，主要用作延时控制。时间继电器的特点是接通或断开工作电源后，需经过一定时间的延迟其接点才动作。

时间继电器的图形符号如图 8-14 所示。

1. 缓吸式与缓放式

根据动作特点的不同，时间继电器可分为缓吸式和缓放式两种。

缓吸式时间继电器的特点是，继电器线圈接通电源后需经一定延时各接点才动作，线圈断电时各接点瞬时复位。

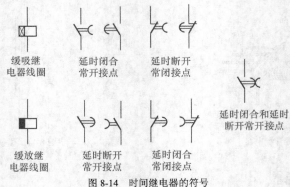

图 8-14　时间继电器的符号

缓放式时间继电器的特点是，线圈通电时各接点瞬时动作，线圈断电后各接点需经一定延时才复位。

2．机械延时式

根据延时结构的不同，时间继电器可分为机械延时式和电子延时式两大类。

机械延时式时间继电器结构原理如图 8-15 所示，由铁芯、线圈、衔铁、空气活塞、接点等部分组成，它是利用空气活塞的阻尼作用达到延时的目的。线圈通电时使铁芯产生磁力，衔铁被吸合。衔铁向上运动后，固定在空气活塞上的推杆也开始向上运动，但由于空气活塞的阻尼作用，推杆不是瞬时而是缓慢向上运动，经过一定延时后使常开接点 a-a 接通、常闭接点 b-b 断开。

3．电子延时式

电子延时式时间继电器工作原理如图 8-16 所示，实际上是在普通电磁继电器前面增加了一个电子延时电路，当在其输入端加上工作电源后，经一定延时才使继电器 K 动作。电子延时式时间继电器具有较宽的延时时间调节范围，可通过改变 R 进行延时时间的调节。

图 8-15　机械时间继电器结构　　　　　　　　　图 8-16　电子时间继电器原理

8.1.10　热继电器

热继电器是一种由热量控制动作的继电器，主要应用于过载保护等场合。

热继电器的图形符号如图 8-17 所示。

图 8-18 所示为热继电器的结构原理，主要由加热线圈、热驱动器件、传动和定位机构、常闭接点等部分组成。

热驱动器件　　常闭接点

图 8-17　热继电器的符号

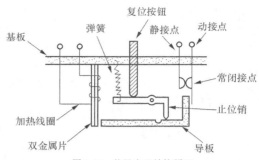

图 8-18　热继电器结构原理

使用时热继电器的加热线圈串接在负载电路中。当负载出现过载时，加热线圈因电流过大而发热量大增，使双金属片受热向右弯曲，通过导板推动动接点右移，常闭接点断开切断负载电路，保护了电路的安全。故障排除后，按下复位按钮使热继电器复位即可。

8.1.11　检测继电器

继电器可以用万用表进行检测，包括检测继电器线圈和继电器接点。

1. 检测继电器线圈

检测时，将万用表置于 R×100 或 R×1k 挡，两表笔不分正、负，分别接继电器线圈的两引脚，万用表指示应与该继电器的线圈电阻基本相符，如图 8-19 所示。

如阻值明显偏小，说明线圈内部局部短路；如阻值为 0，说明两线圈引脚间短路；如阻值为无穷大，说明线圈已断路。以上 3 种情况均说明该继电器已损坏。

2. 检测继电器接点

检测时，给继电器线圈接上规定的工作电压，用万用表 R×1k 挡检测接点的通断情况，如图 8-20 所示。

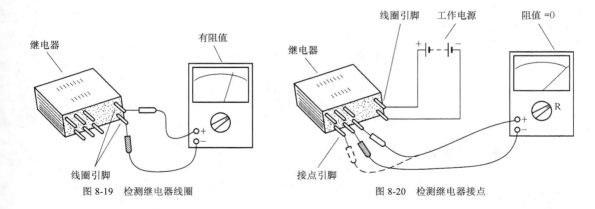

图 8-19　检测继电器线圈　　　　　　　　　图 8-20　检测继电器接点

未加上工作电压时，常开接点不通，常闭接点导通；当加上工作电压时，能听到继电器吸合声，这时，常开接点导通，常闭接点不通，转换接点随之转换。否则说明该继电器损坏。对于多组接点继电器，如果部分接点损坏，其余接点动作正常则仍可使用。

8.2 开关

开关是一种应用广泛的控制器件，在各种各类电子电路和电子设备中起着接通、切断、转换等控制作用。

8.2.1 开关的种类

开关的种类繁多，大小各异，图 8-21 所示为部分常见开关的外形。

开关按结构可分为拨动开关、钮子开关、跷板开关、船形开关、推拉开关、旋转开关、按钮开关、拨码开关、微动开关、薄膜开关等；按控制极位可分为单极单位开关、单极多位开关、多极单位开关、多极多位开关等；按接点形式可分为动合开关、动断开关和转换开关。

图 8-21 开关

常用开关有拨动开关、旋转开关、按钮开关、微动开关、轻触开关、薄膜开关等。

8.2.2 开关的符号

开关的一般文字符号为"S"，按钮开关的文字符号为"SB"，开关的图形符号如图 8-22 所示。

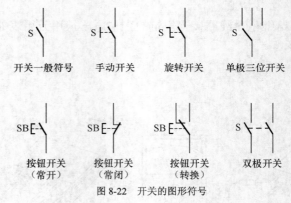

图 8-22 开关的图形符号

8.2.3 开关的参数

开关的主要参数是额定电压和额定电流。

1. 额定电压

额定电压是指开关长期安全运行所允许的最高工作电压，如 100V、250V 等。对于交流电源开关，额定电压通常指交流电压。

2. 额定电流

额定电流是指开关在长期正常工作的前提下所能接通或切断的最大负载

电流，如 500mA、1A、5A 等。

选用开关时应注意，所控制电路的工作电压和最大电流均不能超过其额定电压和额定电流。

8.2.4 拨动开关

拨动开关是指通过拨动操作的开关，例如钮子开关、直拨开关、直推开关等。

1. 钮子开关

图 8-23 所示为钮子开关结构示意图，图中位置为 b 端与 a 端接通。当将钮子状拨柄拨向左边时，b 端与 a 端断开而与 c 端接通。钮子开关常用作电源开关，如图 8-24 所示的收音机电路中的开关 S。

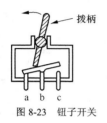

图 8-23 钮子开关

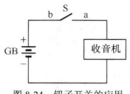

图 8-24 钮子开关的应用

2. 直拨开关

图 8-25 所示为直拨开关结构示意图，图中位置为 b 端与 a 端接通。当将拨柄推向右边时，b 端与 a 端断开而与 c 端接通。直拨开关往往是多极多位开关，常用作波段开关、转换开关等。图 8-26 所示为对讲机电路，S 为收发转换开关。

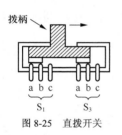

图 8-25 直拨开关

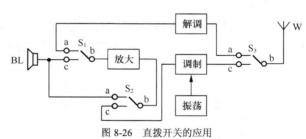

图 8-26 直拨开关的应用

3. 直推开关

直推开关是一种特殊的拨动开关，其拨动部分的一端有一推柄，另一端有复位弹簧，如图 8-27 所示。直推开关一般是多极双位开关，如图 8-28 所示的录音机电路中的录放开关 S，平时各组开关的 b 端与 a 端接通，电路为放音状态。当按下推柄时，b 端与 a 端断开而与 c 端接通，电路转换为录音状态。松开推柄后，开关在复位弹簧的作用下又恢复为放音状态。

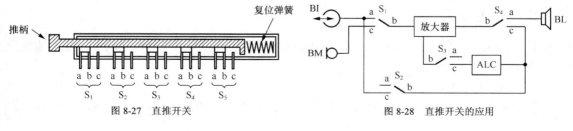

图 8-27 直推开关

图 8-28 直推开关的应用

8.2.5　旋转开关

旋转开关由转轴、接触片、动接点、静接点等组成。旋转开关可以是一层，也可以是两层、三层或更多层。每层中可以是一组开关，也可以有多组开关。

1. 双层旋转开关

图 8-29 所示为双层旋转开关结构示意图，两层开关的接触片固定在同一个转轴上同步运动，构成双极 7 位开关，图 8-30 所示为其电路符号。

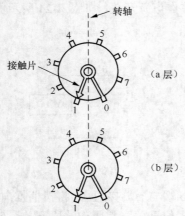

图 8-29　双层旋转开关结构示意图　　　　　　　　　图 8-30　双极 7 位开关的电路符号

2. 单层旋转开关

图 8-31 所示为单层 3 组旋转开关结构示意图，3 组开关的接触片固定在一圆形绝缘物上同步转动，构成 3 极 3 位开关，图 8-32 所示为其电路符号。

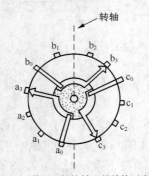

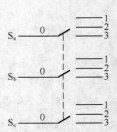

图 8-31　单层 3 组旋转开关结构示意图　　　　　　　图 8-32　3 极 3 位开关的电路符号

旋转开关常用于电路工作状态的切换，例如收音机的波段开关、万用表的量程选择开关等。

8.2.6　按钮开关

按钮开关是一种不闭锁开关，按下按钮时开关从原始状态切换到动作状态，松开按钮后开关自动回复到原始状态。

1. 单断点按钮开关

图 8-33 所示为单断点式按钮开关结构，由于动接点具有弹性，平时向上弹起，只有按钮

被按下时才使接点闭合。

2.　双断点按钮开关

图 8-34 所示为双断点式按钮开关结构，由于弹簧的作用，固定在按钮上的动接点平时向上弹起，只有按钮被按下时才接通左右静接点。

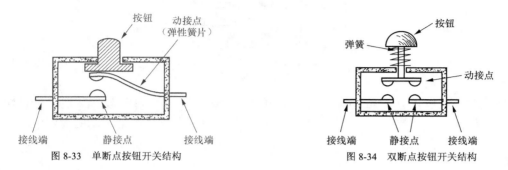

图 8-33　单断点按钮开关结构　　　　　　图 8-34　双断点按钮开关结构

3.　按钮开关的接点

按照接点形式不同，按钮开关可分为 3 类，如图 8-35 所示。

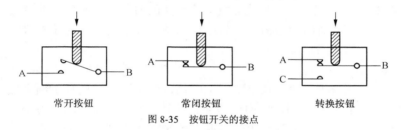

图 8-35　按钮开关的接点

（1）常开按钮，平时 A、B 接点间不通，按下按钮时 A、B 接点间接通。

（2）常闭按钮，平时 A、B 接点间接通，按下按钮时 A、B 接点间切断。

（3）转换按钮，平时 A 与 B 接点接通、C 与 B 接点断开，按下按钮时 A 与 B 接点断开而 C 与 B 接点接通。

按钮开关主要应用在门铃、家用电器、电气设备的触发控制等方面，其中双断点式按钮开关可用于控制较大电流的场合。

8.2.7　微动开关和轻触开关

微动开关和轻触开关也属于按钮开关，具有体积小、重量轻、手感好的特点，并可直接固定在电路板上，主要应用在计算机、电视机、录像机、收音机、DVD、音响设备、电话机、电子仪器仪表等电子产品中。

8.2.8　薄膜开关

薄膜开关又称为薄膜按键开关或平面开关，是一种新型的常开按钮式的低电压小电流的操作开关。薄膜开关由面膜层、电极电路层、隔离层等组成。

图 8-36 所示为单片型薄膜开关的电极电路层，当某一按键按下时，对应的上、下两半圆接点被接通，实现对电路的控制。

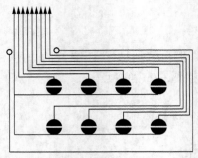

图 8-36 薄膜开关

薄膜开关厚度仅有 1mm 左右，结构简单、外形美观、易于整体设计制造、可靠性高、寿命长，广泛应用在数字仪表、家用电器、电子玩具以及各种微电脑控制的设备中。

8.2.9 检测开关

开关可用万用表电阻挡检测其接点通断和绝缘性能。

1. 检测接点通断

将万用表置于 R×1k 挡，测量开关的两个接点间的通断，如图 8-37 所示。开关关断时阻值应为无穷大，开关打开时阻值应为 0。否则说明该开关已损坏。对于多极或多位开关，应分别检测各对接点间的通断情况。

2. 检测绝缘性能

对于多极开关，用万用表 R×1k 或 R×10k 挡，测量不同极的任意两个接点间的绝缘电阻，均应为无穷大，如图 8-38 所示。如果是金属外壳的开关，还应测量每个接点与外壳之间的绝缘电阻，也均应为无穷大。否则说明该开关绝缘性能太差，不能使用。

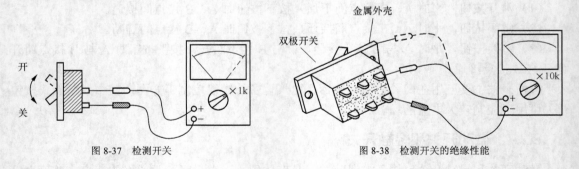

图 8-37 检测开关　　　　　　　　　　　　　　　图 8-38 检测开关的绝缘性能

8.3 接插件

接插件是实现电路器件、部件或组件之间可拆卸连接的连接器件，包括各种插头、插座、接线端子等。

8.3.1 接插件的种类

接插件的种类很多，大小各异。按形式可分为单芯插头插座、二芯插头插座、三芯插头插座、同轴插头插座、多极插头插座等。按用途可分为音频视频插头插座、印制电路板插座、电源插头插座、集成电路插座、管座、接线柱、接线端子、连接器等。图 8-39 所示为部分接插件外形。

图 8-39　接插件外形

8.3.2　接插件的符号

接插件的一般文字符号为"X"，插头的文字符号为"XP"，插座的文字符号为"XS"，它们的图形符号如图 8-40 所示。

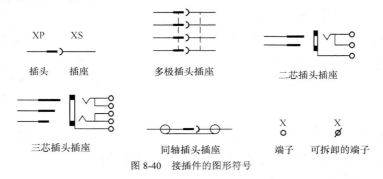

图 8-40　接插件的图形符号

8.3.3　常用接插件

常用接插件主要有二芯插头插座、三芯插头插座、同轴插头插座等。

1.　二芯插头插座

二芯插头插座常用的规格有 2.5mm、3.5mm、6.35mm（指插头的外直径）等，大都兼有转换开关功能，主要应用于音频信号的连接和转接。音响设备的话筒和耳机一般采用 6.35mm 的插头插座，袖珍型收音机等通常采用 2.5mm 或 3.5mm 的插头插座。

视频 8.7　单声道插头/插座

图 8-41 所示为收音机外接耳机电路，耳机插头未插入时，插座 XS 的 a 端与 b 端连通，扬声器 BL 发声。当耳机插头插入后，插座 XS 的 a 端被插头顶开脱离 b 端，使扬声器 BL 停止发声而改由耳机发声。

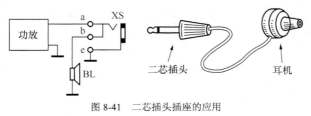

图 8-41　二芯插头插座的应用

2. 三芯插头插座

视频 8.8　双声道
插头/插座

　　三芯插头插座规格和转换功能等均与二芯插头插座一样，主要应用于立体声音频信号的连接和转接。

　　图 8-42 所示为立体声收音机外接耳机电路，耳机插头未插入时，插座 XS 的 a 端与 b 端、c 端与 d 端连通，左、右声道扬声器 BL$_1$、BL$_2$ 发声。当耳机插头插入后，插座 XS 的 a 端和 c 端分别与 b 端和 d 端脱离，而与耳机连通，使扬声器停止发声而改由耳机发声。

3. 同轴插头插座

　　同轴插头结构如图 8-43 所示，信号线在中心，地线在周围，并采用屏蔽线连接。同轴插头插座主要应用于电视机、录像机、调谐器、放大器、CD、DVD 等音视频信号的输入、输出连接。

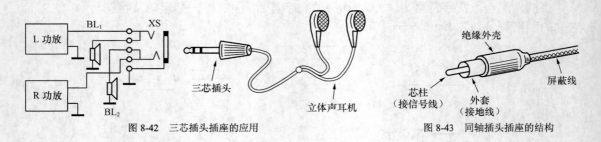

图 8-42　三芯插头插座的应用　　　　　　　　图 8-43　同轴插头插座的结构

8.3.4　检测接插件

　　各种接插件均可用万用表电阻挡进行通断和绝缘性能检测。

1. 检测带转换开关功能的插座

　　以检测三芯插座为例，方法如图 8-44 所示，将万用表置于 R×1k 或 R×10k 挡，两表笔（不分正、负）分别接插座的 a、b 引出端，其阻值应为 0（a 端与 b 端接通）；用一只未连线的空插头插入被测插座后，万用表指示应变为无穷大（a 端与 b 端断开）。再以同样方法检测插座的 c、d 端。

2. 检测其他接插件

　　其他接插件的检测比较简单，主要是检测插头、插座各引出端之间有无短路。如图 8-45 所示，用万用表测量各引出端之间的阻值，均应为无穷大，否则说明该插头或插座已损坏。

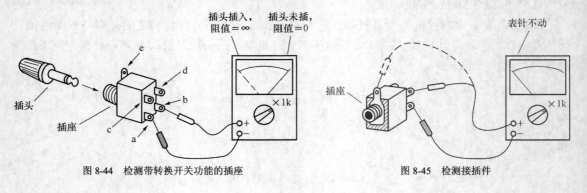

图 8-44　检测带转换开关功能的插座　　　　　　图 8-45　检测接插件

8.4   保险器件

保险器件主要包括各种保险丝和熔断电阻。保险丝也称为熔丝，是一种常用的一次性保护器件，主要用来对电子设备和电路进行过载或短路保护。

8.4.1   保险器件的种类

保险器件包括各种保险丝和熔断器。保险丝的种类较多，外形各异，可分为普通保险丝、玻璃管保险丝、快速熔断保险丝、延迟熔断保险丝、温度保险丝、可恢复保险丝等。图 8-46 所示为部分常见保险丝。

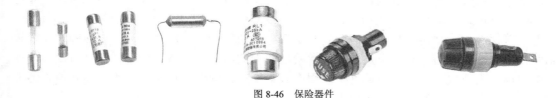

图 8-46   保险器件

8.4.2   保险器件的符号

保险器件的文字符号为"FU"，图形符号如图 8-47 所示。

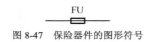

图 8-47   保险器件的图形符号

8.4.3   保险器件的参数

保险丝的主要参数是额定电压和额定电流。

1. 额定电压

额定电压是指保险丝长期正常工作所能承受的最高电压，如 250V、500V 等。

2. 额定电流

额定电流是指保险丝长期正常工作所能承受的最大电流，如 0.25A、0.5A、0.75A、1A、2A、5A、10A 等。

额定电压和额定电流一般直接标注在保险丝的外壳上，如图 8-48 所示。

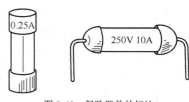

图 8-48   保险器件的标注

8.4.4   保险器件的工作原理

保险器件的作用是对电子设备或电路进行短路和过载保护。使用时保险丝应串接在被保护的电路中，并应接在电源相线输入端，如图 8-49 所示。

保险丝由金属或合金材料制成，在电路或电子设备工作正常时，保险丝相当于一截导线，对电路无影响。当电路或电子设备发生短路或过载时，流过保险丝的电流剧增，超过保险丝的额定电流，致使保险丝急剧发热而熔断，切断了电源，从而达到保护电路和电子设备、防止故障扩大的目的。

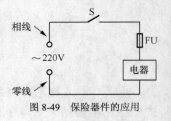

图 8-49　保险器件的应用

保险丝的保护作用通常是一次性的，一旦熔断即失去作用，应在故障排除后更换新的相同规格的保险丝。

8.4.5　常用保险器件

常用保险器件主要有玻璃管保险丝、热保险丝、可恢复保险丝、熔断电阻等。

1. 玻璃管保险丝

玻璃管保险丝的结构如图 8-50 所示，由熔丝、玻璃管和金属帽构成，熔丝置于玻璃管中并与两端的金属帽相连接。玻璃管保险丝的额定电流从 0.1A 到 10A 具有很多规格，尺寸也有 18mm、20mm、22mm 等不同长度。

玻璃管保险丝通常需要与相应的金属固定架配套使用，如图 8-51 所示。金属固定架固定在电路板上并接入电路，同时也是玻璃管保险丝两端的电气连接点，使用与更换时保险丝管可以很快地卡上或取下，透过玻璃管可以用肉眼直接观察到保险丝熔断与否，因此使用很方便。玻璃管保险丝在各种电子设备中得到普遍应用。

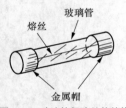

图 8-50　玻璃管保险丝的结构

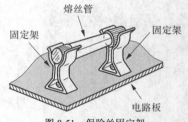

图 8-51　保险丝固定架

2. 热保险丝

热保险丝受环境温度控制而动作，是一种一次性的过热保护器件，其典型结构如图 8-52 所示，外壳内连接两端引线的感温导电体由具有固定熔点的低熔点合金制成，正常情况下（未熔断时）热保险丝的电阻值为零。

当热保险丝所处环境温度达到其额定动作温度时，感温导电体快速熔断切断电路。热保险丝具有多种不同的额定动作温度，广泛应用在电子设备的热保护方面，例如易发热的功率管、变压器，以及电饭煲、电磁灶、微波炉等电热类电器产品中。

3. 可恢复保险丝

一般的保险丝熔断后即失去使用价值，必须更换新的。可恢复保险丝可以重复使用，它实际上是一种限流型保护器件，外形如图 8-53 所示。

可恢复保险丝由正温度系数的 PTC 高分子材料制成，使用时串联在被保护电路中，如图 8-54 所示。

可恢复保险丝在常温下其阻值极小，对电路无影响。当负载电路出现过流或短路故障时，由于通过可恢复保险丝 R_S 的电流剧增，导致其温度急剧上升，迅速进入高阻状态，切断电路中的电流，保护负载不致损坏。直至故障消失电流正常，可恢复保险丝 R_S 冷却后又自动恢复为微阻导通状态，电路恢复正常工作。图 8-55 所示为可恢复保险丝的阻值-温度曲线。

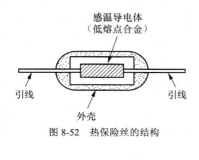

图 8-52　热保险丝的结构

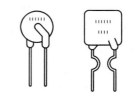

图 8-53　可恢复保险丝的外形

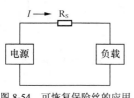

图 8-54　可恢复保险丝的应用

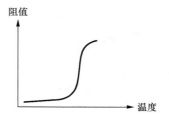

图 8-55　可恢复保险丝的阻值-温度曲线

4. 熔断电阻

熔断电阻又称为保险电阻，是一种兼有电阻和保险丝双重功能的特殊元件。熔断电阻的文字符号为"RF"，图形符号如图 8-56 所示。熔断电阻也分为一次性熔断电阻和可恢复熔断电阻两大类。

熔断电阻的阻值一般较小，其主要功能还是保险。使用熔断电阻可以只用一个元件就能同时起到限流和保险作用。

图 8-57 所示为大功率驱动管应用熔断电阻的例子，正常时熔断电阻 RF 起着限流电阻的作用，一旦负载电路过载或短路，RF 即熔断，起到保护作用。

图 8-56　熔断电阻的图形符号

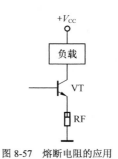

图 8-57　熔断电阻的应用

8.4.6　检测保险器件

保险器件的好坏可用万用表的电阻挡进行检测。

1. 检测普通保险丝管

万用表置于 R×1 挡或 R×10 挡，两表笔（不分正、负）分别与被测保险丝管的两端金属帽相接，其阻值应为 0Ω，如图 8-58 所示。如阻值为无穷大（表针不动），说明该保险丝管已熔断。如有较大阻值或表针指示不稳定，说明该保险丝管性能不良。

2. 检测熔断电阻

根据熔断电阻的阻值将万用表置于适当挡位，两表笔（不分正、负）分别与被测熔断电阻的两引脚相接，其阻值应基本符合该熔断电阻的标称阻值，如图 8-59 所示。如阻值为无穷大（表针不动），说明该熔断电阻已熔断。如阻值出入过大或表针指示不稳定，说明该熔断电阻性能不良。

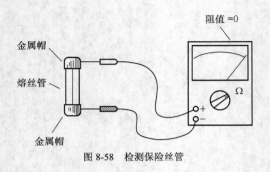

图 8-58　检测保险丝管

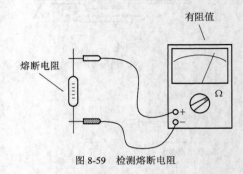

图 8-59　检测熔断电阻

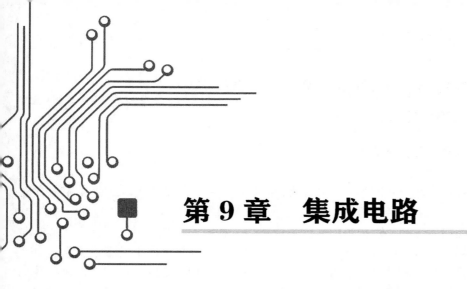

第 9 章　集成电路

集成电路是高度集成化的电子器件，具有集成度高、功能完整、可靠性好、体积小、重量轻、功耗低的特点，是现代电子技术中最重要的核心器件。集成电路的种类非常繁多，本章着重讲述集成运算放大器、时基集成电路、集成稳压器、音响集成电路、音乐与语音集成电路等。

视频 9.1　集成电路

9.1　集成电路概述

集成电路，顾名思义就是高度集成化的、具有某一电路功能的电子器件。图 9-1 所示为部分常见集成电路。

图 9-1　集成电路

集成电路将成千上万个晶体管、电阻、电容等元器件集成在一块半导体芯片中，组成某一功能电路、某一单元电路、甚至某一整机电路，极大地简化了电子设备的结构，缩小了电子设备的体积，降低了电子设备的功耗，提高了电子设备的可靠性。

9.1.1 集成电路的种类

集成电路种类繁多，分类方法也有多种。

1. 模拟电路与数字电路

根据集成电路处理信号方式的不同，可分为模拟集成电路、数字集成电路、数/模混合集成电路三大类。

模拟集成电路是指传输和处理模拟信号的集成电路，如线性集成稳压器、集成运算放大器、集成前置放大器、集成功率放大器、单片收音机电路、电视机集成电路等。

数字集成电路是指传输和处理数字信号的集成电路，如各种门电路、触发器、计数器、译码器、寄存器等。数字集成电路将在第 10 章专门讲解。

数/模混合集成电路内部既有数字部分，也有模拟部分，共同完成特定的电路功能。

2. 规模大小

根据集成电路中集成的元器件的规模大小，可分为小规模集成电路、中规模集成电路、大规模集成电路、超大规模集成电路等。

小规模集成电路（SSIC）每块芯片集成元器件通常在 100 个以下，中规模集成电路（MSIC）每块芯片集成元器件为 100～1000 个，大规模集成电路（LSIC）每块芯片集成元器件在 1000～10 万个，超大规模集成电路（VLSIC）每块芯片集成元器件在 10 万个以上，特大规模集成电路（ULSIC）每块芯片集成元器件在 100 万个以上，集成元器件更多的芯片称之为极大规模集成电路（GSIC）。

3. 通用电路与专用电路

根据集成电路的功能不同，可分为通用集成电路和专用集成电路两类。

通用集成电路是指适用范围较宽、能够在不同的电路系统中作为功能电路或单元电路应用的集成电路。如运算放大器、集成稳压器等。

专用集成电路是指适用于某种特定的场合、具有特定的功能和专门的用途的集成电路。如收音机电路、视频电路、音乐集成电路、电子钟表电路、仪器仪表电路等。

4. 双极型与 MOS 型

根据制造工艺和结构的不同，可分为双极型集成电路和 MOS 型集成电路两种。

双极型集成电路的主要元器件为晶体管。MOS 型集成电路的主要元器件为场效应管（MOS 管），包括 NMOS、PMOS 和 CMOS 三种。MOS 型集成电路具有更高的输入阻抗和更低的功耗。

9.1.2 集成电路的符号

集成电路的文字符号是"IC"，图形符号如图 9-2 所示。

集成电路图形符号的主体通常是一个矩形或三角形的图框，再加上输入、输出引出端。一般左边为输入端，右边为输出端。大多数情况下还会标注引脚编号。

集成运算放大器、数字电路等集成电路，习惯上不画出电源引线和地线，因为这不影响分析电路功能，但应该清楚它们还有电源引线和地线，如图 9-3 所示。

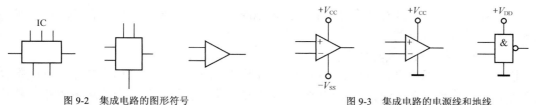

图 9-2　集成电路的图形符号　　　　　　　　　图 9-3　集成电路的电源线和地线

9.1.3　集成电路的型号

我国集成电路的型号命名一般由五部分组成，如图 9-4 所示。第一部分用字母"C"表示该集成电路为中国国标产品，第二部分用字母表示集成电路的类型，第三部分用数字和字母表示集成电路的系列和品种，第四部分用字母表示集成电路的工作温度范围，第五部分用字母表示集成电路的封装。

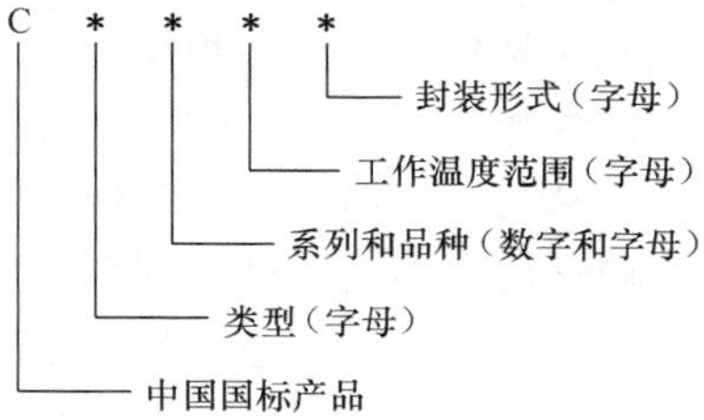

音响类、电视类等家用电器专用集成电路，其型号命名由除开头部分外的四部分组成，即省去首字母"C"。

我国集成电路型号的意义见表 9-1。例如，CF158 为双运算放大器集成电路，CW7812 为固定+12V 输出集成稳压器，CB555 为时基集成电路。

图 9-4　集成电路的型号

表 9-1　　　　　　　　　　　　　　我国集成电路型号的意义

第一部分	第二部分（类型）	第三部分（系列和品种）	第四部分（温度范围）	第五部分（封装）
C	T：TTL 电路	系列和品种代号	C：0～70℃	F：多层陶瓷扁平
	H：HTL 电路		G：−25～70℃	B：塑料扁平
	E：ECL 电路		L：−25～85℃	H：黑瓷扁平
	C：CMOS 电路		E：−40～85℃	D：多层陶瓷双列直插
	M：存储器		R：−55～85℃	J：黑瓷双列直插
	μ：微型机电路		M：−55～125℃	O：塑料双列弯引线
	F：线性放大器			P：塑料双列直插
	W：稳压器			S：塑料单列直插
	D：音响、电视电路			K：金属菱形
	B：非线性电路			T：金属圆形
	J：接口电路			C：陶瓷芯片载体
	AD：A/D 转换器			E：塑料芯片载体
	DA：D/A 转换器			G：网格针栅阵列
	SC：通信专用电路			
	SS：敏感电路			
	SW：钟表电路			

9.1.4　集成电路的封装形式

所谓封装就是将集成电路芯片包裹起来，只留引脚在外，封装的作用一是保护芯片，二是便于使用。我们平常所看见的集成电路，实际上看见的是集成电路的封装形状。

集成电路的封装形式有很多种，有些集成电路还自带散热器，应用最普遍的是单列直插式和双列直插式集成电路。

1. 集成电路封装形式的分类

随着微电子技术的飞速发展，集成电路的集成度越来越高、功能越来越强、引脚数越来越多，促使集成电路的封装技术也得到了飞速发展。集成电路的封装形式从金属外壳多引脚封装，到单列或多列直插式封装、扁平式封装、针栅阵列式封装、球栅阵列式封装，再到芯片级封装，历经几代发展，技术指标一代比一代先进，引脚数量从几个到数百上千个不等，形成了种类繁多的集成电路封装形式。

从安装方式上看，集成电路的封装形式可分为插入安装式和表面安装式两大类。插入安装式包括插入电路板焊接安装、插入专用插座安装等形式。表面安装式包括双侧或四侧引脚表面焊接安装、无引线表面焊接安装、阵列式接点安装等形式。

从封装材料上看，集成电路的封装形式主要有金属外壳封装、陶瓷封装、塑料封装等。目前使用最多的是塑料封装集成电路。

从引脚形状上看，集成电路的封装形式可分为单列直插式、双列直插式、四列直插式、扁平式、无引线式、球栅阵列式、针栅阵列式等。

集成电路的主要封装形式见表9-2～表9-5。

表 9-2　　　　　　　　　　　**集成电路的直插式封装形式**

封装类型	封装名称
单列直插式封装	SIP（单列直插式封装）
	CSIP（陶瓷单列直插式封装）
	PSIP（塑料单列直插式封装）
	SIPH（带散热器的单列直插式封装）
双列直插式封装	DIP（双列直插式封装）
	CDIP（陶瓷双列直插式封装）
	PDIP（塑料双列直插式封装）
	DIPH（带散热器的双列直插式封装）
	JDIP（J型引线双列直插式封装）
	SDIP（缩小型双列直插式封装）
四列直插式封装	QIP（四列直插式封装）
	CQIP（陶瓷四列直插式封装）
	PQIP（塑料四列直插式封装）
	QIPH（带散热器的四列直插式封装）

表 9-3　　　　　　　　　　　**集成电路的扁平式封装形式**

封装类型	封装名称
双列扁平封装	DFP（双列扁平封装）
	CDFP（陶瓷双列扁平封装）
	PDFP（塑料双列扁平封装）
	TSOP（薄型缩小型双列扁平封装）

续表

封装类型	封装名称
四列扁平封装	QFP（四列扁平封装）
	CQFP（陶瓷四列扁平封装）
	PQFP（塑料四列扁平封装）
	HQFP（带散热器槽的四列扁平封装）
	BQFP（有护角挡板的四列扁平封装）
	BQFPH（有护角挡板并带散热器的四列扁平封装）
	GQFP（带护圈的四列扁平封装）
	TQFP（薄型四列扁平封装）
	TQFPT（特薄型四列扁平封装）

表 9-4　　　　　　　　　　　　集成电路的阵列式封装形式

封装类型	封装名称
针式栅格阵列封装	PGA（针栅阵列封装）
	CPGA（陶瓷针栅阵列封装）
	PPGA（塑料针栅阵列封装）
	mPGA（微型针栅阵列封装）
	CuPGA（有盖陶瓷针栅阵列封装）
	FC-PGA（反转芯片针栅阵列封装）
球式栅格阵列封装	BGA（球栅阵列封装）
	CBGA（陶瓷球栅阵列封装）
	PBGA（塑料球栅阵列封装）
	EBGA（增强型球栅阵列封装）
	FBGA（精细型球栅阵列封装）
	LCBGA（低成本球栅阵列封装）
	SBGA（超级球栅阵列封装）
	TinyBGA（微型球栅阵列封装）
岛式栅格阵列封装	LGA（岛栅阵列封装）
	PLGA（塑料岛栅阵列封装）
	FLGA（精细型岛栅阵列封装）

表 9-5　　　　　　　　　　　　集成电路的其他封装形式

封装类型	封装名称
小尺寸封装	SOP（小尺寸封装）
	PSOP（塑料小尺寸封装）
	SSOP（窄间距小尺寸封装）
	TSOP（薄型小尺寸封装）
	QSOP（四列小尺寸封装）
	SOI（直脚小尺寸封装）

封装类型	封装名称
小尺寸封装	SOJ（J 形引脚小尺寸封装）
	SOG（有翅形引脚的小尺寸封装）
	HSOP（带散热器槽的小尺寸封装）
	SOW（宽体小尺寸封装）
芯片载体封装	LCC（无引线芯片载体封装）
	LCCC（陶瓷无引线芯片载体封装）
	PLCC（带引脚的塑料芯片载体封装）
	CLCC（带引脚的陶瓷芯片载体封装）
	JLCC（J 形引脚芯片载体封装）
	PLCCH（带散热器的有引脚塑料芯片载体封装）
带状载体封装	DTCP（双侧引脚带状载体封装）
	QTCP（四侧引脚带状载体封装）

常见集成电路封装形式中，单列直插式封装（SIP）、双列直插式封装（DIP）、双列扁平式封装（DFP）、四列扁平式封装（QFP）等应用最为广泛，几乎被绝大多数集成电路所采用，也是业余条件下可以自己动手安装焊接的集成电路封装形式。针式栅格阵列封装（PGA）、球式栅格阵列封装（BGA）等更加适用于超大规模集成电路的封装。

2. 单列直插式封装（SIP）

单列直插式封装是最常用的插装型封装之一，外形如图 9-5 所示。集成电路的引脚从封装的一个侧面引出，排列成一条直线，当安装到电路板上时集成电路呈竖立状。单列直插式封装的形状和大小各异，引脚数有多有少，标准的单列直插式封装引脚中心间距通常为 2.54mm。此外还有缩小型和大型单列直插式封装，以及带散热片的单列直插式封装。

3. 双列直插式封装（DIP）

双列直插式封装外形如图 9-6 所示，是最普及的插装型封装之一，应用范围包括模拟通用电路、数字逻辑电路、处理器、存储器、单片机电路、众多专用集成电路等。双列直插式封装具有两排引脚，引脚数为双数，引脚从封装的两侧引出，并折弯向下排列成两条直线，当安装到电路板上时集成电路呈平卧状。

图 9-5　单列直插式封装的外形　　　　　　　图 9-6　双列直插式封装的外形

双列直插式封装的形状、大小、引脚数有很多种规格，标准的双列直插式封装相邻引脚中心间距通常为 2.54mm，还有缩体型双列直插式封装、带散热片的双列直插式封装等。

单列或双列直插式封装的特点是，适合在电路板上穿孔安装，易于设计电路板的布线，由于封装体积较大所以安装焊接操作方便。可以插入到配套的 DIP 专用插座进行安装，也可以直接插入具有相同焊孔数和几何排列的电路板上进行焊接安装。

4. 双列扁平式封装（DFP）

双列扁平式封装外形如图 9-7 所示，是表面贴装型封装之一。集成电路的引脚分别从封装的两个侧面平行引出，直接贴装焊接在电路板（铜箔面）上，集成电路呈平卧状。双列扁平式封装的引脚间距通常都较小。

5. 四列扁平式封装（QFP）

四列扁平式封装外形如图 9-8 所示，也是表面贴装型封装之一。集成电路的引脚从封装的四个侧面引出呈 L 状，安装时直接贴装焊接在电路板（铜箔面）上，集成电路呈平卧状。四列扁平式封装的引脚很细、引脚之间的距离很小，引脚中心间距有 1.0mm、0.8mm、0.65mm、0.5mm、0.4mm、0.3mm 等多种规格，一般大规模和超大规模集成电路常采用这种封装形式，其引脚数往往可达数百。

图 9-7 双列扁平式封装的外形　　　　　　　　图 9-8 四列扁平式封装的外形

扁平式封装的特点是适用于电路板表面安装，封装外形尺寸较小，寄生参数减小，适合高频应用，操作方便，可靠性高。

由于四列扁平式封装的引脚细小，为了防止引脚变形，出现了一些改进的封装形式。如封装的四个角带有护角挡板的四列扁平式封装（BQFP）；带护圈的四列扁平封装（GQFP）；在封装本体里设置测试凸点，放在防止引脚变形的专用夹具里就可进行测试的四列扁平式封装（TPQFP）。此外还有带散热器的四列扁平式封装等。

6. 针式栅格阵列封装（PGA）

针式栅格阵列封装简称 PGA 封装，也叫插针网格阵列封装，外形如图 9-9 所示，属于插装型封装之一，其底面的插针式垂直引脚呈阵列状排列，引脚中心间距通常为 2.54mm，引脚数可从数十到数百。PGA 封装基材基本上都采用多层陶瓷基板，在未专门表示出材料名称的情况下，多数为陶瓷 PGA（CPGA），也有塑料 PGA（PPGA），主要应用于 CPU 等高速超大规模集成电路。

图 9-9 针式栅格阵列封装的外形

此外还有引脚中心间距为 1.27mm 的短引脚表面贴装型针栅阵列封装（碰焊 PGA）、微型针栅阵列封装（mPGA）、反转芯片针栅阵列封装（FC-PGA）、有盖陶瓷针栅阵列封装（CuPGA）等品种。

针栅阵列封装集成电路安装时一般插入专门的 PGA 插座。为了方便针栅阵列封装 CPU 的安装和拆卸，出现了一种 ZIF CPU 插座，专门用于 PGA 封装 CPU 的安装。

7. 球式栅格阵列封装（BGA）

球式栅格阵列封装简称 BGA 封装，外形如图 9-10 所示，属于表面贴装型封装之一。球栅阵列封装（BGA）没有传统意义上的引脚，

图 9-10　球式栅格阵列封装的外形

在其背面按阵列方式制作出金属球形凸点用以代替引脚，引脚数可达数百，是 CPU、内存等多引脚超大规模集成电路常用的一种封装形式。

球栅阵列封装（BGA）的体积可以做得比四列扁平封装（QFP）更小。例如，引脚中心间距为 1.5mm 的 360 引脚 BGA 仅为 31mm 见方；而引脚中心间距为 0.5mm 的 304 引脚 QFP 则为 40mm 见方。而且 BGA 封装不用担心 QFP 封装那样的引脚变形问题。

球栅阵列封装（BGA）技术的优点是虽然体积缩小且引脚数增多，但引脚间距并未减小反而增大，从而提高了组装成品率和可靠性。由于体积缩小和芯片引出线缩短，使得信号传输延迟、信号衰减以及寄生参数减小，使用频率大大提高，同时电热性能和抗干扰性能也得到进一步改善。

9.1.5　集成电路的引脚识别

集成电路的引脚有多有少，最少的只有 3 个引脚，最多的可达几百个引脚，它们按一定的规律排列。在使用集成电路时，正确识别各个引脚非常重要。集成电路上通常都有定位标记，这是识别引脚的起点。

1. 单列直插式集成电路的引脚

单列直插式集成电路的引脚如图 9-11 所示。识别时面对集成电路印有商标的正面，并使其引脚向下。在集成电路的正面左边会有凹坑、色点、小孔或缺角等定位标记。定位标记左下方为第 1 脚，从左至右依次为 1、2、3……脚。

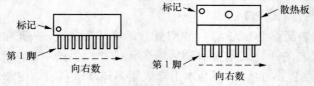

图 9-11　单列直插式集成电路的引脚

2. 金属壳封装集成电路的引脚

金属壳封装集成电路的引脚如图 9-12 所示。识别时将集成电路引脚朝上，从定位标记开始按顺时针方向依次为 1、2、3……脚。

3. 双列直插式集成电路的引脚

双列直插式集成电路的引脚如图 9-13 所示。识别时面对集成电路印有商标的正面，并使其定位标记位于左侧，则集成电路左下角为第 1 脚，从第 1 脚开始向右按逆时针方向依次为

1、2、3、4……脚。

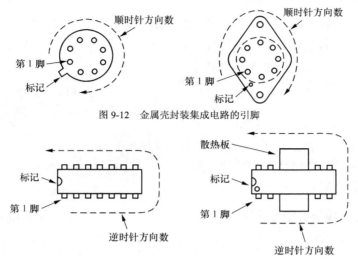

图 9-12　金属壳封装集成电路的引脚

图 9-13　双列直插式集成电路的引脚

4. 双列扁平式集成电路的引脚

双列扁平式集成电路的引脚如图 9-14 所示，其引脚识别方法与双列直插式集成电路相同。

5. 四列扁平式集成电路的引脚

四列扁平式集成电路的引脚如图 9-15 所示。识别时面对集成电路印有商标的正面，并使其定位标记位于左上角或上方，从定位标记开始按逆时针方向依次为 1、2、3……脚。

图 9-14　双列扁平式集成电路的引脚　　　　　图 9-15　四列扁平式集成电路的引脚

9.2　集成运算放大器

集成运算放大器简称集成运放，是一种集成化的高增益的多级直接耦合放大器，具有输入阻抗高、增益大、稳定性好、通用性强、适用范围宽和使用简便的特点，并且有很多种类可供选择，在放大、振荡、电压比较、阻抗变换、模拟运算、有源滤波等各种电子电路中得到了越来越广泛的应用。

视频 9.2　集成运算放大器

9.2.1 集成运算放大器的种类

集成运算放大器种类繁多。按类型可分为通用型运放、低功耗运放、高阻运放、高精度运放、高速运放、宽带运放、低噪声运放、高压运放，以及程控型、电流型、跨导型运放等。根据一个集成电路封装内包含运放单元的数量，集成运放又可分为单运放、双运放和四运放。

集成运算放大器有金属圆壳封装、金属菱形封装、陶瓷扁平式封装、双列直插式封装等形式，如图 9-16 所示。较常用的是双列直插式封装的集成运算放大器。

9.2.2 集成运算放大器的符号

图 9-16　集成运算放大器

集成运算放大器的文字符号为"IC"，图形符号如图 9-17 所示。集成运放一般具有两个输入端，即同相输入端 U_+ 和反相输入端 U_-；具有一个输出端 U_o。

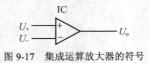

图 9-17　集成运算放大器的符号

9.2.3 集成运算放大器的参数

集成运放的参数很多，主要的有电源电压范围、最大允许功耗 P_M、单位增益带宽 f_C、转换速率 SR、输入阻抗 Z_i 等。

1. 电源电压范围

电源电压范围是指集成运放正常工作所需要的直流电源电压的范围。通常集成运放需要对称的正、负双电源供电，也有部分集成运放可以在单电源情况下工作，如图 9-18 所示。

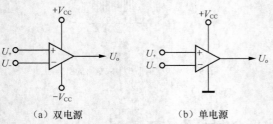

（a）双电源　　　　（b）单电源

图 9-18　集成运放的电源

2. 最大允许功耗

最大允许功耗 P_M 是指集成运放正常工作情况下所能承受的最大耗散功率。使用中不应使集成运放的功耗超过 P_M。

3. 单位增益带宽

单位增益带宽 f_C 是指集成运放开环电压放大倍数 $A=1$（0dB）时所对应的频率，如图 9-19 所示。一般通用型运放 f_C 约 1MHz，宽带和高速运放 f_C 可达 10MHz 以上，应根据需要选用。

4. 转换速率

转换速率 SR 是指在额定负载条件下，当输入边沿陡峭的大阶跃信号时，集成运放输出电压的单位时间最大变化率（单位为 V/μs），即输出电压边沿的斜率，如图 9-20 所示。在高保真音响设备中，选用单位增益带宽 f_C 和转换速率 SR 指标高的集成运放效果较好。

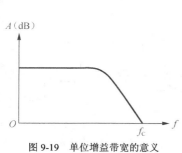

图 9-19　单位增益带宽的意义

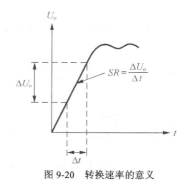

图 9-20　转换速率的意义

5. 输入阻抗

输入阻抗 Z_i 是指集成运放工作于线性区时，输入电压变化量与输入电流变化量的比值。采用双极型晶体管作输入级的集成运放，其输入阻抗 Z_i 通常为数兆欧；采用场效应管作输入级的集成运放，其输入阻抗 Z_i 可高达 $10^{12}\Omega$。

9.2.4　集成运算放大器的电路结构

集成运算放大器内部电路结构如图 9-21 所示，由高阻抗输入级、中间放大级、低阻抗输出级、偏置电路等组成。

输入信号由同相输入端 U_+ 或反相输入端 U_- 输入，经中间放大级放大后，通过低阻输出级输出。中间放大级由若干级直接耦合放大器组成，提供极大的开环电压增益（100dB 以上）。偏置电路为各级提供合适的工作点。

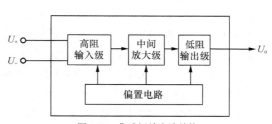

图 9-21　集成运放电路结构

9.2.5　集成运算放大器的工作原理

集成运放的各种运用均基于三种基本放大电路，即反相放大器、同相放大器和差动放大器。

1. 反相放大器

反相放大器基本电路如图 9-22 所示，R_f 为反馈电阻，R_1 为输入电阻。由于集成运放开环电压放大倍数极大，因此其闭环放大倍数 $A=\dfrac{R_f}{R_1}$。输入电压 U_i 由反相输入端输入，其输出电压 U_o 与输入电压 U_i 相位相反，即 $U_o=-AU_i$。

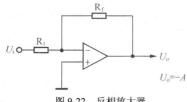

图 9-22　反相放大器

2. 同相放大器

同相放大器基本电路如图 9-23 所示，R_f 为反馈电阻，R_1 为输入电阻，其闭环放大倍数 $A=1+\dfrac{R_f}{R_1}$。输入电压 U_i 由同相输入端输入，其输出电压 U_o 与输入电压 U_i 相位相同，即 $U_o=AU_i$。

3. 差动放大器

差动放大器基本电路如图 9-24 所示，用来放大两个输入电压 U_1 与 U_2 的差值，其闭环放

大倍数 $A=\dfrac{R_f}{R_1}$，输出电压 $U_o=A（U_2-U_1）$。

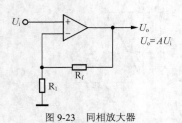

图 9-23　同相放大器

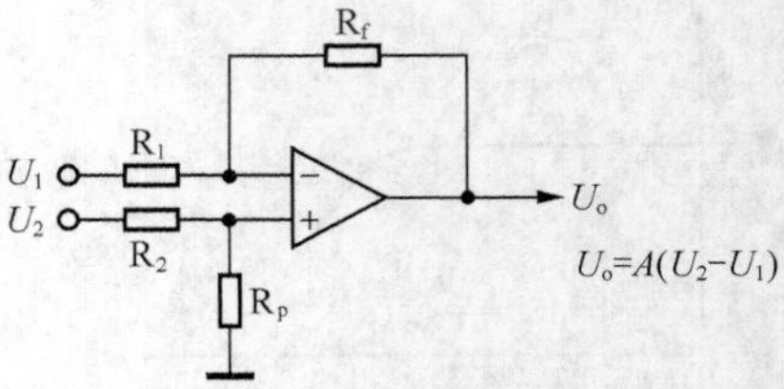

图 9-24　差动放大器

9.2.6　集成运算放大器的应用

集成运放的主要作用是放大和阻抗变换，在各种放大、振荡、有源滤波、精密整流以及运算电路中得到广泛的应用。

1. 电压放大

集成运放电压放大器实例如图 9-25 所示，这是一个话筒放大器，驻极体话筒 BM 输出的微弱电压信号经耦合电容 C_1 输入集成运放 IC，放大后的电压信号经 C_3 耦合输出。电压放大倍数由集成运放外接电阻 R_4、R_3 决定，该电路放大倍数 $A=100$ 倍（40dB）。

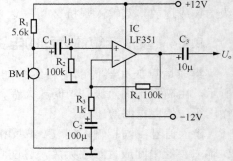

图 9-25　话筒放大器

2. 频率补偿放大

图 9-26 所示为集成运放应用于磁头放大器。由于磁头输出电压随信号频率升高而增大，因此磁头放大器必须具有频率补偿功能。R_2、R_3、R_4、C_4 组成频率补偿网络，作为集成运放 IC 的负反馈回路，使其放大倍数在中频段（f_1 与 f_2 之间）具有 6dB/倍频程的衰减。

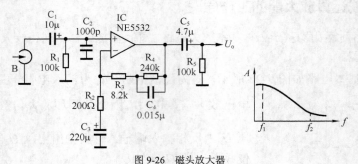

图 9-26　磁头放大器

3. 阻抗变换

同相放大器电路中，当 $R_f=0$，$R_1=\infty$ 时，便构成了电压跟随器，如图 9-27 所示。这是同相放大器的一个特例，其电压放大倍数 $A=1$，输出电压 U_o 与输入电压 U_i 大小相等、相位相同。集成运放电压跟随器具有极高的输入阻抗和很小的输出阻抗，常用作阻抗变换器。

4. 振荡电路

集成运放可以应用于振荡电路。图 9-28 所示为采用集成运放的 800Hz 桥式正弦波振荡器，R_1、C_1 和 R_2、C_2 构成正反馈回路，并具有选频作用，使电路产生单一频率的振荡。R_3、R_4、R_5 等构成负反馈回路，以控制集成运放 IC 的闭环增益，并利用并联在 R_5 上的二极管 VD_1、VD_2 的钳位作用进一步稳定振幅。

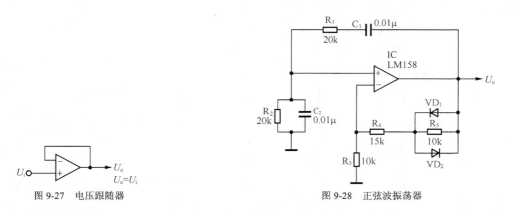

图 9-27　电压跟随器　　　　　　　　　图 9-28　正弦波振荡器

5. 有源滤波器

用集成运放可以方便地构成有源滤波器，包括低通滤波器、高通滤波器、带通滤波器等。图 9-29 所示为前级二分频电路，分频点为 800Hz。集成运放 IC_1 等构成二阶高通滤波器，IC_2 等构成二阶低通滤波器，将来自前置放大器的全音频信号分频后分别送入两个功率放大器，然后分别推动高音扬声器和低音扬声器。

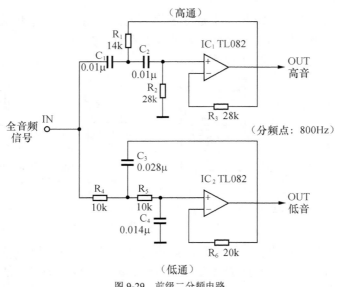

图 9-29　前级二分频电路

6. 精密整流

集成运放还可以用于精密整流电路。图 9-30 所示为 10mV 有源交流电压表电路，这是一个精密全波整流电路，微安表头 PA 接在整流桥的对角线上。由于集成运放 IC 的高增益和高输入阻抗，消除了整流二极管的非线性影响，提高了测量精度。

7. 运算电路

（1）加法运算。图 9-31 所示为加法器电路，集成运放构成反相放大器，U_1、U_2 为相加电压，U_o 为和电压。当取 $R_1=R_2=R_f$ 时，$A=1$，输出电压 $U_o=-(U_1+U_2)$，实现了加法运算。R_P 为平衡电阻，用于平衡输入偏置电流造成的失调。

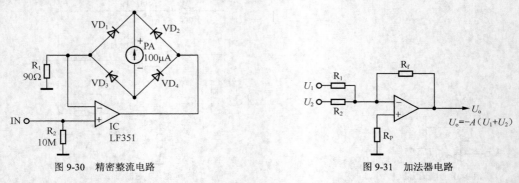

图 9-30　精密整流电路　　　　　　　　　图 9-31　加法器电路

（2）减法运算。前述图 9-24 所示差动放大器电路，实际上是一个减法器电路，U_1 为减数电压，U_2 为被减数电压，U_o 为差电压。当取 $R_1=R_2=R_f$ 时，$A=1$，输出电压 $U_o=U_2-U_1$，实现了减法运算。R_P 为平衡电阻。

9.2.7　检测集成运算放大器

集成运算放大器可以用万用表进行检测。

1. 检测集成运放各引脚的对地电阻

检测时，万用表置于 R×1k 挡，先是红表笔（表内电池负极）接集成运放的接地引脚，黑表笔（表内电池正极）接其余引脚，测量各引脚对地的正向电阻。然后对调两表笔，测量各引脚对地的反向电阻，如图 9-32 所示。

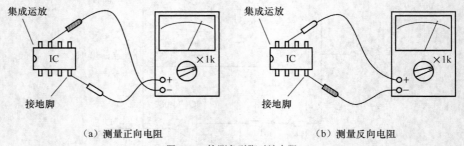

（a）测量正向电阻　　　　　　　　　　　（b）测量反向电阻

图 9-32　检测各引脚对地电阻

将测量结果与正常值相比较，以判断该集成运放的好坏。如果测量结果与正常值出入较大，特别是电源端对地阻值为 0 或无穷大，则说明该集成运放已损坏。部分集成运放各引脚对地的正、反向电阻值见表 9-6 和表 9-7。

表 9-6　　　　　　　　　　　　　**TL082 双运放各引脚电阻值**

引脚	1	2	3	4	5	6	7	8
正向电阻（kΩ）	38	∞	∞	地	∞	∞	38	13
反向电阻（kΩ）	24	6	6	地	6	6	24	5.6

表 9-7			LM324 四运放各引脚电阻值			
引脚	1	2	3	4	5	6	7
正向电阻（kΩ）	150	∞	∞	20	∞	∞	150
反向电阻（kΩ）	7.6	8.7	8.7	5.9	8.7	8.7	7.6
引脚	8	9	10	11	12	13	14
正向电阻（kΩ）	150	∞	∞	地	∞	∞	150
反向电阻（kΩ）	7.6	8.7	8.7	地	8.7	8.7	7.6

2. 检测集成运放各引脚的电压

检测时，根据被测电路的电源电压将万用表置于适当的直流电压挡。例如，被测电路的电源电压为 5V，则万用表置于直流 10V 挡，测量集成运放各引脚对地的静态电压值，如图 9-33 所示。

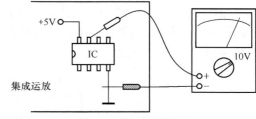

将测量结果与各引脚电压的正常值相比较，即可判断该集成运放的工作是否正常。如果测量结果与正常值出入较大，而且外围元件正常，则说明该集成运放已损坏。LM324 集成运放各引脚的电压值见表 9-8。

图 9-33　检测各引脚电压

表 9-8			LM324 四运放各引脚电压值			
引脚	1	2	3	4	5	6	7
功能	A 输出	A 反相输入	A 同相输入	电源	B 同相输入	B 反相输入	B 输出
电压（V）	3	2.7	2.8	5	2.8	2.7	3
引脚	8	9	10	11	12	13	14
功能	C 输出	C 反相输入	C 同相输入	地	D 同相输入	D 反相输入	D 输出
电压（V）	3	2.7	2.8	0	2.8	2.7	3

3. 检测集成运放的静态电流

检测时，万用表置于直流 mA 挡，串入被测集成运放的电源端或接地端，测量其静态工作电流。

对于在路的集成运放，可用小刀或断锯条在其电源引脚（或接地引脚）附近，将电路板上的铜箔线条切开一个断口，如图 9-34 所示，再将万用表串入电路进行测量。测量结束后应重新接通被切开的断口。

对于不在路的集成运放，可按图 9-35 所示搭建一个测试电路，万用表置于直流 mA 挡测量其静态电流。

如果被测集成运放的电源端或接地端具有外接限流电阻，则可将万用表置于直流电压挡，测量该电阻上的电压值，如图 9-36 所示，再通过欧姆定律计算得出静态电流值。这种间接测量的方法无须切断电路板上的铜箔线条，操作更方便。

通常集成运放的静态电流为 1mA 左右，双运放集成电路的总静态电流为 3mA 左右，四运放集成电路的总静态电流为 7mA 左右。如果测得静态电流远大于正常值，说明该集成运放性能不良或已损坏。

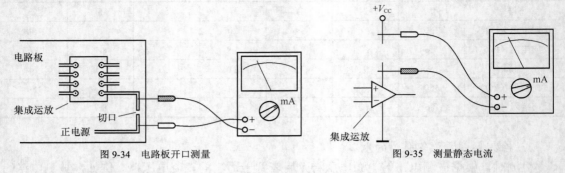

图 9-34　电路板开口测量　　　　　　　图 9-35　测量静态电流

4. 估测集成运放的放大能力

检测时，按图 9-37 所示给集成运放接上工作电源。为简便起见，可只使用单电源接在集成运放正、负电源端之间，电源电压可取 10～30V。万用表置于直流电压挡，测量集成运放输出端电压，应有一定数值。

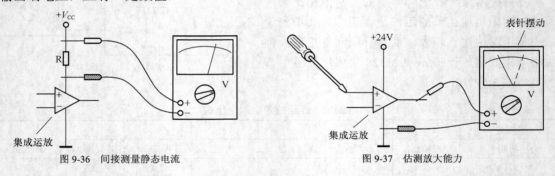

图 9-36　间接测量静态电流　　　　　　图 9-37　估测放大能力

用小螺丝刀分别触碰集成运放的同相输入端和反相输入端，万用表指针应有摆动，摆动越大说明集成运放开环增益越高。如果万用表指针摆动很小，说明该集成运放放大能力差。如果万用表指针不摆动，说明该集成运放已损坏。

5. 检测同相放大特性

检测电路如图 9-38 所示，工作电源取 ±15V，集成运放构成同相放大电路，输入信号由电位器 RP 提供并接入同相输入端。万用表置于直流 50V 挡，红表笔接集成运放输出端，黑表笔接负电源端，这样连接可以不必使用双向电压表。

将电位器 RP 置于中间位置，接通电源后，万用表指示应为 15V。调节 RP 改变输入信号，万用表指示的输出电压应随之变化。向上调节 RP，万用表指示应从 15V 起逐步上升，直至接近 30V 达到正向饱和。向下调节 RP，万用表指示应从 15V 起逐步下降，直至接近 0V 达到负向饱和，如图 9-39 所示。

如果上下调节 RP 时，万用表指示不随之变化，或变化范围太小，或变化不平稳，说明该集成运放已损坏或性能太差。

6. 检测反相放大特性

检测电路如图 9-40 所示，由电位器 RP 提供的输入信号由集成运放的反相输入端接入，集成运放构成反相放大电路。万用表仍置于直流 50V 挡，红表笔接集成运放输出端，黑表笔接负电源端。

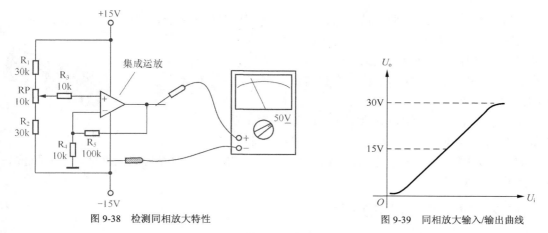

图 9-38　检测同相放大特性　　　　　　　　图 9-39　同相放大输入/输出曲线

将电位器 RP 置于中间位置，接通电源后，万用表指示应为 15V。向上调节 RP，万用表指示应从 15V 起逐步下降，直至接近 0V 达到负向饱和。向下调节 RP，万用表指示应从 15V 起逐步上升，直至接近 30V 达到正向饱和，如图 9-41 所示。

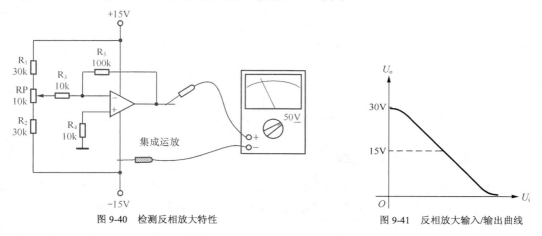

图 9-40　检测反相放大特性　　　　　　　　图 9-41　反相放大输入/输出曲线

如果上下调节 RP 时，万用表指示不随之变化，或变化范围太小，或变化不平稳，说明该集成运放已损坏或性能太差。

9.3　时基集成电路

时基集成电路简称时基电路，是一种能产生时间基准和能完成各种定时或延迟功能的非线性模拟集成电路，能够为电子系统提供时间基准信号，以实现时间或时序上的控制，广泛应用在信号发生、波形处理、定时延时、仪器仪表、控制系统、电子玩具等领域。

9.3.1　时基集成电路的种类

时基集成电路是一种将模拟电路和数字电路结合在一起的非线性集成电路，包括单时基电路、双时基电路、双极型时基电路、CMOS 型时基电路等种类，如图 9-42 所示。

时基集成电路的封装形式主要有金属外壳封装
和双列直插式封装。单时基电路一个封装中只含有
一个时基电路单元。双时基电路一个封装中含有两
个时基电路单元。

单、双时基电路又都可分为双极型时基电路和
CMOS 型时基电路两类。双极型时基电路输出电流

图 9-42　时基集成电路

大、驱动能力强，可直接驱动 200mA 以内的负载。CMOS 型时基电路功耗低、输入阻抗高，
更适合作长延时电路。

9.3.2　时基集成电路的符号

时基集成电路的文字符号为"IC"，图形符号如图 9-43 所示。

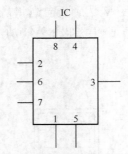

图 9-43　时基集成电路的图形符号

9.3.3　时基集成电路的参数

时基集成电路的参数很多，主要参数有电源电压 V_{cc}、输出电流 I_{OM}、放电电流 I_D、额
定功耗 P_{CM}、频率范围等，双极型时基电路和 CMOS 型时基电路的主要参数有所不同，见
表 9-9。

表 9-9　　　　　　　　　　　　　　　**时基集成电路的主要参数**

参数	双极型	CMOS 型
电源电压（V）	4.5～18	3～18
输出电流（mA）	200	10
放电电流（mA）	50	
功耗（mW）	500	50
频率范围	10 Hz～500 kHz	10 Hz～1 MHz

1. 电源电压

电源电压 V_{cc} 是指时基集成电路正常工作所需的直流工作电压，CMOS 型时基集成电路
比双极型时基集成电路的电源电压范围略宽。

2. 输出电流

输出电流 I_{OM} 是指时基集成电路输出端所能提供的最大电流。双极型时基集成电路具有

较大的输出电流。

3．放电电流

放电电流 I_D 是指时基集成电路放电端所能通过的最大电流。

4．频率范围

频率范围是指时基集成电路工作于无稳态模式时的振荡频率范围。CMOS 型时基集成电路比双极型时基集成电路的最高振荡频率略高。

9.3.4　时基集成电路的结构特点

时基集成电路将模拟电路与数字电路巧妙地结合在一起，从而可实现多种用途。图 9-44 所示为时基集成电路内部电路方框图，电阻 R_1、R_2、R_3 组成分压网络，为 A_1、A_2 两个电压比较器提供 $\frac{2}{3}V_{cc}$ 和 $\frac{1}{3}V_{cc}$ 的基准电压。两个比较器的输出分别作为 RS 触发器的置 0 信号和置 1 信号。输出驱动级和放电管 VT 受 RS 触发器控制。由于分压网络的三个电阻 R_1、R_2、R_3 均为 5kΩ，所以该集成电路又称为 555 时基电路。

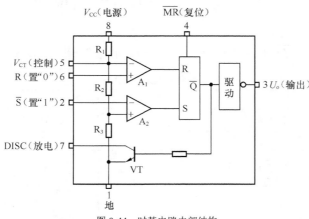

图 9-44　时基电路内部结构

单时基集成电路一般为 8 脚双列直插式封装。第 2 脚为置 1 端 $\overline{S}$，当 $\overline{S} \leqslant \frac{1}{3}V_{cc}$ 时，使电路输出端 U_o 为 1；第 6 脚为置 0 端 R，当 $R \geqslant \frac{2}{3}V_{cc}$ 时，使电路输出端 U_o 为 0；第 3 脚为输出端 U_o，输出端与输入端为反相关系；第 7 脚为放电端，当 $U_o=0$ 时，7 脚导通；第 4 脚为复位端 $\overline{MR}$，当 $\overline{MR}=0$ 时，$U_o=0$。

双时基集成电路一般为 14 脚双列直插式封装。时基集成电路各引脚功能见表 9-10。

表 9-10　　　　　　　　　　时基集成电路的引脚功能

功能	符号	引脚	
		单时基	双时基
正电源	V_{cc}	8	14
地	GND	1	7
置 0	R	6	2、12

功能	符号	引脚	
		单时基	双时基
置1	$\overline{S}$	2	6、8
输出	U_o	3	5、9
控制	V_CT	5	3、11
复位	$\overline{MR}$	4	4、10
放电	$DISC$	7	1、13

9.3.5 时基集成电路的工作原理

时基集成电路工作原理是：当置 0 输入端 $R \geqslant \dfrac{2}{3} V_\text{cc}$ 时（$\overline{S} > \dfrac{1}{3} V_\text{cc}$），上限比较器 A_1 输出为 1 使电路输出端 U_o 为 0，放电管 VT 导通，$DISC$ 端为 0。

当置 1 输入端 $\overline{S} \leqslant \dfrac{1}{3} V_\text{cc}$ 时（$R < \dfrac{2}{3} V_\text{cc}$），下限比较器 A_2 输出为 1 使电路输出端 U_o 为 1，放电管 VT 截止，$DISC$ 端为 1。

$\overline{MR}$ 为复位端，当 $\overline{MR}=0$ 时，$U_\text{o}=0$，$DISC=0$。电路逻辑真值表见表 9-11。

表 9-11　　　　　　　　　　时基集成电路真值表

输入端信号			输出状态	
置1端 $\overline{S}$	置0端 R	复位端 $\overline{MR}$	输出端 U_o	放电端 $DISC$
任意	任意	0	0	0
$\leqslant \dfrac{1}{3} V_\text{cc}$	$\leqslant \dfrac{2}{3} V_\text{cc}$	1	1	1
$\geqslant \dfrac{1}{3} V_\text{cc}$	$\geqslant \dfrac{2}{3} V_\text{cc}$	1	0	0
$\leqslant \dfrac{1}{3} V_\text{cc}$	$\geqslant \dfrac{2}{3} V_\text{cc}$	1	不允许	

时基集成电路可以构成单稳态、无稳态、双稳态和施密特 4 种典型工作模式。

1. 单稳态工作模式

单稳态工作模式常用作定时电路和延迟电路，是应用较多的工作模式，典型电路如图 9-45 所示，电阻 R 和电容 C 组成定时电路，时基集成电路的第 2 脚为触发端。

平时电路处于稳态，时基集成电路输出端（3 脚）$U_\text{o}=0$，放电端（7 脚）导通到地，C 上无电压。

当在时基集成电路输入端（2 脚）输入一负触发脉冲 U_i（$\leqslant \dfrac{1}{3} V_\text{cc}$）时，电路翻转为暂稳态，$U_\text{o}=1$，放电端（7 脚）截止，电源经 R 向 C 充电。

当 C 上电压达到 $\dfrac{2}{3} V_\text{cc}$ 时，电路再次翻转回复到稳态，暂稳态结束，$U_\text{o}=0$，放电端（7 脚）导通将 C 上电压放掉，直至下一次触发。

综上所述，单稳态工作模式下，电路由负触发脉冲触发，输出 U_o 为一正矩形脉冲，脉宽 $T_W \approx 1.1RC$，调节 R、C 可调节单稳输出脉宽。工作波形如图 9-46 所示。

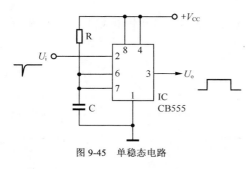

图 9-45　单稳态电路

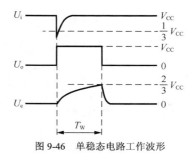

图 9-46　单稳态电路工作波形

2. 无稳态工作模式

无稳态工作模式即构成多谐振荡器，也是较常用的工作模式，典型电路如图 9-47 所示。时基集成电路的置 1 端（2 脚）和置 0 端（6 脚）并接在一起，R_1、R_2 和 C 组成充放电回路。

刚接通电源时，C 上无电压，输出端（3 脚）U_o=1，放电端（7 脚）截止，电源开始经 R_1、R_2 向 C 充电，充电时间 $T_1 \approx 0.7(R_1+R_2)C$。

当 C 上电压达到 $\frac{2}{3}V_{cc}$ 时，电路翻转，U_o 变为 0，7 脚导通到地，C 开始经 R_2 放电，放电时间 $T_2 \approx 0.7R_2C$。

当 C 上电压放电至 $\frac{1}{3}V_{cc}$ 时，电路再次翻转，U_o 又变为 1，7 脚截止，C 开始新一轮充电。

如此周而复始即形成自激振荡，振荡周期 $T=T_1+T_2 \approx 0.7(R_1+2R_2)C$，时基集成电路第 3 脚输出信号 U_o 为连续方波，工作波形如图 9-48 所示。

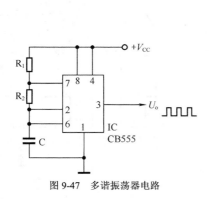

图 9-47　多谐振荡器电路

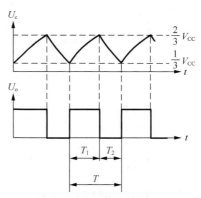

图 9-48　多谐振荡器工作波形

3. 双稳态工作模式

双稳态工作模式电路如图 9-49 所示，在时基集成电路的置 1 端（2 脚）和置 0 端（6 脚），分别接有 C_1 和 R_1、C_2 和 R_2 构成的触发微分电路。双稳态工作模式电路具有 RS 触发器特性，6 脚和 2 脚分别相当于 R 和 S 两个触发端，但其触发脉冲的极性相反。

当有负触发脉冲 U_2（$\leqslant \frac{1}{3} V_{cc}$）加至时基集成电路 2 脚时，电路被置 1，输出端（3 脚）$U_o=1$。

当有正触发脉冲 U_6（$\geqslant \frac{2}{3} V_{cc}$）加至时基集成电路 6 脚时，电路被置 0，输出端（3 脚）$U_o=0$。电路工作波形如图 9-50 所示。

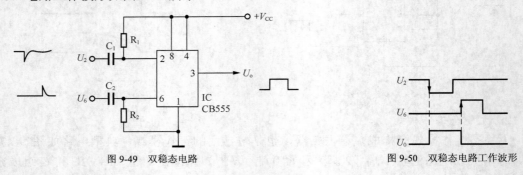

图 9-49　双稳态电路　　　　　　　　　　　　　　图 9-50　双稳态电路工作波形

4. 施密特工作模式

施密特工作模式下，时基集成电路构成施密特触发器，是常用的波形整形电路。如图 9-51 所示，时基集成电路的置 1 端（2 脚）和置 0 端（6 脚）并接在一起作为施密特触发器输入端。

当输入信号 $U_i \geqslant \frac{2}{3} V_{cc}$ 时，输出信号（3 脚）$U_o=0$。

当输入信号 $U_i \leqslant \frac{1}{3} V_{cc}$ 时，输出信号（3 脚）$U_o=1$。

施密特触发器可以将缓慢变化的模拟信号整形为边沿陡峭的数字信号，输出信号 U_o 与输入信号 U_i 相位相反，其工作波形如图 9-52 所示。

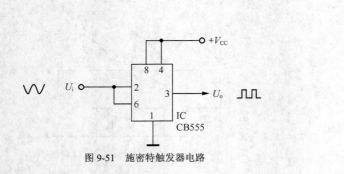

图 9-51　施密特触发器电路

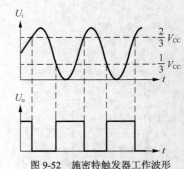

图 9-52　施密特触发器工作波形

9.3.6　时基集成电路的应用

时基集成电路的主要作用是定时、振荡和整形，广泛应用在延时、定时、多谐振荡、脉冲检测、波形发生、波形整形、电平转换、自动控制等领域。

1. 延时

图 9-53 所示为自动延时关灯电路，时基集成电路工作于单稳态触发器模式，C_1、R_1 为定

时元件，SB 为触发按钮。使用时按一下 SB，照明灯 EL 点亮，延时约 25 秒后自动关灯。改变 C_1、R_1 的大小可调节延时时间。

视频 9.4　555 时基集成电路脉冲启动型单稳态工作模式

2. 定时

图 9-54 所示为定时电路，时基集成电路工作于单稳态触发器模式，C_1、R_1 为定时元件，SB 为触发按钮。每按一下 SB 触发，电路将输出一定时间的高电平。定时时间 $T=1.1C_1R_1$，可根据需要调节 C_1、R_1 确定。

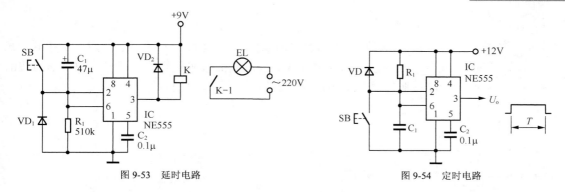

图 9-53　延时电路　　　　　图 9-54　定时电路

3. 超长延时

图 9-55 所示为时基集成电路构成的超长延时电路，可提供 1 小时以上的延时时间。电路由 4 级时基集成电路单稳态触发器串联构成。

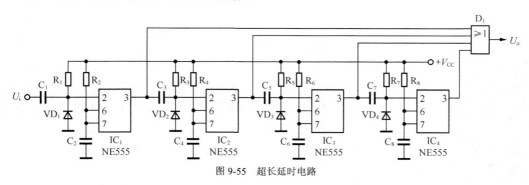

图 9-55　超长延时电路

每一级单稳态触发器受上一级定时结束的下降沿触发，并在本级定时结束时触发下一级单稳态触发器。4 级单稳态触发器的输出端经或门 D_1 后作为延时输出，总的延时时间为各单稳态触发器定时时间之和。如各级定时元件 R、C 的数值相同，则总延时时间 $T=1.1nRC$，式中，n 为单稳态触发器的级数。图 9-55 所示电路中，$n=4$。

4. 多谐振荡

图 9-56 所示为可调脉冲信号发生器电路，时基集成电路工作于无稳态模式，RP_2 为频率调节电位器，RP_1 为占空比调节电位器。可输

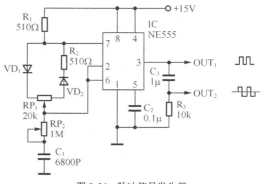

图 9-56　脉冲信号发生器

出 100Hz～10kHz 的方波信号，其占空比可在 5%～95%调节。该电路具有两个输出端，OUT$_1$ 输出脉冲方波，OUT$_2$ 输出交流方波。

5. 压控振荡

图 9-57 所示为电压控制振荡器电路，集成运放 IC$_1$ 构成积分器，时基集成电路 IC$_2$ 工作于单稳态触发器模式。V_i 为控制电压，可在 0～10V 范围内变化。电路振荡频率 f_o 受 V_i 控制，$f_o = 3R_1C_1 \dfrac{V_i}{V_{cc}}$。

视频 9.5 555 时基集成电路无稳态工作模式

6. 整形

图 9-58 所示为光控电路，时基集成电路工作于施密特触发器模式，完成整形任务。光电三极管 VT 检测到的缓慢变化的光信号，被整形为边沿陡峭的脉冲信号输出，使触发器翻转完成控制动作。

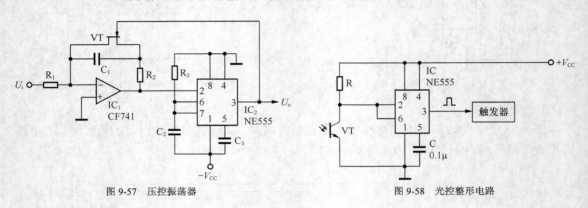

图 9-57 压控振荡器　　　　　　　　　　图 9-58 光控整形电路

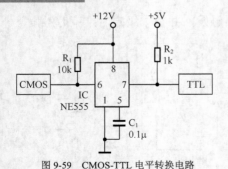
视频 9.6 555 时基集成电路双稳态工作模式

7. 电平转换

使时基集成电路工作于双稳态触发器模式，利用其放电端（7 脚）连接不同电压，可以构成各种电平转换电路。图 9-59 所示为 CMOS 到 TTL 的电平转换电路，图 9-60 所示为 CMOS-TTL 的反相电平转换电路。

图 9-59 CMOS-TTL 电平转换电路　　　　　　图 9-60 CMOS-TTL 反相电平转换电路

图 9-61 所示为 TTL-CMOS 的电平转换电路，图 9-62 所示为 TTL-CMOS 的反相电平转换电路。

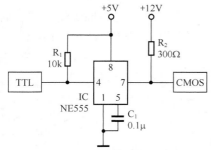

图 9-61 TTL-CMOS 电平转换电路

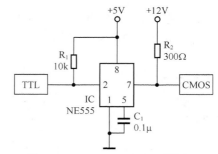

图 9-62 TTL-CMOS 反相电平转换电路

9.3.7 检测时基集成电路

时基电路可以用万用表进行检测。

1. 检测时基电路各引脚的正反向电阻

检测时，万用表置于 R×1k 挡，红表笔（表内电池负极）接时基电路接地端（单时基电路为 1 脚，双时基电路为 7 脚），黑表笔（表内电池正极）依次分别接其余各引脚，测量时基电路各引脚对地的正向电阻，如图 9-63 所示。然后对调红、黑表笔，测量时基电路各引脚对地的反向电阻，如图 9-64 所示。

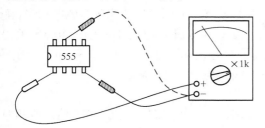

图 9-63 检测对地正向电阻

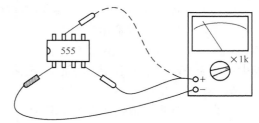

图 9-64 检测对地反向电阻

如果电源端（单时基电路为第 8 脚，双时基电路为第 14 脚）对地电阻为 0 或无穷大，说明该时基电路已损坏。如果各引脚的对地正、反向电阻与正常值相差很大，也说明该时基电路已损坏。时基电路各引脚对地的正、反向电阻正常值见表 9-12。

表 9-12　　　　　　　　　　　时基电路各引脚电阻值

引脚	1	2	3	4	5	6	7	8
正向电阻（kΩ）	地	∞	26	∞	9.5	70	∞	14
反向电阻（kΩ）	地	11	9.5	11	8.3	∞	9.5	8.2

2. 检测时基电路各引脚电压

检测时，万用表置于直流 10V 挡，测量在路时基电路各引脚对地的静态电压值，如图 9-65 所示。

将测量结果与各引脚电压的正常值相比较，即可判断该时基电路是否正常。如果测量结果与正常值出入较大，而且外围元件正常，则说明该时基电路已损坏。

3. 检测时基电路静态电流

检测电源可用一台直流稳压电源，输出电压 12V 或 15V。如用电池作电源，6V 或 9V 也可。万用表置于直流 50mA 挡，红表笔接电源正极，黑表笔接时基电路电源端，时基电路接地端接电源负极，如图 9-66 所示。接通电源，万用表即指示出时基电路的静态电流。

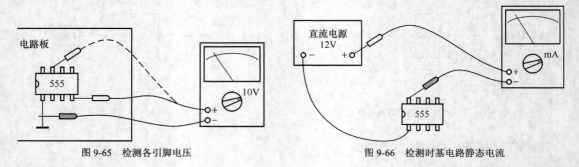

图 9-65　检测各引脚电压　　　　　　　　　　图 9-66　检测时基电路静态电流

正常情况下时基电路的静态电流不超过 10mA。如果测得静态电流远大于 10mA，说明该时基电路性能不良或已损坏。

4．区分双极型和 CMOS 时基电路

上述检测时基电路静态电流的方法，还可用于区分双极型时基电路和 CMOS 时基电路。静态电流为 8～10mA 的是双极型时基电路，静态电流小于 1mA 的是 CMOS 时基电路。

5．检测时基电路输出电平

检测电路如图 9-67 所示，时基电路接成施密特触发器，万用表置于直流 10V 挡，监测时基电路输出电平。接通电源后，由于两个触发端（2 脚和 6 脚）均通过 R 接正电源，输出端（3 脚）为 0，万用表指示应为 0V。当用导线将两个触发端接地时，输出端变为 1，万用表指示应为 6V。检测情况如不符合上述状态，说明该时基电路已损坏。

6．动态检测时基电路

检测电路如图 9-68 所示，时基电路接成多谐振荡器，万用表置于直流 10V 挡，监测时基电路输出电平。该电路振荡频率约为 1Hz，因此可用万用表看到输出电平的变化情况。接通电源后，万用表指针应以 1Hz 左右的频率在 0～6V 范围内摆动，说明该时基电路是好的。如果万用表指针不摆动，说明该时基电路已损坏。

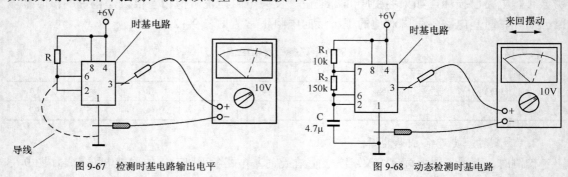

图 9-67　检测时基电路输出电平　　　　　　　图 9-68　动态检测时基电路

9.4　集成稳压器

集成稳压器是指将不稳定的直流电压变为稳定的直流电压的集成电路，具有稳压精度高、工作稳定可靠、外围电路简单、体积小、重量轻等显著特点，在各种电源电路中得到了越来越普遍的应用。

9.4.1　集成稳压器的种类

集成稳压器包括线性稳压器、开关稳压器、电压变换器、电压基准源等，应用最广泛的是串联式集成稳压器。常见的集成稳压器有金属圆形封装、金属菱形封装、塑料封装、带散热板塑封、扁平式封装、单列直插式封装、双列直插式封装等多种形式，如图 9-69 所示。

图 9-69　集成稳压器

集成稳压器种类较多，按输出电压的正负可分为正输出稳压器、负输出稳压器和正负对称输出稳压器；按输出电压是否可调可分为固定输出稳压器和可调输出稳压器，固定输出稳压器具有多种输出电压规格；按引脚数可分为三端稳压器和多端稳压器。

应用较多的是三端固定输出稳压器。

9.4.2　集成稳压器的符号

集成稳压器的文字符号采用集成电路的通用符号"IC"，图形符号如图 9-70 所示。

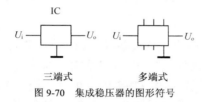

图 9-70　集成稳压器的图形符号

9.4.3　集成稳压器的参数

集成稳压器的参数包括极限参数和工作参数两方面，一般应用时，关注其输出电压 U_o、最大输出电流 I_{OM}、最小输入输出压差、最大输入电压 U_{iM}、最大耗散功率 P_M 等主要参数即可。

1. 输出电压

输出电压 U_o 是指集成稳压器的额定输出电压。对于固定输出的稳压器，U_o 是一固定值；对于可调输出的稳压器，U_o 是一电压范围。

2. 最大输出电流

最大输出电流 I_{OM} 是指集成稳压器在安全工作的条件下所能提供的最大输出电流。应选用 I_{OM} 大于（至少等于）电路工作电流的稳压器，并按要求安装足够的散热板。

3. 最小输入输出压差

最小输入输出压差是指集成稳压器正常工作所必需的输入端与输出端之间的最小电压差值。这是因为调整管必须承受一定的管压降，才能保证输出电压 U_o 的稳定。否则稳压器不能正常工作。

4. 最大输入电压

最大输入电压 U_{iM} 是指在安全工作的前提下，集成稳压器所能承受的最大输入电压值。

输入电压超过 U_{iM} 将会损坏集成稳压器。对于可调输出集成稳压器，往往用最大输入、输出压差来表示此项极限参数。

5. 最大耗散功率

最大耗散功率 P_M 是指集成稳压器内部电路所能承受的最大功耗，$P_M=(U_i-U_o)\times I_o$，使用中不得超过 P_M，以免损坏集成稳压器。

9.4.4 集成稳压器的工作原理

集成稳压器分为串联调整式、并联调整式和开关式稳压器三大类。

1. 串联式集成稳压器

串联式稳压器的特点是调整管与负载串联并工作在线性区域。

图 9-71 所示为应用最广泛的串联式集成稳压器内部电路结构方框图，其工作原理是：取样电路将输出电压 U_o 按比例取出，送入比较放大器与基准电压进行比较，差值被放大后去控制调整管，使调整管管压降作反方向变化，最终使输出电压 U_o 保持稳定。

串联式稳压器电压调整率高、负载能力强、纹波抑制能力强、电路结构简单，绝大多数集成稳压器都是串联式稳压器。

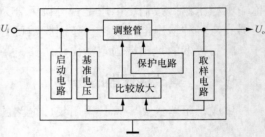

图 9-71 串联式集成稳压器原理

2. 并联式集成稳压器

并联式稳压器的特点是调整管与负载并联并工作在线性区域。

图 9-72 所示为并联式集成稳压器内部电路结构方框图，其工作原理是：取样电路将输出电压 U_o 按比例取出，送入比较放大器与基准电压进行比较，差值被放大后去控制调整管，使调整管分流比例作反方向变化，最终使输出电压 U_o 保持稳定。

并联式稳压器负载短路能力强，但电压、电流调整率差，通常作为电流源使用。

3. 开关式集成稳压器

开关式稳压器的特点是调整管工作于开关状态，因此效率高、自身功耗低。缺点是输出电压精度较差、纹波系数和噪声较大。

开关式稳压器可分为自激串联控制式、自激并联控制式、他激脉宽控制式、他激频率控制式、他激脉宽、频率控制式等。

（1）自激串联控制式稳压电路原理如图 9-73 所示，开关管与负载串联，开关管输出的脉动电压经滤波器滤波为直流电压输出。电压比较器根据输出电压的变化调节开关管的导通、截止比例，使输出电压 U_o 保持稳定。

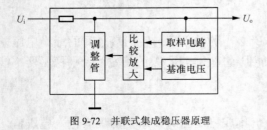

图 9-72 并联式集成稳压器原理

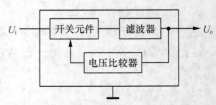

图 9-73 自激串联控制式稳压器原理

（2）自激并联控制式稳压电路原理如图 9-74 所示，开关管与负载并联，对输出电压作开关式分流调整。电压比较器根据输出电压的变化调节开关管的导通、截止比例，使输出电压 U_o 保持稳定。

（3）他激脉宽控制式稳压电路原理如图 9-75 所示，开关管与负载串联，开关管输出的脉动电压经滤波器滤波为直流电压输出。在脉宽控制式稳压电路中，开关管的开关频率不变，取样信号通过脉宽控制器调节开关管的占空比，从而达到调节输出电压、使输出电压 U_o 保持稳定的目的。

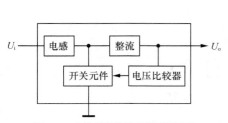

图 9-74　自激并联控制式稳压器原理

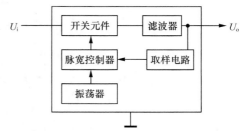

图 9-75　他激脉宽控制式稳压器原理

（4）他激频率控制式稳压电路原理如图 9-76 所示，开关管的导通时间固定，取样信号通过频率控制器调节开关管的开关频率，即改变截止时间，以达到调节输出电压、使输出电压 U_o 保持稳定的目的。

（5）他激脉宽频率控制式稳压电路原理如图 9-77 所示，取样信号通过脉宽控制器和振荡器，同时调节开关管的占空比和频率，即同时调节开关管的导通时间和截止时间来稳定输出电压，使输出电压 U_o 保持稳定。

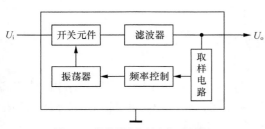

图 9-76　他激频率控制式稳压器原理

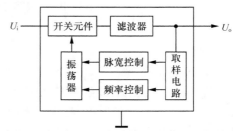

图 9-77　他激脉宽频率控制式稳压器原理

9.4.5　集成稳压器的应用

集成稳压器的主要作用是稳压，还可以用作恒流源。

1. 固定正稳压

图 9-78 所示为输出 +9V 直流电压的稳压电源电路，IC 采用集成稳压器 7809，C_1、C_2 分别为输入端和输出端滤波电容，R_L 为负载电阻。

2. 固定负稳压

图 9-79 所示为输出 -9V 直流电压的稳压电源电路，IC 采用集成稳压器 7909。

3. 正负对称固定稳压

图 9-80 所示为 ±15V 稳压电源电路，IC_1 采用固定正输出集成稳压器 7815，IC_2 采用固

定负输出集成稳压器 7915。VD$_1$、VD$_2$ 为保护二极管，用以防止正或负输入电压有一路未接入时损坏集成稳压器。

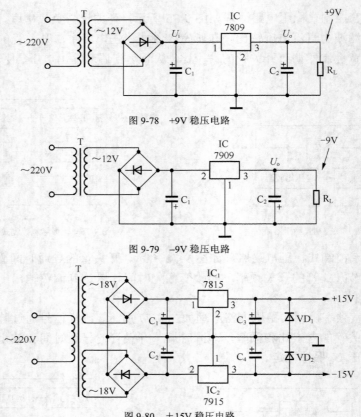

图 9-78　+9V 稳压电路

图 9-79　−9V 稳压电路

图 9-80　±15V 稳压电路

4. 可调正稳压

图 9-81 所示为采用 CW117 组成的输出电压可连续调节的稳压电源电路，输出电压可调范围为 +（1.2～37）V。R$_1$ 与 RP 组成调压电阻网络，调节电位器 RP 即可改变输出电压。RP 动臂向上移动时输出电压增大，向下移动时输出电压减小。

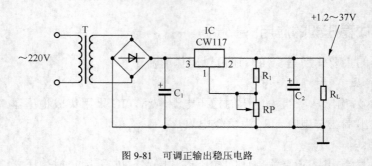

图 9-81　可调正输出稳压电路

5. 可调负稳压

图 9-82 所示为采用 CW117 组成的输出电压可连续调节的稳压电源电路，输出电压可调

范围为$-（1.2～37）$V。RP 为输出电压调节电位器，RP 动臂向上移动时输出负电压的绝对值增大，向下移动时输出负电压的绝对值减小。

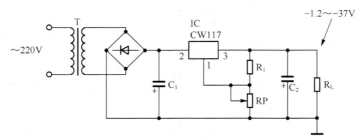

图 9-82 可调负输出稳压电路

6. 软启动稳压电源

图 9-83 所示为应用 CW117 组成的软启动稳压电源电路。刚接通输入电源时，C_2 上无电压，VT 导通将 RP 短路，稳压电源输出电压 $U_o=1.2$V。随着 C_2 的充电，VT 逐步退出导通状态，U_o 逐步上升，直至 C_2 充电结束，VT 截止，U_o 达最大值。启动时间的长短由 R_1、R_2 和 C_2 决定。VD 为 C_2 提供放电通路。

7. 恒流源

集成稳压器还可以用作恒流源。图 9-84 为 7800 稳压器构成的恒流源电路，其恒定电流 I_o 等于 7800 稳压器输出电压与 R_1 的比值。

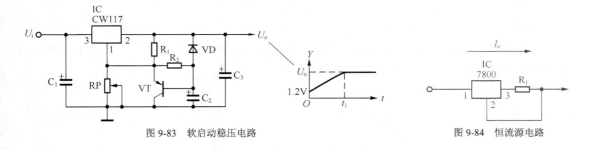

图 9-83 软启动稳压电路   图 9-84 恒流源电路

9.4.6 检测集成稳压器

集成稳压器可以用万用表进行检测，下面分别讲述具体的检测方法。

1. 检测稳压器静态电流

静态电流是指集成稳压器空载时自身电路工作所需的电流。检测时，万用表置于直流 50mA 挡，串接于电源与集成稳压器之间，如图 9-85 所示。大多数集成稳压器静态电流为 3～8 mA，如果测量结果远大于正常值，说明该集成稳压器已损坏。

2. 检测稳压器各引脚电阻

检测 7800 系列稳压器各引脚正、反向电阻时，万用表置于 R×1k 挡，分别测量各引脚与接地引脚之间的正、反向电阻，如图 9-86 所示。

将测量结果与其正常值相比较，如测量结果与正常值出入很大，则该集成稳压器已损坏。部分 7800 系列稳压器各引脚对地电阻值见表 9-13 和表 9-14。

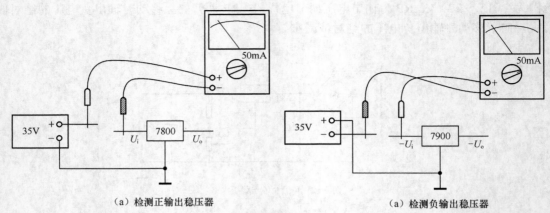

（a）检测正输出稳压器　　　　　　　　　　（a）检测负输出稳压器

图 9-85　检测稳压器静态电流

表 9-13 　　　　　　　　　　　　　　**MC7805 稳压器各引脚电阻值**

引脚	1	2	3
正向电阻（kΩ）	26	地	5
反向电阻（kΩ）	4.7	地	4.8

表 9-14 　　　　　　　　　　　　　　**AN7812 稳压器各引脚电阻值**

引脚	1	2	3
正向电阻（kΩ）	29	地	15.6
反向电阻（kΩ）	5.5	地	6.9

　　检测 7900 系列稳压器各引脚正、反向电阻时，万用表置于 R×1k 挡，分别测量各引脚与接地引脚之间的正、反向电阻，如图 9-87 所示。

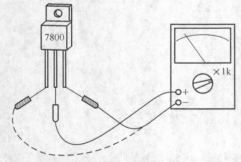

图 9-86　检测 7800 系列稳压器各引脚电阻

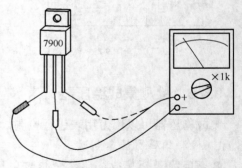

图 9-87　检测 7900 系列稳压器各引脚电阻

　　如测量结果与正常值出入很大，则该集成稳压器已损坏。部分 7900 系列稳压器各引脚对地电阻值见表 9-15 和表 9-16。

表 9-15 　　　　　　　　　　　　　　**AN7905T 稳压器各引脚电阻值**

引脚	1	2	3
正向电阻（kΩ）	地	5.2	6.5
反向电阻（kΩ）	地	24.5	8.5

引脚	1	2	3
表 9-16 　　　　　　　　　　　**LM7912CT 稳压器各引脚电阻值**			
正向电阻（kΩ）	地	5.3	6.8
反向电阻（kΩ）	地	120	13.9

3. 检测稳压性能

检测 7800 系列稳压器时，给集成稳压器输入端（1 脚与 2 脚之间）接入直流电压，输入直流电压应大于集成稳压器输出电压 2V 以上并且不超过 35V。万用表置于直流电压挡，测量集成稳压器的输出电压（3 脚与 2 脚之间），如图 9-88 所示。测量结果与标称输出电压一致，说明该集成稳压器是好的。测量结果与标称输出电压严重不符，说明该集成稳压器已损坏。

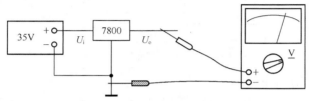

图 9-88　检测 7800 系列稳压性能

检测 7900 系列稳压器时，给集成稳压器输入端接入负直流电压（2 脚接负，1 脚接正），输入直流电压的绝对值应大于集成稳压器输出电压的绝对值 2V 以上并且不超过-35V。万用表置于直流电压挡，红表笔接地（1 脚），黑表笔接集成稳压器的输出端（3 脚）测量其输出电压，如图 9-89 所示。测量结果与标称输出电压一致，说明该集成稳压器是好的。测量结果与标称输出电压严重不符，说明该集成稳压器已损坏。

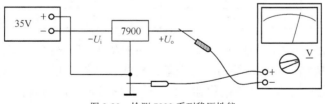

图 9-89　检测 7900 系列稳压性能

4. 检测三端可调正输出稳压器

117、217、317 系列为常用的三端可调正输出集成稳压器，检测其各引脚正、反向电阻时，万用表置于 R×1k 挡，分别测量各引脚与调整端引脚之间的正、反向电阻，如图 9-90 所示。

如测量结果与正常值出入很大，则该集成稳压器已损坏。三端可调正输出集成稳压器 CW317K 各引脚对地电阻值见表 9-17。

检测稳压性能如图 9-91 所示，给集成稳压器输入端（3 脚）接入 40V 直流电压，万用表置于直流

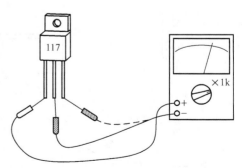

图 9-90　检测三端可调正输出稳压器电阻

50V 挡，监测集成稳压器输出端（2 脚）的输出电压。R_1 与 RP 组成调压电阻网络，调节电位器 RP 即可改变输出电压。RP 动臂向上移动时输出电压应随之增大，RP 动臂向下移动时输出电压应随之减小，否则该集成稳压器损坏。

表 9-17 　　　　　　　　　　　 CW317K 稳压器各引脚电阻值

引脚	1	2	3
正向电阻（kΩ）	地	8.7	∞
反向电阻（kΩ）	地	4.1	26

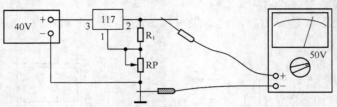

图 9-91　检测三端可调正输出稳压器性能

5. 检测三端可调负输出稳压器

137、237、337 系列为常用的三端可调负输出集成稳压器，检测其各引脚正、反向电阻时，万用表置于 R×1k 挡，分别测量各引脚与调整端引脚之间的正、反向电阻，如图 9-92 所示。

如测量结果与正常值出入很大，则该集成稳压器已损坏。三端可调负输出集成稳压器 CW337K 各引脚对地电阻值见表 9-18。

表 9-18 　　　　　　　　　　　 CW337K 稳压器各引脚电阻值

引脚	1	2	3
正向电阻（kΩ）	地	6.7	160
反向电阻（kΩ）	地	4.2	5.1

检测稳压性能如图 9-93 所示，40V 直流电压正极接地，负极接集成稳压器输入端（2 脚）。万用表置于直流 50V 挡，红表笔接地，黑表笔接集成稳压器输出端（3 脚）监测其输出电压。R_1 与 RP 组成调压电阻网络，调节电位器 RP 可改变输出负电压绝对值的大小。RP 动臂向上移动时输出负电压的绝对值应随之增大，RP 动臂向下移动时输出负电压的绝对值应随之减小，否则该集成稳压器损坏。

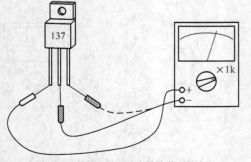

图 9-92　检测三端可调负输出稳压器电阻

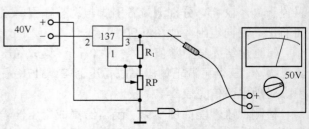

图 9-93　检测三端可调负输出稳压器性能

9.5 音响集成电路

音响集成电路是指专门应用于音响领域的集成电路，其特点是主要工作于音频范围，或最终工作目标是音频信号。音响集成电路大多数属于专用集成电路，但前置放大器和功率放大器在音响电路以外的场合也能够应用，具有一定的通用性。音响集成电路广泛应用在无线电广播与接收、家庭影院、影视系统、车载音响、多媒体设备、通信系统等方面。

9.5.1 音响集成电路的种类

音响集成电路的种类和规格繁多，包括前置放大器、功率放大器、高中频电路、单片收音机或录音机电路、特殊音响效果处理电路、音响控制和指示电路，以及其他和音响有关的集成电路。音响集成电路的封装形式多种多样、大小形状各异，许多音响集成电路自带散热板。图 9-94 所示为常见音响集成电路。

1. 前置放大器

前置放大器包括通用前置放大器、双声道前置放大器、带 ALC 的前置放大器、录音机前置放大器、录像机前置放大器等。

2. 功率放大器

功率放大器包括单声道功率放大器和双声

图 9-94 音响集成电路

道功率放大器，有 OTL、OCL、BTL 等电路形式，输出功率具有从数十毫瓦到上百瓦的多种规格。

3. 中高频电路

中高频电路主要包括调幅或调频中放电路、检波电路、鉴频电路、高频放大电路、调谐电路、变频电路、单片收音机电路、锁相环数字频率合成电路等。

4. 立体声解码器

立体声解码器主要是指调频立体声解码器，绝大多数立体声解码集成电路都是锁相环调频立体声解码器。

5. 音频处理和控制电路

音频处理和控制电路主要包括频率均衡电路、音量音调平衡控制电路、环绕声处理电路、自动选曲电路、静噪、降噪电路等。

视频 9.7 开关式
立体声解码器

6. 指示驱动电路

指示驱动电路包括发光二极管电平指示电路、电平表驱动电路等。

9.5.2 音响集成电路的符号

音响集成电路的文字符号为"IC"，图形符号如图 9-95 所示。

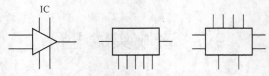

图 9-95　音响集成电路的图形符号

9.5.3　集成前置放大器

前置放大器的主要功能，是将收音调谐器、磁头、话筒、激光头等信号源提供的微弱的音频信号进行电压放大，并输出一定电平的音频信号至功率放大器等后续电路，如图 9-96 所示。由于前置放大器位于整个音频通道的最前端，因此其性能好差对整机性能有着决定性的影响。

集成前置放大器品种很多，除了通用型外，还有许多专用型前置放大器。选用前置放大器时，应根据整机电路需要，选择输入阻抗、电压增益、噪声系数、谐波失真、频率响应、动态范围等性能指标符合要求的产品。

1.　集成前置放大器的参数

集成前置放大器的主要参数有电源电压 V_{CC}、工作电流 I_{CC}、电压增益、频响范围、输入阻抗 Z_i、输出电压 U_o、等效输入噪声 N_i、谐波失真 THD 等。

（1）电源电压 V_{CC} 是指前置放大器正常工作所需的直流工作电压。

（2）工作电流 I_{CC} 是指前置放大器正常工作时的直流工作电流。

（3）电压增益是衡量前置放大器放大能力的参数。前置放大器的开环电压增益一般在 60dB 左右，有的可达 100dB 以上。

（4）频响范围是衡量前置放大器有效工作频率范围的参数。一般前置放大器–3dB 时的频响范围为 50Hz～20kHz。

（5）前置放大器的输入阻抗 Z_i 一般为 50～100kΩ。

（6）前置放大器的输出电压 U_o 一般为 1～10V。

（7）等效输入噪声 N_i 是反映前置放大器噪声系数的参数。前置放大器的等效输入噪声一般在 1μV 左右，越小越好。

（8）谐波失真 THD 是衡量前置放大器保真度的参数。前置放大器的谐波失真一般在 0.1% 以下，好的可达 0.05% 以下。

2.　集成前置放大器的应用

集成前置放大器的主要用途是电压放大。

通用型前置放大器可以用在各种低电平小信号放大电路中，具有工作电压范围宽、噪声低、频响宽、动态范围大和适用范围广的特点，应用很普遍。

专用型前置放大器是专为某些特定电路设计的。例如，带 ALC 的前置放大器适用于录音放大器，带 KIAA 频率均衡的前置放大器适用于唱头放大器，带 NAB 频率均衡的前置放大器适用于磁头放大器。

（1）低噪声前置放大器。图 9-97 所示为采用集成电路 HA1406 构成的低噪声音频前置放大器电路，输入信号通过耦合电容 C_1 从第 3 脚输入集成电路 IC，进行电压放大后从第 7 脚输出。R_2、R_3、C_4 组成反馈网络。该电路电压增益为 53.5dB，最大输出电压为 0.7V。

图 9-96　前置放大集成电路

信号源 → 前置放大 → 功率放大

视频 9.8　音频前置集成放大电路

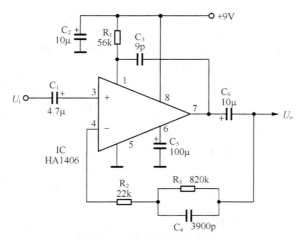

图 9-97　单声道电压放大器

（2）双声道前置放大器。图 9-98 所示为双声道（立体声）音频前置放大器电路，集成电路 IC 为 LA3161，其内含两个完全一样的、互相独立的音频放大器，分别用于左、右声道电压放大。第 1、第 8 脚分别为左、右声道的输入端，第 3、第 6 脚分别为左、右声道的输出端。R_2、R_3、C_6 和 R_6、R_7、C_{10} 分别组成左、右声道的反馈网络。每声道电压增益为 35dB，最大输出电压为 1.3V，通道分离度 65dB。

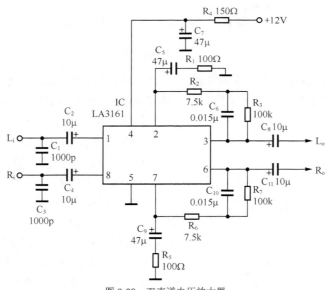

图 9-98　双声道电压放大器

（3）单声道磁头放大器。图 9-99 所示为单声道磁头放大器电路，IC 为音频前置放大器 BA308，内部包含三级直接耦合放大和射极输出器，负载能力强。磁头信号经 C_1 耦合至 IC 输入端（第 2 脚），放大后由第 6 脚输出。R_4、R_5 和 C_5 组成磁头频率均衡网络。该电路电压增益为 35dB，最大输出电压为 0.9V。

（4）立体声磁头放大器。图 9-100 所示为立体声磁头放大器电路，IC 为双声道音频前置放大器 TA7709，具有开环电压增益高、可低电压工作的特点。第 1 脚和第 8 脚分别为左、右声道磁头输入端，第 15 脚和第 10 脚分别为左、右声道信号输出端。R_3、R_5、C_5 和 R_4、R_6、C_6 分别组成左、右声道磁头频率均衡网络。

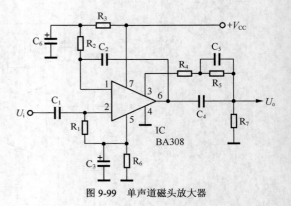

图 9-99　单声道磁头放大器

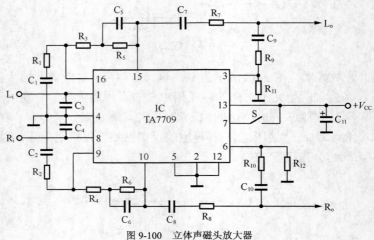

图 9-100　立体声磁头放大器

（5）带 ALC 的前置放大器。图 9-101 所示为带 ALC 的单声道前置放大器电路，IC 为低噪声音频前置放大器 LA3210，内部具有自动电平控制电路（ALC），控制范围较大。第 2 脚为输入端，第 8 脚为输出端。闭环电压增益为 35dB，最大输出电压为 1V。

（6）立体声录音放大器。图 9-102 所示为立体声录音放大器电路，IC 为双声道录音前置放大器 M5130，内部包括两个独立的录音放大电路、自动电平控制电路（ALC）和电平表驱动电路，ALC 电路失真小，电压增益为 50dB，最大输出电压为 2V。第 14 脚和第 3 脚分别为左、右声道输入端，第 11 脚和第 6 脚分别为左、右声道录音信号输出端。

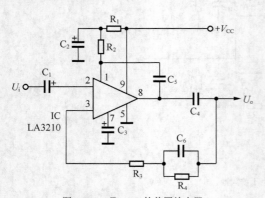

图 9-101　带 ALC 的前置放大器

（7）录放前置放大器。图 9-103 所示为采用 AN262 构成的单声道录放前置放大器电路，包含了录放音放大和 ALC 控制电路，加上功率放大器即可组成完整的录音机电路。电路电压增益为 53dB，最大输出电压为 3.2V。第 16 脚为话筒或磁头信号输入端，第 9 脚为录音信号输出端，第 10 脚为线路信号输出端。

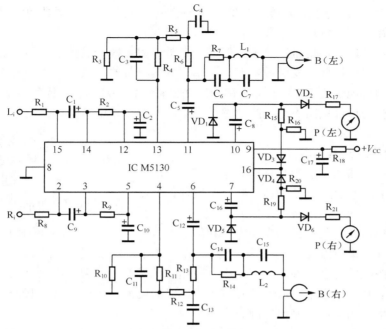

图 9-102 立体声录音放大器

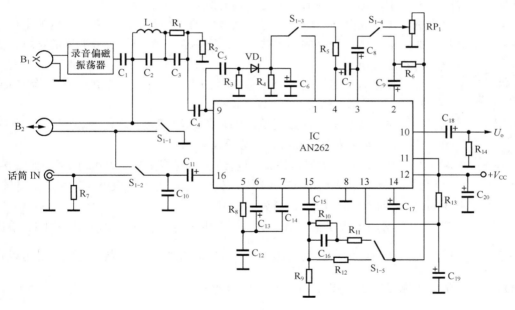

图 9-103 录放前置放大器

9.5.4 集成功率放大器

功率放大器的功能是对音频信号进行功率放大，其最大特点是具有较大的输出功率，能够驱动扬声器等负载。

集成功率放大器品种规格众多。按声道数可分为单声道音频功放和双声道音频功放，按电路形式可分为 OTL 功率放大器、OCL 功率放大器、BTL 功率放大器等，其输出功率从数十毫瓦到数百瓦具有很多规格，并具有多种封装形式。

许多集成功率放大器自带散热板，但由于自带的散热板一般较小，因此功率较大的功率放大器在应用时仍应按要求安装散热器。功率放大器自带的散热板有的与内部电路绝缘，有的与内部电路的接地点连通，有的与内部输出功放管集电极连通，安装散热器时应区别对待。对于自带散热板与内部电路不绝缘的功率放大器，应在集成电路与散热器之间放置耐热绝缘垫片，如图 9-104 所示。

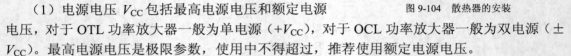

图 9-104　散热器的安装

1. 集成功率放大器的参数

集成功率放大器的主要参数有电源电压 V_{CC}、静态电流 I_o、输出功率 P_o、电压增益、频响范围、谐波失真 THD 等。

（1）电源电压 V_{CC} 包括最高电源电压和额定电源电压，对于 OTL 功率放大器一般为单电源（$+V_{CC}$），对于 OCL 功率放大器一般为双电源（$\pm V_{CC}$）。最高电源电压是极限参数，使用中不得超过，推荐使用额定电源电压。

（2）静态电流 I_o 是指未加输入信号时集成电路的电流，一般为 $10\sim100\text{mA}$，与输出功率有关，输出功率大的集成电路通常静态电流也大一些。

（3）输出功率 P_o 是选用功率放大器首先要关注的参数。考虑到音频信号特别是交响乐等信号具有很大的动态范围，选用功率放大器时应留有足够的功率余量。

（4）电压增益是反映集成电路对电压信号放大能力的一个参数，功率放大器的电压增益一般为数十分贝。选用电压增益较高的功率放大器，可以降低对输入信号电压的要求，简化前置放大电路。

视频 9.9　OCL
音频功率放大器

（5）频响范围是指功率放大器的有效工作频率范围，一般为 $50\text{Hz}\sim20\text{kHz}$，指标高的可达 $20\text{Hz}\sim50\text{kHz}$。

（6）谐波失真 THD 是反映功率放大器保真度的参数，谐波失真越小越好。

2. 集成功率放大器的电路原理

集成功率放大器内部通常包含差分输入级、推动级和功放级，如图 9-105 所示。音频电压信号 U_i 经差分输入级和推动级电压放大器后，再由功放级作功率放大并输出。OTL、OCL 和 BTL 的区别主要是功放级电路形式不同。

（1）OTL 功率放大器功放级如图 9-106 所示，采用 $+V_{CC}$ 单电源供电，静态时 IC 输出端 U_o 具有 $\frac{1}{2}V_{CC}$ 的直流电压，因此必须使用输出电容 C_2 来隔离。OTL 电路的优点是可以使用单电源，缺点是由于输出电容 C_2 的存在，低频响应较差。

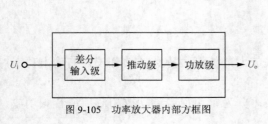

图 9-105　功率放大器内部方框图

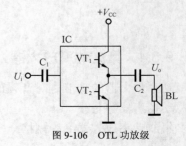

图 9-106　OTL 功放级

（2）OCL 功率放大器功放级如图 9-107 所示，采用 $\pm V_{CC}$ 双电源供电，静态时 IC 输出端 U_o 为 0 电位，因此可以取消输出电容器，直接与扬声器连接。OCL 电路的优点是低频响应较好，缺点是必须使用双电源。

（3）BTL 功率放大器功放级如图 9-108 所示，采用了两对功放管组成桥式推挽电路，扬声器跨接在两对功放管之间。BTL 功率放大器虽然为 $+V_{CC}$ 单电源供电，但静态时两对功放管的输出端 U_{o1} 与 U_{o2} 电位相等，因此无须输出电容器，可以直接与扬声器连接。BTL 电路的优点是可以在较低的电源电压下获得较大的输出功率，缺点是电路较复杂。

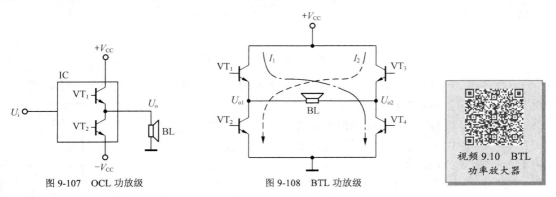

图 9-107　OCL 功放级　　　　　图 9-108　BTL 功放级

视频 9.10　BTL 功率放大器

3. 集成功率放大器的应用

集成功率放大器具有体积小、重量轻、应用简单方便、电性能指标高、一致性好、工作稳定可靠的显著优点，采用集成功率放大器可以收到事半功倍的效果。

（1）单声道 OTL 功率放大器。图 9-109 所示为 3.5W 单声道 OTL 功率放大器电路。IC 采用音频功放集成电路 LA4265，其第 10 脚为信号输入端，第 2 脚为功率放大后的信号输出端。输入音频电压信号经 IC 功率放大后，驱动扬声器 BL 发声。C_5 为输出耦合电容，C_6、R_2 组成消振网络。电路电压增益为 50dB，满功率输出时输入信号 $U_i=17mV$，采用 +16V 单电源供电。

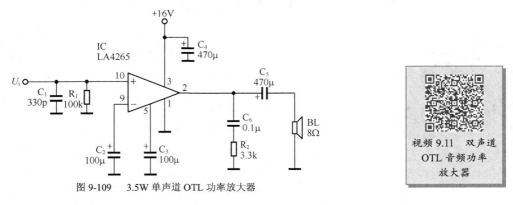

图 9-109　3.5W 单声道 OTL 功率放大器

视频 9.11　双声道 OTL 音频功率放大器

（2）双声道 OTL 功率放大器。图 9-110 所示为 2×8W 双声道 OTL 功率放大器电路。IC 采用双音频功放集成电路 HA1394，第 3 脚和第 4 脚分别为左、右声道信号输入端，第 12 脚和第 7 脚分别为左、右声道功放输出端。C_1、C_3 分别为左、右声道输入耦合电容，C_{10}、C_{11} 分别为左、右声道输出耦合电容。电路电压增益为 40 dB，采用 +25V 单电源供电。

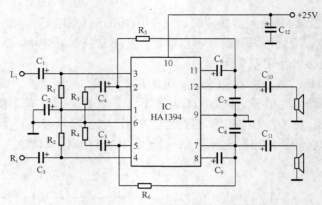

图 9-110　2×8W 双声道 OTL 功率放大器

（3）单声道 OCL 功率放大器。图 9-111 所示为 12W 单声道 OCL 功率放大器电路。IC 采用音频功放集成电路 TDA2006，闭环电压增益 30dB，具有短路保护和过热保护功能，±12V 双电源供电。音频信号从 TDA2006 的第 1 脚输入，功率放大后从第 4 脚输出。第 5 脚为正电源端，第 3 脚为负电源端。

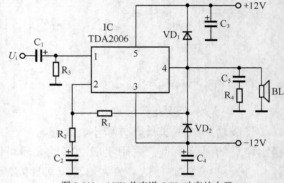

图 9-111　12W 单声道 OCL 功率放大器

（4）双声道 OCL 功率放大器。图 9-112 所示为采用双声道高保真音频功放集成电路 LM1876 构成的 2×20W 立体声 OCL 功率放大器电路。LM1876 内含两个完全一样的功率放大器，分别用于左、右声道，最大不失真输出功率为 2×20W，电压增益为 26dB，通道分离度为 80dB，满功率输出时输入信号 U_i=630mV，采用对称的正、负双电源供电。左声道信号从 IC 的第 8 脚输入，功率放大后从第 3 脚输出。右声道信号从 IC 的第 13 脚输入，功率放大后从第 1 脚输出。

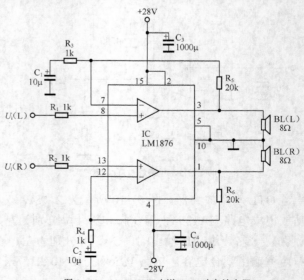

图 9-112　2×20W 双声道 OCL 功率放大器

（5）BTL 功率放大器。

图 9-113 所示为双功放集成电路
TA7232P 构成的 BTL 功率放大器电路。
TA7232P 内含的两个功率放大器采用桥式
推挽方式驱动扬声器，因此可在较低的电
源电压下获得较大的输出功率。信号电压
从 IC 的第 5 脚输入，第 2 脚和第 11 脚输
出互为反相的功率信号加在扬声器两端。
该电路额定输出功率为 5.5W，电压增益为
45dB，满功率输出时输入信号 U_i=26mV，
采用+9V 单电源供电。

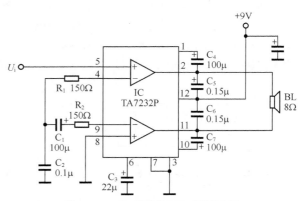

图 9-113　5.5W 双功效 BTL 功率放大器

9.5.5　高中频集成电路

高中频集成电路是指工作于高频或中频范围的集成电路，包括高频集成电路、中频集成
电路以及高中频在一起的集成电路。

高中频集成电路可分为调幅集成电路和调频集成电路两大类。

调幅集成电路主要有调幅调谐电路、调幅变频电路、调幅中放电路、调幅变频、中放和
检波电路、单片调幅收音机电路等。

调频集成电路主要有调频调谐电路、调频高频电路、调频中放电路、调频中放和鉴频电
路、单片调频收音机电路等。

还有一些集成电路内部同时包含调幅和调频电路功能，如调幅调频中放电路、调幅变频
和调幅调频中放电路、调幅调谐和调频中放电路、调幅调频调谐器电路、单片调幅调频收音
机电路等。

1. 高频集成电路

高频集成电路的作用是接收和处理高频信号。高频集成电路一般包括高放、本振、混
频、变频等电路，集成电路外围电路中具有调谐回路和调谐元件，用以完成高频调谐功能，
如图 9-114 所示。

有些集成电路将高频电路和中频电路集成到
一起，可以完成从天线输入到解调输出之间的全
部功能。甚至将整个收音机电路集成到一起，构
成单片收音机集成电路。

2. 中频集成电路

中频集成电路的功能是对中频信号进行放
大。中频放大电路属于选频放大器，集成电路外
围电路中有谐振回路或晶体滤波器等选频元件，

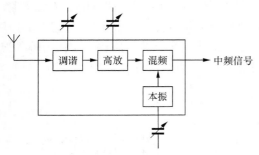

图 9-114　高频集成电路的功能

它们谐振于中频频率，如图 9-115 所示。调频电路和调幅电路具有不同的中频频率。

3. 高中频集成电路的应用

高中频集成电路主要应用于高放、混频、调谐、中放等电路中。

（1）调频高频电路。图 9-116 所示为采用 TA7371F 构成的调频高放混频电路。TA7371F

内部包含高频放大、本机振荡、混频等单元电路，适用于调频收音机的高频头。调频电台信号由天线接收，通过带通滤波器从 IC 的第 1 脚输入，经放大、混频得到中频信号，从第 6 脚经过中频变压器 T_1 输出。可变电容器 C_{1a} 与 L_1、C_{1b} 与 L_2 分别构成高放电路和本振电路的调谐回路，调节可变电容器 C_1 即可进行选台。T_1 为中频变压器。

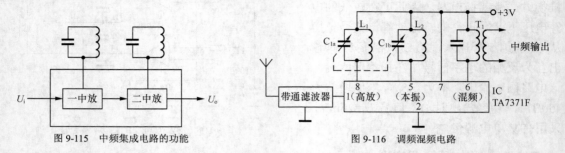

图 9-115 中频集成电路的功能　　　图 9-116 调频混频电路

（2）调频调谐电路。图 9-117 所示为调频收音机调谐电路，IC 采用 AN7254，内部包括调频混频、缓冲放大、本机振荡、中频放大、自动音量控制（AGC）等电路，具有噪声低、外围元件少的特点。AN7254 为单列 9 脚封装，第 2 脚为高频信号输入端，第 9 脚为中放信号输出端，第 1 脚外接混频谐振回路，第 6 脚外接本振谐振回路。

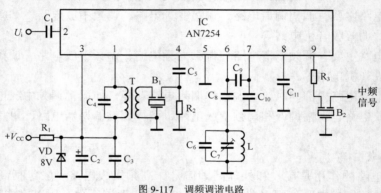

图 9-117 调频调谐电路

（3）调频中放电路。图 9-118 所示为调频中频放大电路，TA7130P 是调频中放集成电路，内部包含三级中频放大器和峰值检波器，适用于调频收音机和电视机。中频信号通过晶体滤波器 B 进入 IC 的输入端（第 1 脚），经放大、检波后，音频信号从第 7 脚输出。B 为输入端滤波器，L_1、C_2 组成谐振回路，它们均谐振于 10.7MHz 中频频率。

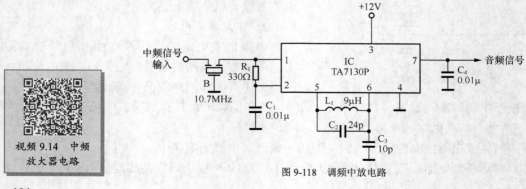

图 9-118 调频中放电路

视频 9.14　中频放大器电路

（4）调幅调谐电路。图 9-119 所示为采用 HA1151 构成的调幅调谐电路。HA1151 内部包含高放、本振、混频、中放、检波、AGC 等单元电路，适用于调幅收音机。调幅电台信号由磁性天线 L_1 接收，耦合至 L_2 通过 C_2 从 IC 的第 1 脚输入，经放大、混频、中放、检波后，音频信号从第 11 脚输出。可变电容器 C_{1a} 与 L_1、C_{1b} 与 L_3 分别构成高放电路和本振电路的调谐回路，调节可变电容器 C_1 即可进行选台。T_1、T_2、T_3 为中频变压器。

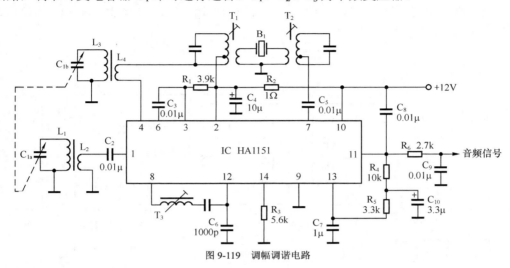

图 9-119　调幅调谐电路

（5）变频与中放电路。图 9-120 所示为 LA1205 构成的变频与中放电路。LA1205 具有调幅混频、振荡、中放、自动音量控制（AGC）、调频中放、自动电平控制（ALC）、调谐指示等功能，具有工作电压范围宽（2.5～9V）、动态范围大（调谐指示电压为 0～14V）、信噪比高的特点。LA1205 为 16 脚双列直插式封装，第 16 脚为调幅天线信号输入端，第 1 脚外接调幅本机振荡回路，第 2 脚为调频中频信号输入端，第 7 脚为调幅/调频中频信号输出端，第 14 脚为调谐指示输出端。S_1 为调幅/调频选择开关。

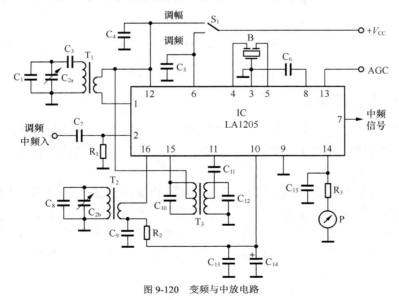

图 9-120　变频与中放电路

（6）单片调幅/调频收音机电路

图 9-121 所示为 TEA5591 构成的单片调幅/调频收音机电路。TEA5591 内部电路中，调幅部分包括平衡式混频器、单端振荡器、中频放大器、检波器和自动音量控制（AGC）电路等；调频部分包括高频放大器、平衡式混频器、单端振荡器、两级中频放大器、鉴频器、自动频率控制（AFC）电路等，还具有内稳压电路和保护电路。TEA5591 为 20 脚双列直插式封装，第 1 脚为调频信号输入端，第 13 脚为调幅信号输入端，第 10 脚为音频信号输出端。S_1 为调幅/调频选择开关。

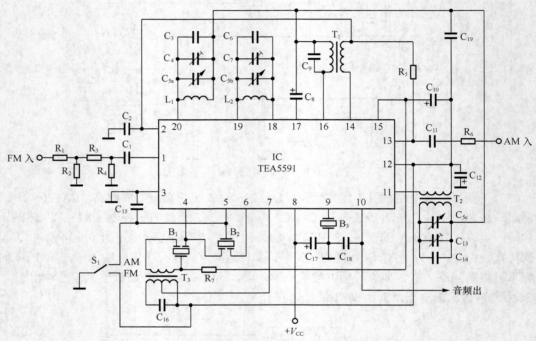

图 9-121　单片调幅/调频收音机电路

9.5.6　解码集成电路

解码集成电路主要是指应用于立体声解码的专用集成电路，它的作用是解码还原出立体声信号。由于立体声广播基本上都是调频广播，因此立体声解码电路主要是指调频立体声解码电路。

图 9-122 所示为 LA3361 构成的调频立体声解码电路，LA3361 是锁相环调频立体声解码集成电路，内部包括压控振荡器、分频器、相位比较器、解码器、静噪电路、指示灯驱动电路等。立体声复合信号通过 C_1 从第 2 脚输入，经 IC 内部电路解码后，从第 4 脚和第 5 脚分别输出左、右声道的音频信号。VD_1 为立体声指示发光二极管，当接收到立体声广播信号时 VD_1 亮。

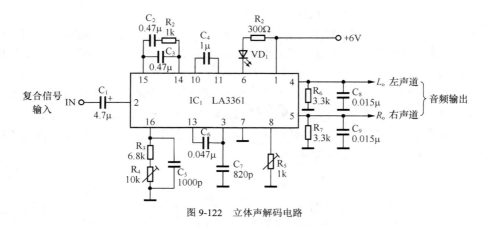

图 9-122 立体声解码电路

9.5.7 控制集成电路

音响电路中的控制集成电路主要有频率均衡电路、音量、音调、平衡控制电路、环绕声处理电路、噪声抑制电路、电平指示电路等。

1. 频率均衡集成电路

频率均衡集成电路的作用是对音频信号进行均衡控制。其外围电路往往具有多个电位器，分别用于多个频率点的控制调节。

图 9-123 所示为采用 M5227P 构成的五段图示式频率均衡电路，如使用两块 M5227P 可组成立体声均衡器。M5227P（IC_1）内部包括 5 个通道的均衡放大器，可以分别通过外接阻容元件设定其谐振频率并改变放大量。电容 $C_2 \sim C_{11}$ 决定各频率点频率，改变其容量，可改变均衡频率。电位器 $RP_1 \sim RP_5$ 可调节各频率点的增益。本电路设计均衡频率为：f_1=100Hz，f_2=330Hz，f_3=1kHz，f_4=3.3kHz，f_5=10kHz，各频率点控制范围为±12dB，最大输出电压为 9.5V。IC_2 为电压跟随器，起隔离缓冲作用。

视频 9.15 锁相环
立体声解码器

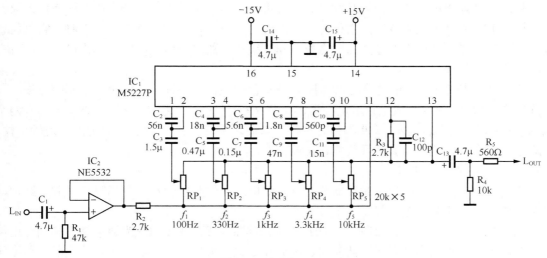

图 9-123 频率均衡电路

2. 音量、音调与平衡控制集成电路

音量、音调与平衡控制集成电路的作用是对音频信号进行音量、音调和左、右声道的平衡控制。通过该集成电路可以实现用直流电压进行音量、音调与平衡的控制，使得整机结构布局简单方便。

图 9-124 所示为采用 LM1035 组成的直流控制音量、音调、平衡控制电路，通过改变 LM1035 四个控制输入端 4 脚、14 脚、9 脚和 12 脚的直流电压来控制高音、低音、平衡、音量功能，只需使用单连电位器就可实现两个声道的同步控制。由于电位器仅控制直流电位，即使引线较长，不用屏蔽线也不致引入噪声。

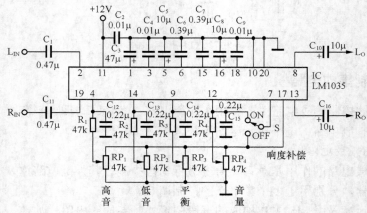

图 9-124 音量音调与平衡控制电路

C_4、C_6、C_7、C_9 为音调电容，决定音调频率特性。S 为响度补偿开关，当 S 指向"ON"时，电路具有响度补偿功能。该电路高音控制范围（16kHz）为 ±15dB，低音控制范围（40Hz）为 ±15dB，平衡控制范围为 +1dB～−26dB，音量控制范围为 80dB，通道分离度为 75dB。IC 的 2 脚和 19 脚分别为左、右声道输入端，8 脚和 13 脚分别为左、右声道输出端。

3. 环绕声处理集成电路

环绕声处理集成电路的作用是对音频信号进行声音效果处理，可产生模拟环绕声效果。

图 9-125 所示为采用专用声效处理集成电路 C1891A 构成的环绕声处理电路，它可将普通的立体声信号处理成新的左声道、右声道和环绕声三路输出信号；对于单声道信号，可产生模拟立体声效果。

S 为效果选择开关，该电路可以选择 4 种音色效果，即：模拟立体声、电影院效果、音乐厅效果、原音。RP_1 为效果调节电位器，调节 RP_1，可以改变模拟效果。C1891A 具有两个输入端：8 脚为左声道输入端，9 脚为右声道输入端。具有 3 个输出端：3 脚为左声道输出端，2 脚为右声道输出端，20 脚为环绕声输出端。

4. 噪声抑制集成电路

噪声抑制集成电路的作用是降低或抑制音响电路中的某些噪声，包括噪声抑制电路、动态降噪电路、杜比降噪电路等。

图 9-126 所示为采用 LA2100 构成的调频噪声抑制电路。LA2100 为调频噪声抑制专用集成电路，内部电路由高通和低通滤波器、高通和低通放大器、振荡器、噪声检波器、导频同步电路、19kHz 滤波器、存储器、输出电路等组成，第 1 脚为信号输入端，第 6 脚为信号输

出端。该电路能够有效抑制输入噪声，并能根据噪声大小自动调节选通时间，噪声抑制效果良好。

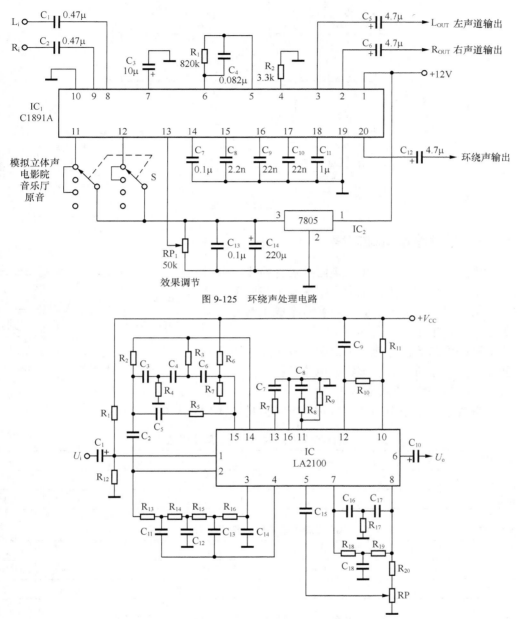

图 9-125　环绕声处理电路

图 9-126　调频噪声抑制电路

5. LED 电平表电路

图 9-127 所示为采用 LB1409 构成的发光二极管（LED）电平表电路。LB1409 内部含有电压放大器、基准电压源、9 个电平比较器和 9 个驱动晶体管，可以驱动 9 个发光二极管作电平指示，每个发光二极管所指示的电平间隔为 3dB。如将 9 个发光二极管垂直排列，则可构成条状 LED 电平指示表。RP_1 为输入电平调节电位器，RP_2 为电路增益调节电位器。

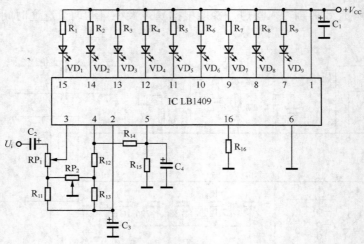

图 9-127　LED 电平表电路

9.5.8　检测音响集成电路

　　音响集成电路可以用万用表电阻挡进行检测，即可以通过检测其各引脚的正、反向电阻来确定其好坏。检测时，万用表置于 R×1k 挡，测量音响集成电路各引脚对地的正、反向电阻，如图 9-128 所示。

　　将检测得到的数据与其正常值相比较，如果测量结果与正常值严重不符，说明该集成电路已损坏。

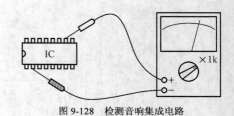

图 9-128　检测音响集成电路

1. 检测前置放大集成电路

　　部分前置放大集成电路各引脚对地电阻值见表 9-19～表 9-21。

表 9-19　　　　　　　　　　　**AN360 前置放大电路各引脚电阻值**

引脚	1	2	3	4	5	6	7
正向电阻（kΩ）	10	36	∞	地	4.6	∞	∞
反向电阻（kΩ）	6.2	6.3	6.8	地	4.6	6.5	5.8

表 9-20　　　　　　　　　　**LA3160 双通道前置放大电路各引脚电阻值**

引脚	1	2	3	4	5	6	7	8
正向电阻（kΩ）	110	∞	3	1000	地	3	∞	110
反向电阻（kΩ）	35	6.9	5.4	地	3	3	6.9	35

表 9-21　　　　　　　　**TA7668P 具有 ALC 的双通道前置放大电路各引脚电阻值**

引脚	1	2	3	4	5	6	7	8
正向电阻（kΩ）	地	70	∞	34	8.4	32	38	40
反向电阻（kΩ）	地	6.3	∞	6.7	6.2	∞	6	7
引脚	9	10	11	12	13	14	15	16
正向电阻（kΩ）	0.022	38	32	8.4	35	∞	9.2	70
反向电阻（kΩ）	0.022	6.1	∞	6	6.7	∞	∞	6.4

2. 检测功率放大集成电路

部分功率放大集成电路各引脚对地电阻值见表 9-22～表 9-24。

表 9-22　　　　　　　　　　　　　LA4112 功率放大电路各引脚电阻值

引脚	1	2	3	4	5	6	7
正向电阻（kΩ）	0.86	∞	地	32	5.2	7.5	∞
反向电阻（kΩ）	0.55	∞	地	5.5	4.9	21	∞
引脚	8	9	10	11	12	13	14
正向电阻（kΩ）	5.1	7.7	8.5	∞	5.6	30	5.9
反向电阻（kΩ）	5.8	35	5.7	5.1	4.1	5.2	4.1

表 9-23　　　　　　　　　　　TDA2005 双功率放大电路各引脚电阻值

引脚	1	2	3	4	5	6	7	8	9	10	11
正向电阻（kΩ）	32	300	45	300	32	地	24	100	24	100	24
反向电阻（kΩ）	18	6.5	12	6.5	18	地	4.8	4.7	4.7	4.7	4.8

表 9-24　　　　　　　　　　　傻瓜 275 双功率放大电路各引脚电阻值

引脚	1	2	3	4	5	6	7
正向电阻（kΩ）	63	200	∞	地	∞	63	63
反向电阻（kΩ）	58	17	∞	地	∞	52	55

3. 检测高中频集成电路

部分高中频集成电路各引脚对地电阻值见表 9-25～表 9-27。

表 9-25　　　　　　　　　　　　LA1240 调幅高中频电路各引脚电阻值

引脚	1	2	3	4	5	6	7	8
正向电阻（kΩ）	8.2	6.9	48	∞	∞	6.8	7.9	7.7
反向电阻（kΩ）	6.4	76	4.9	6.1	6.1	6.7	24	11.5
引脚	9	10	11	12	13	14	15	16
正向电阻（kΩ）	6.6	地	22	5.9	6.7	9.4	1.1	∞
反向电阻（kΩ）	6.7	地	4.8	5.7	8.5	∞	1	6.2

表 9-26　　　　　　　　　　AN7220 调频调幅中频放大电路各引脚电阻值

引脚	1	2	3	4	5	6	7	8	9
正向电阻（kΩ）	37	∞	32	38	38	38.5	39	地	27
反向电阻（kΩ）	∞	6.2	5.1	6.6	12	10.2	46	地	16.2
引脚	10	11	12	13	14	15	16	17	18
正向电阻（kΩ）	19	9.2	46	∞	∞	7.8	42	43	72.6
反向电阻（kΩ）	6.8	4.8	6.3	6.2	6.7	6.6	7.2	6.4	6.3

表 9-27　　　　　　　　　TDA1220 单片调频调幅收音机电路各引脚电阻值

引脚	1	2	3	4	5	6	7	8
正向电阻（kΩ）	37	42	∞	3.5	6.2	47	49	3.5
反向电阻（kΩ）	7	23	6.5	3.5	6.4	30	6.9	3.5
引脚	9	10	11	12	13	14	15	16
正向电阻（kΩ）	4	9.3	地	9.2	8.3	18	18.5	36
反向电阻（kΩ）	4	5.2	地	6.9	6.5	12.8	13	∞

4. 检测解码与控制集成电路

部分解码与控制集成电路各引脚对地电阻值见表 9-28～表 9-31。

表 9-28　　　　　　　　　TA7343 调频立体声解码电路各引脚电阻值

引脚	1	2	3	4	5	6	7	8	9
正向电阻（kΩ）	16.5	10	13.6	22.5	地	∞	22	27	24.5
反向电阻（kΩ）	6.3	6	4.1	6	地	5.5	6	∞	∞

表 9-29　　　　　　　　　TDA1524 立体声音调音量控制电路各引脚电阻值

引脚	1	2	3	4	5	6	7	8	9
正向电阻（kΩ）	12.8	82	82	10	9.2	7.4	150	9.2	11.7
反向电阻（kΩ）	7.2	6.2	4.8	6.9	6.8	6.5	7.3	19.5	7.3
引脚	10	11	12	13	14	15	16	17	18
正向电阻（kΩ）	∞	7.8	120	7.6	9.2	9.2	∞	5	地
反向电阻（kΩ）	7.2	19.5	7.3	6.5	6.8	6.9	7.2	4.9	地

表 9-30　　　　　　　　　HA11219 调频噪声抑制电路各引脚电阻值

引脚	1	2	3	4	5	6	7	8
正向电阻（kΩ）	11.2	5.7	7.9	4.9	33	5.6	33	31
反向电阻（kΩ）	∞	5.6	∞	4.6	17.2	5.9	6	5.8
引脚	9	10	11	12	13	14	15	16
正向电阻（kΩ）	9.7	16.5	17.5	43	8.6	6.4	7.8	地
反向电阻（kΩ）	4.1	18.5	21	6.9	8.4	6.4	∞	地

表 9-31　　　　　　　　　LB1403 发光二极管电平显示驱动电路各引脚电阻值

引脚	1	2	3	4	5	6	7	8	9
正向电阻（kΩ）	∞	∞	∞	∞	地	∞	70	∞	13.8
反向电阻（kΩ）	5.9	5.9	5.9	5.9	地	5.9	5.9	8.1	5.3

9.6　音乐与语音集成电路

音乐与语音集成电路是指能够发出音乐或语言声音的集成电路，如音乐乐曲集成电路、模拟声音集成电路、门铃集成电路、语言提示、报警集成电路等。音乐与语音集成电路有三极管式塑封、双列直插式封装、小印板软封装等多种封装形式，如图 9-129 所示，最常见的是小印板软封装形式。

音乐与语音集成电路的特点是内部存储有音乐或语音信息。音乐与语音集成电路内部包括时钟振荡器、只读存储器（ROM）、控制器、电压放大器等单元电路，如图 9-130 所示。音乐或语音信息以固化的方式储存在集成电路里，可以是一段或多段存储，在控制信号的触发下一次或分段播放。

图 9-129　音乐与语音集成电路

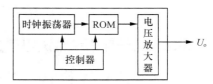

图 9-130　音乐与语音集成电路原理

音乐与语音集成电路的主要作用是作为信号源，广泛应用在电子玩具、音乐贺卡、电子门铃、电子钟表、电话机、电子定时器、提示报警器、信号发生器等家用电器和智能仪表领域，以及其他一切需要音乐或语音信号的场合。

9.6.1　音乐与语音集成电路的种类

音乐与语音集成电路种类很多，主要有单曲音乐集成电路、多曲音乐集成电路、单声模拟声音集成电路、多声模拟声音集成电路、单段语音集成电路、多段语音集成电路以及光控、声控和闪光音乐与语音集成电路等。

1. 音乐集成电路

单曲音乐集成电路内储一首音乐乐曲，触发一次播放一遍。多曲音乐集成电路内储多首音乐乐曲，触发一次播放第一首，再触发一次则播放第二首，依此类推循环播放。

2. 模拟声音集成电路

单声模拟声音集成电路内储鸟叫、狗叫、马蹄声、门铃声、电话铃声等模拟声音，被触发时播放。多声模拟声音集成电路内储若干种模拟声音，具有若干个触发端，某触发端被触发时则播放相应的声音。

3. 语音集成电路

单段语音集成电路内储一句语言，触发一次播放一遍。多段语音集成电路内储若干句语言，具有若干个触发端，某触发端被触发时则播放相应的语言声音。

4. 光控声控音乐与语音集成电路

光控音乐与语音集成电路受光信号控制，外接光敏元件即可由光信号触发。声控音乐与语音集成电路由特定频率的声音信号触发。

5. 闪光音乐与语音集成电路

闪光音乐与语音集成电路在被触发播放声音的同时，可驱动发光二极管按一定规律闪烁发光。

音乐与语音集成电路的直流电源电压一般较低，大多在 1.3～5V 范围，使用时应按音乐与语音集成电路的额定电源电压参数接入工作电压。如果整机电源电压较高，应采取措施将电源电压降低至符合要求后，再接至音乐与语音集成电路，如图 9-131 所示。

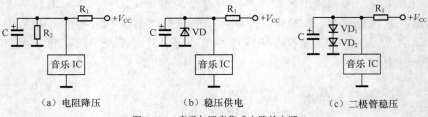

（a）电阻降压　　　　　　（b）稳压供电　　　　　　（c）二极管稳压

图 9-131　音乐与语音集成电路的电源

9.6.2　音乐与语音集成电路的符号

音乐与语音集成电路的文字符号为"IC"，图形符号如图 9-132 所示。

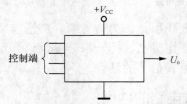

图 9-132　音乐与语音集成电路的图形符号

9.6.3　音乐集成电路

音乐集成电路的特点是内部储存有乐曲信号，可以是一首乐曲，也可以是多首乐曲。所存乐曲的内容也是多种多样。音乐集成电路型号众多，封装形式各不相同，但电路结构原理大同小异。

1.　音乐集成电路工作原理

典型的音乐集成电路结构原理如图 9-133 所示，由时钟振荡器、只读存储器（ROM）、节拍发生器、音阶发生器、音色发生器、控制器、调制器、电压放大器等电路组成。

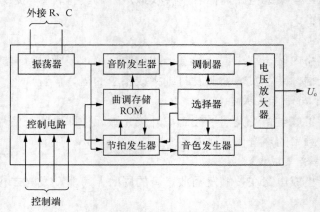

图 9-133　音乐集成电路方框图

只读存储器（ROM）中固化有代表音乐乐曲的音调、节拍等信息。节拍发生器、音阶发生器和音色发生器分别产生乐曲的节拍、基音信号和包络信号。它们在控制器控制下工作，并由调制器合成乐曲信号，经电压放大器放大后输出。

控制端是用户对音乐集成电路工作状态进行控制的操作端口。控制端主要有触发端 CE、连续播放端 LP、自动停止端 $\overline{\text{AS}}$ 和选曲端 SL。

（1）触发端 CE。当 CE 端为高电平时，音乐集成电路被触发播放乐曲。

（2）连续播放控制端 LP。LP 为高电平时，音乐集成电路连续播放，直至最后一首乐曲。LP 为低电平时，音乐集成电路只播放一首乐曲。

（3）自动停止控制端 $\overline{\text{AS}}$。当 $\overline{\text{AS}}$ 为高电平时，音乐集成电路将不断循环播放乐曲。

（4）选曲端 SL。每给 SL 端一个脉冲，音乐集成电路就跳过一首乐曲，再播放时将从下一首乐曲开始。

不同型号的音乐集成电路其控制端也不尽相同。许多音乐集成电路只有一个触发端 CE，当 CE 端被脉冲信号触发时音乐集成电路播放一首乐曲即停，当 CE 端为持续高电平时音乐集成电路不断循环播放乐曲。

常用音乐集成电路主要有 CW 系列、KD 系列、CIC 系列、HY 系列等，包括单曲音乐集成电路、多曲音乐集成电路、带功放音乐集成电路、闪光音乐集成电路、光控音乐集成电路等。

2．单曲音乐集成电路

（1）CW9300 是典型的单曲音乐集成电路，内储一首著名乐曲（具有许多不同乐曲可供选择），每触发一次，播放一遍乐曲后自动停止，具有工作电压范围宽、静态电流很小、外围电路极简单、可直接驱动压电蜂鸣器等特点。CW9300 为小印板软封装结构形式，使用时其第 5、第 6 脚之间需外接一只 68kΩ 的振荡电阻。图 9-134 所示为 CW9300 音乐集成电路引脚功能图。

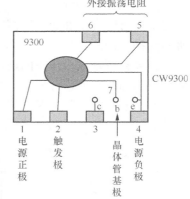

图 9-134　CW9300 引脚功能

CW9300 应用电路如图 9-135 所示，R_1 为时钟振荡器外接电阻，适当改变 R_1 的阻值可以调节播放乐曲的节奏快慢。HA 为压电蜂鸣片。

CW9300 可以通过外接功放晶体管的方法驱动扬声器，以提高播放乐曲的声音，电路如图 9-136 所示，VT_1 为功放晶体管。

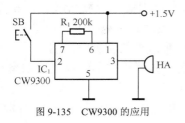

图 9-135　CW9300 的应用

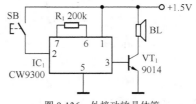

图 9-136　外接功放晶体管

（2）KD9300 音乐集成电路无须外接振荡电阻，使用更加方便。KD9300 为小印板软封装结构，共具有 6 个引脚：电源正端 1 脚，触发极 2 脚，音频输出端 3 脚和 5 脚，电源负端 6

脚，4 脚为空脚。KD9300 内储一首世界名曲，既可单次触发，也可连续触发。图 9-137 所示为 KD9300 音乐集成电路引脚功能图。

（3）HY-1 是带功放的单曲音乐集成电路，内存储有一首乐曲，为小印板软封装，其外接振荡电阻已安装在小印版上。HY-1 音乐集成电路的最大特点是本身电路中含有功率放大器，可以直接驱动扬声器，也无须其他外围元件，接上电源即可工作，使用非常方便。图 9-138 所示为 HY-1 音乐集成电路引脚功能图。

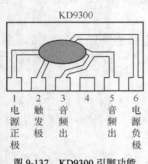

图 9-137 KD9300 引脚功能

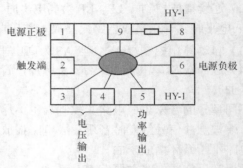

图 9-138 HY-1 引脚功能

HY-1 的应用电路如图 9-139 所示，SB 为触发按钮，按动一次播放一遍。R_1 为外接振荡电阻，可通过改变 R_1 的阻值来调节播放节奏。由于 HY-1 内部含有功率放大器，因此可以直接驱动扬声器。

如果将音乐集成电路的触发端（第 2 脚）固定接至正电源（+3V），如图 9-140 所示，即可突破乐曲的长度进行播放。合上电源开关 S，电路即不停地播放乐曲，直至断开电源开关 S 为止。这种触发方式适用于需要长时间播放乐曲的场合。

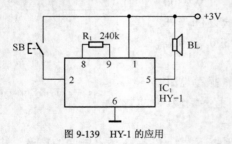

图 9-139 HY-1 的应用

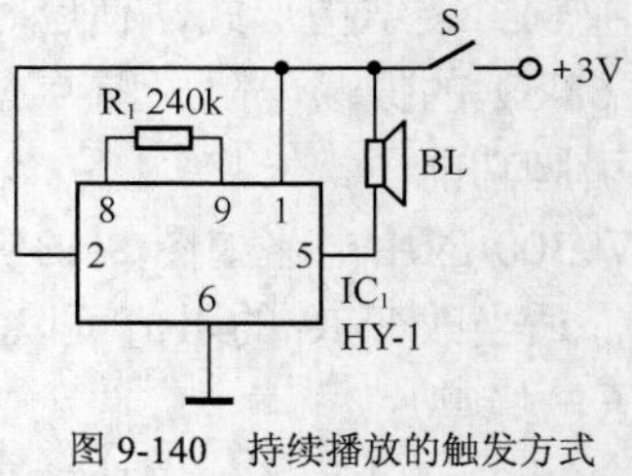

图 9-140 持续播放的触发方式

3．多曲音乐集成电路

KD482 是 CMOS 大规模集成电路，其内部只读存储器（ROM）中顺序存储了 16 首乐曲，由触发信号控制其播放。每触发一次演奏一首，并且每次触发后演奏的乐曲均与前次不同，而且是 16 首乐曲循环播放。图 9-141 所示为 KD482 音乐集成电路引脚功能图。

KD482 采用小印板软封装形式，外接振荡电阻 R 可直接焊接在小印板上。KD482 音乐集成电路具有音色优美、功耗微小、外围电路简单的特点。

（1）KD482 应用电路如图 9-142 所示，SB 为触发按钮，按动一次播放一首，再按动一次播放第二首，以此类推，循环播放。R_1 为内部振荡器外接电阻，VT_1 为功率放大晶体管。

（2）K482G 是低电压多曲音乐集成电路，内储 7 首双音乐曲。K482G 应用电路如图 9-143 所示，SB 为触发按钮，HA 为压电蜂鸣片，R、C 为外接阻容振荡网络。该电路采用 1.5V 纽扣电池，压电蜂鸣片发声，体积小、重量轻，适合作电子音乐贺卡。

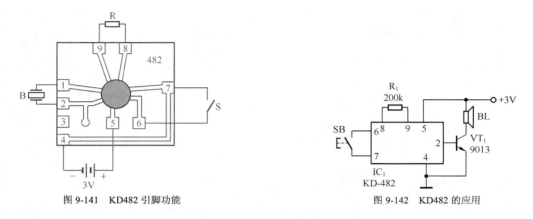

图 9-141　KD482 引脚功能　　　　　　　　图 9-142　KD482 的应用

4. 闪光音乐集成电路

KD07 是一种专为玩具设计的闪光音乐专用集成电路，内部包括振荡器、移位寄存器、只读存储器（ROM）、数/模转换器（D/A）、控制电路、驱动电路、输出电路等，可以直接驱动发光二极管和压电蜂鸣器。图 9-144 所示为 KD07 闪光音乐集成电路引脚功能图。

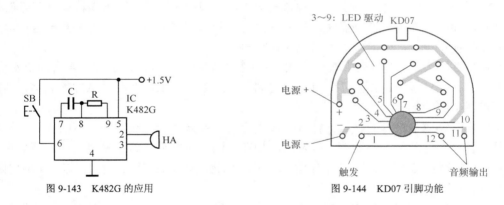

图 9-143　K482G 的应用　　　　　　　　图 9-144　KD07 引脚功能

KD07 采用小印板软封装，共具有 12 个引脚，从左下角沿顺时针方向依次为：触发端、电源负端、7 个发光二极管驱动端、电源正端、2 个音频输出端。

当电路被触发后，KD07 驱动 7 个发光二极管逆时针循环闪烁发光。当触发信号消失后，发光二极管继续循环闪光若干圈后随机停止在某一位置。如果停止时最后一只闪光的发光二极管是 VD_7，电路即演奏乐曲一首。

5. 光控音乐集成电路

KD154B 是光控音乐集成电路，利用光敏电阻 R 实现光控触发，有光照时电路被触发而播放乐曲，乐曲终了自动停止。KD154B 工作电压范围 1.2～3.6V，静态功耗极小，无须外接振荡电阻，可直接驱动压电蜂鸣器发声。外接一只 NPN 晶体管即可驱动扬声器。图 9-145 所示为 KD154B 应用电路。

光控音乐集成电路 H112A 的典型应用电路如图 9-146 所示，R_1 为光敏电阻，当有一定的光照时，R_1 阻值急剧减小，流过 R_1 的电流触发 H112A 工作。

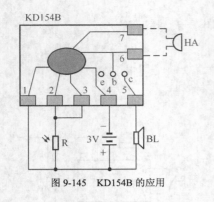

图 9-145　KD154B 的应用

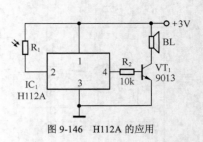

图 9-146　H112A 的应用

9.6.4　模拟声音集成电路

模拟声音集成电路的特点是内部储存有声响信号，这些声响信号都是模拟自然界的一些声音。例如，门铃声、军号声、笑声、爆炸声、车船声、枪声、鸡叫、雀鸣、猫叫、狗叫等，内容多种多样。

1. 模拟声音集成电路的工作原理

模拟声音集成电路的基本电路结构原理如图 9-147 所示，由时钟振荡器、只读存储器（ROM）、声音合成器、电压放大器、控制器等组成。模拟声音的基本音节固化在只读存储器中，当有触发脉冲作用于控制器时，只读存储器中的基本音节被读出，并在声音合成器中合成所需要的模拟声音，经电压放大器放大后输出。

时钟振荡器为整个电路提供时钟脉冲，时钟脉冲的频率高低决定了模拟声音的节奏快慢。时钟振荡器往往外接 R、C 元件，可以通过调节外接 R、C 来改变时钟脉冲的频率，达到调节模拟声音节奏的效果。

模拟声音集成电路有的存储一种或一段声音，一般只有一个触发端。有的存储若干种或若干段声音，具有若干个触发端，触发脉冲加在不同的触发端电路便发出不同的模拟声音。

常用模拟声音集成电路主要有门铃集成电路、动物叫声集成电路、枪炮机械声集成电路等。

2. 门铃集成电路

（1）KD153 是"叮咚"门铃集成电路，内储"叮咚"门铃模拟声，触发一次可发出三遍"叮咚"声。KD153 为小印板软封装结构形式，使用时焊入一只 NPN 晶体管 VT，即可驱动扬声器发声。KD153 引脚功能如图 9-148 所示。

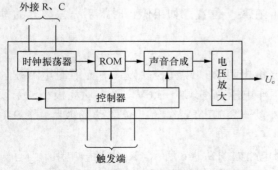

图 9-147　模拟声音集成电路原理

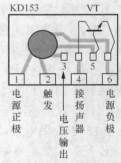

图 9-148　KD153 引脚功能

（2）图 9-149 所示为采用门铃专用集成电路 VM11 组成的电子门铃电路，VM11 内储带余音的"叮咚"声音。R_2 和 C_1、R_3 和 C_2 分别组成两个 RC 网络，"叮"和"咚"的余音长短可分别通过调节 R_2 和 R_3 来改变。SB 为触发按钮，按动一次"叮咚"声响三下。VT_1、VT_2 组成复合管驱动扬声器。

3. 动物鸣叫声集成电路

（1）KD5609 鸡叫声集成电路引脚功能如图 9-150 所示。KD5609 是大规模 CMOS 集成电路，其内部包括时钟发生器、地址控制器、只读存储器（ROM）、D/A 转换器、控制电路等，电路内部已固化存储有公鸡叫的声音，一经触发，便会发出模拟的公鸡叫声。

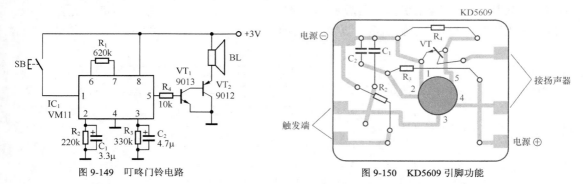

图 9-149　叮咚门铃电路　　　　图 9-150　KD5609 引脚功能

（2）KD5605 猫叫声集成电路引脚功能如图 9-151 所示。KD5605 可以产生逼真的模拟猫叫声，具有外围电路简单、电源电压范围宽、功耗低的特点，外接一 NPN 晶体管即可驱动扬声器。KD5605 是小印板软封装，其外围元件均可直接焊接在这个小印板上，使用极为方便。

（3）HFC520 系列动物叫声集成电路引脚功能如图 9-152 所示。HFC520 系列集成电路内储猪、狗、猫、老虎、猴子、青蛙、海豚等多种动物的叫声，可根据需要选用。HFC520 系列集成电路为小印版软封装，具有发音清晰逼真，静态功耗微小，外围电路简单的特点。

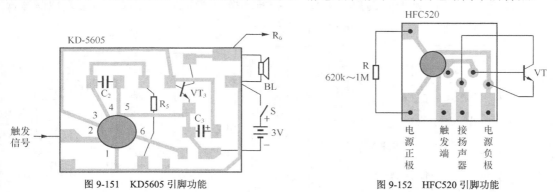

图 9-151　KD5605 引脚功能　　　　图 9-152　HFC520 引脚功能

（4）四种动物叫声模拟电路如图 9-153 所示，IC_1 为四声模拟声集成电路 KD56021，内储牛、羊、狗、母鸡四种动物的叫声。$SB_1 \sim SB_4$ 为四个触发按钮，按下不同的按钮即可发出不同的动物叫声。R_1 为外接振荡电阻。VT_1 为功放晶体管。

4. 枪炮机械声集成电路

（1）KD9561 模拟声集成电路引脚功能如图 9-154 所示。KD9561 是一种 CMOS 集成电路，采用小印板软封装结构形式。KD9561 具有一对外接振荡电阻接口、两个选声输入端和一个音频信号输出端，外接一只 NPN 晶体管即可驱动扬声器发声。KD9561 共可发出四种模拟声响：机枪声、消防车声、救护车声、警车声。具体发出何种声响，由两个选声输入端的状态决定，见图 9-154 中所列表格。

（2）KD9562 模拟声集成电路引脚功能如图 9-155 所示。KD9562 是一种大规模 CMOS 模拟声响集成电路，内部包括振荡器、控制器、选声电路、输出电路等，能够发出 8 种不同的模拟声响。KD9562 具有工作电压范围较宽、静态电流极小、外围电路简单、声音效果较好的特点。KD9562 采用小印板软封装，具有 14 个引脚，包括 8 个选声控制端、2 个外接振荡电阻端、1 个信号输出端、以及正、负电源端。

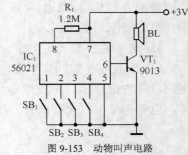

图 9-153　动物叫声电路

选声2	选声1	音响效果	注：
+	φ	机枪声	+：接电源正极，
	+	消防车声	−：接电源负极，
−	−	救护车声	φ：任意状态，
	Z	警车声	Z：高阻抗状态。

图 9-154　KD9561 引脚功能

KD9562 外接振荡电阻 R 的典型值为 220kΩ。信号输出端外接一只 NPN 晶体管即可驱动扬声器发声。当将 KD9562 的 8 个选声端（选声 1～选声 8）之一接地时，相应地产生 8 种不同的模拟声响，如图 9-155 中表格所示。

KD9562 组成的玩具枪电路如图 9-156 所示，S_2 为选声开关，当某一选声端被接地时，则该声音被选中。S_1（玩具枪的扳机）为触发按钮，按下时玩具枪发声。VT_1 为功放晶体管。

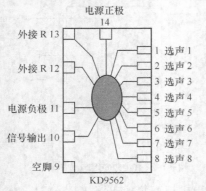

选声端	声音
1	来福枪声
2	太空枪声
3	救护车声
4	双音门铃声
5	投弹声
6	爆炸声
7	机关枪声
8	冲锋枪声

图 9-155　KD9562 引脚功能

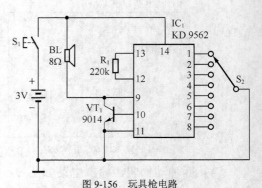

图 9-156　玩具枪电路

5. 电子爆竹集成电路

电子爆竹电路如图 9-157 所示，IC_1 为存储有爆竹声的模拟声集成电路 KD5601。R_1 为外接振荡电阻，改变 R_1 可在一定范围内改变爆竹声的节奏。VT_1 为功放晶体管。SB 为触发按钮，如将 SB 直接短接，接通电源后爆竹声将响个不停。

6. 声控模拟声音集成电路

声控模拟声集成电路由声音信号触发。图 9-158 所示为声控钥匙圈电路，IC_1 为口哨声控雀叫集成电路 KD155，内储雀叫声。该电路采用压电陶瓷蜂鸣器 B 作为拾音器并兼作放音器，当有特定频率的口哨声作用于 B 时，IC_1 即被触发，发出一阵清脆的雀叫声，使你很快找到钥匙。

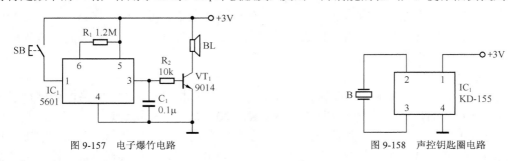

图 9-157　电子爆竹电路　　　　　　　　　　图 9-158　声控钥匙圈电路

7. 闪光模拟声音集成电路

闪光模拟声音集成电路在发出声音的同时，可以驱动发光二极管闪烁发光。图 9-159 所示为专用集成电路 VM46 构成的四声二闪光电路，$S_1 \sim S_4$ 为选择开关，可选择四种不同的声音，同时两个发光二极管 VD_1、VD_2 随着声音节奏闪光。

8. 光控模拟声音集成电路

光控模拟声集成电路由光信号触发。图 9-160 所示为光控报警电路，IC_1 为光控模拟声音集成电路 KD9562B，内储警笛声。R_1 为光敏电阻，当有光线照射到 R_1 时，其阻值急剧减小，触发 IC_1 发出报警声。R_2 为外接振荡电阻。VT_1 为功放晶体管。

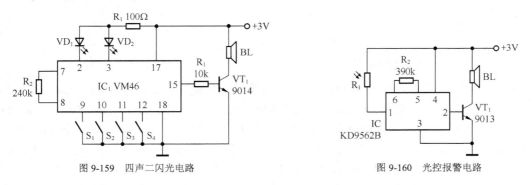

图 9-159　四声二闪光电路　　　　　　　　　　图 9-160　光控报警电路

9.6.5　语音集成电路

语音集成电路的特点是内部储存有话语信号，这些话语信号可以是一段，也可以是多段，在不同的触发方式下播放不同的话语。芯片中存储的话语内容也是多种多样。

1. 语音集成电路的工作原理

语音集成电路由时钟振荡器、只读存储器（ROM）、寻址控制电路、语音合成电路、数/模转换器（D/A）、输出电路等组成，如图 9-161 所示。

语音集成电路的只读存储器 ROM 中，固化有以数字代码形式存储的语音信号。被触发后，寻址控制电路按照固有程序从 ROM 中调出相应数字代码，合成数字语音信号，由数/模转换器（D/A）转换为模拟语音信号，经电压放大后输出。

语音集成电路的触发端有两种情况。存储一段语音的集成电路一般只有一个触发端。

存储若干段语音的集成电路，有的具有若干个触发端，触发脉冲加在不同的触发端，电路便发出不同的语音。有的只有一个触发端，触发一次播放第一段语音，触发第二次播放第二段语音……，依此类推循环播放。

常用语音集成电路主要有提醒语音电路、问候语音电路、报时语音电路、录放语音电路等。语音集成电路能够播放话语，直截了当地表达信息，具有音乐和模拟声音集成电路不可比拟的优势，因此得到广泛应用。

2. 提醒语音电路

（1）图9-162所示为KD5203语音集成电路引脚功能图。KD5203电路内部储存了一句"请随手关门！"的话语，触发一次播放一遍。KD5203是小印板软封装，具有触发端、电压输出、电源正极、电源负极、外接振荡电阻等引脚，使用时，需在其第4和第5引脚间焊入外接振荡电阻R（330kΩ）。如将其触发端直接接到电源正极，只要接通电源，便会反复播放"请随手关门！"的话语。

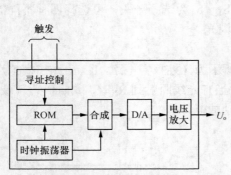

图 9-161　语音集成电路原理

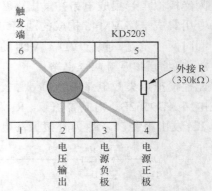

图 9-162　KD5203 引脚功能

冰箱关门提醒器电路如图9-163所示，IC$_2$为语音集成电路KD5203，触发端（第6脚）直接接到电源正极，只要接通电源便会反复播放。IC$_1$为电子开关集成电路TWH8778，它与光电二极管VD$_1$一起组成光电开关。当冰箱门忘记关上时，光线照射在VD$_1$上，IC$_1$导通接通了电源，语音集成电路IC$_2$工作，反复发出"请随手关门！"的提示话语，直至冰箱门被关上。

（2）倒车提醒器电路如图9-164所示，IC采用了语音集成电路KD56022，内部储存了一句"倒车，请注意！"的话语。电路中将触发端（第2脚）直接接到电源正极，只要接通电源便会反复播放。

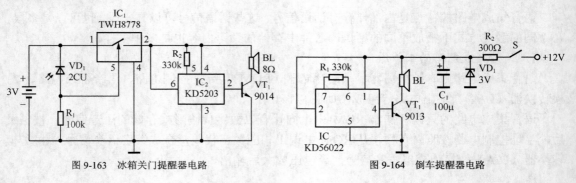

图 9-163　冰箱关门提醒器电路　　　　　图 9-164　倒车提醒器电路

由于汽车电源一般为 12V，而语音集成电路工作电源为 3V，因此采用 R_2、VD_1、C_1 等组成降压稳压电路，将 12V 降低为 3V 使用。开关 S 受汽车倒挡控制，挂上倒挡后，S 接通，电路便不断提醒"倒车，请注意！"。

3. 问候语音电路

KD5603 语音集成电路引脚功能如图 9-165 所示。KD5603 电路内储有"欢迎光临"和"谢谢光临"两句语音，分别由 1 和 2 两个触发端控制，触发一次播放一句。VT 是功率放大晶体管。KD5603 是小印板软封装，晶体管、电阻、电容等外围元器件可直接焊入该小印板。

图 9-166 所示为语音迎宾电路，IC_1 采用语音集成电路 KD5603。VD_1、VD_2 为触发端钳位二极管。实际使用中，当客人来到时 A 端得到一个触发脉冲，触发 IC_1 发出"欢迎光临"话语；当客人离去时 B 端得到一个触发脉冲，触发 IC_1 发出"谢谢光临"话语。

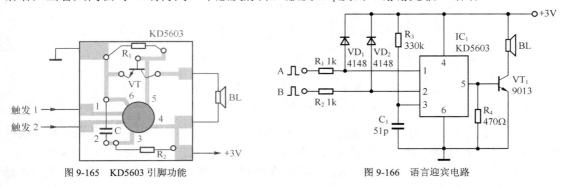

图 9-165　KD5603 引脚功能　　　　　图 9-166　语言迎宾电路

4. 报时语音电路

自动语音报时电路如图 9-167 所示，IC_1 为中文程控报时集成电路 KD482H，内部储存有数字语音信息，可以合成"现在时刻，上午（中午，下午，晚上）××点整"的报时话语。KD482H 为单端触发方式，其第 5 脚为触发端，由电子钟表机芯电路输出的整点正脉冲触发报时，每一次被触发时自动在上一次报时时间的基础上增加 1 小时。SB 为校准按钮。

5. 录放语音电路

图 9-168 所示为录音贺卡电路，电路的核心是单片数码录放集成电路 HY506，可录存 6 秒钟的语音。S_1 是录音按钮，S_2 是放音按钮。由于电路静态电流极微小，所以不设电源开关。

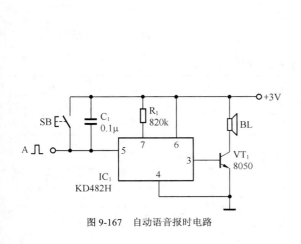

图 9-167　自动语音报时电路

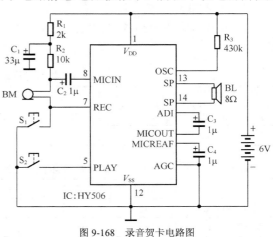

图 9-168　录音贺卡电路图

　　HY506 采用小印板软封装结构形式，如图 9-169 所示。在小印板的下边缘有一排共 14 个引出端，自左至右（从铜箔面看）依次编号为 1～14，在录音贺卡电路中，使用了其中的 8 个引出端。所有阻容元件都安装在 HY506 的小印板上。

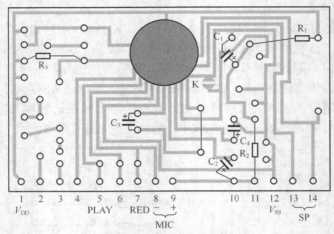

图 9-169　HY506 结构形式

　　录音贺卡应先录音再放音。录音时，按下录音按钮 S_1，这时可听到"嘀"的一声，保持按住 S_1，对着话筒 BM 讲话。讲话结束后松开 S_1，这段话语便被录存到电路中了。

　　放音时，按一下放音按钮 S_2，电路便将录存的话语播放一遍。录存的话语可以无数次地被播放，直至录入新的话语为止。

9.6.6　检测音乐与语音集成电路

　　音乐与语音集成电路可以用万用表进行检测。检测时，万用表置于 R×1k 挡，测量音乐与语音集成电路各引脚对地的正、反向电阻，如图 9-170 所示。将检测结果与其正常值相比较，如果检测结果与正常值严重不符，说明该集成电路已损坏。

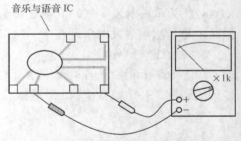

图 9-170　检测音乐与语音集成电路

　　1.　检测音乐集成电路

　　部分音乐集成电路各引脚对地电阻值见表9-32 和表 9-33。

表 9-32　　　　　　　　　　　KD15 系列音乐集成电路各引脚电阻值

引脚	1	2	3	4	5	6
正向电阻（kΩ）	∞	200	10	地	∞	∞
反向电阻（kΩ）	5.1	7.8	6	地	∞	∞

表 9-33　　　　　　　　　　KD482 音乐集成电路（12 首）各引脚电阻值

引脚	1	2	3	4	5	6	7
正向电阻（kΩ）	地	∞	∞	13	17	∞	∞
反向电阻（kΩ）	地	6.8	7.1	6.3	6.5	4.7	6.8

2. 检测模拟声音集成电路

部分模拟声音集成电路各引脚对地电阻值见表 9-34 和表 9-35。

表 9-34　　　　　　　　　　　KD5600 系列模拟声音集成电路各引脚电阻值

引脚	1	2	3	4	5	6
正向电阻（kΩ）	地	∞	∞	∞	∞	∞
反向电阻（kΩ）	地	5.6	6.5	6.5	6.5	8

表 9-35　　　　　　　　　　　KD9562 模拟枪声集成电路各引脚电阻值

引脚	1	2	3	4	5	6	7	8	9	10	11	12
正向电阻（kΩ）	地	6.3	7	4.6	4.9	7.2	7.2	7.2	7.2	7.2	7.2	7.2
反向电阻（kΩ）	地	300	15	∞	∞	23	23	24	24	24	24	24

3. 检测语音集成电路

语音集成电路 KD5603 各引脚对地电阻值见表 9-36。

表 9-36　　　　　　　　　　　KD5603 语音集成电路各引脚电阻值

引脚	1	2	3	4	5	6
正向电阻（kΩ）	地	∞	∞	∞	∞	∞
反向电阻（kΩ）	地	5.6	6.5	6.5	6.5	8

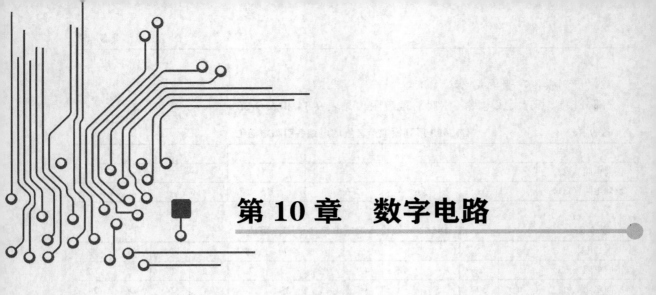

第 10 章　数字电路

现代电子产品以数字化集成化为标志的更新换代越来越快，数字集成电路得到了越来越广泛的应用。本章重点介绍数字集成电路的种类、功能、符号、参数、工作原理等基本知识，以及数字集成电路的识别、选用、检测等实用技能。

10.1　数字电路概述

数字集成电路简称数字电路，是指传输和处理数字信号的集成电路。数字信号在时间上和数值上都是不连续的，是断续变化的离散信号。数字信号往往采用二进制数表示，数字电路的工作状态则用"1"和"0"表示。数字集成电路基本上都采用双列直插式封装，如图 10-1 所示。

图 10-1　数字电路

10.1.1　数字电路的特点

数字电路的特点是工作于开关状态。CMOS 电路和 TTL 电路是最常用的两种数字电路，它们各有特点。

CMOS 电路具有电源电压范围宽（3～18V）、功耗很小、输入阻抗很高、逻辑摆幅大、扇出能力强、抗干扰和抗辐射能力强、温度稳定性好的特点，得到了广泛的应用。其不足是工作速度较慢、输出电流较小。

TTL 电路具有工作速度快、传输延迟时间短、工作频率高、输出电流大、抗杂散电磁场干扰能力强、稳定性和可靠性高的特点，应用范围很广，特别适用在高速数字系统中。其不足是功耗较大、输入阻抗较低、电源电压范围窄（限定为 5V）。

10.1.2　数字电路的种类

数字电路种类很多。按照功能不同，数字电路可分为门电路、触发器、计数器、译码器、寄存器、移位寄存器、模拟开关、数据选择器、运算电路等。

按电路结构不同，可分为 TTL 电路（晶体管–晶体管逻辑电路）、HTL 电路（高阈值逻辑门电路）、ECL 电路（发射极耦合逻辑电路）、CMOS 电路（互补对称 MOS 型数字集成电路）、PMOS 电路（P 沟道 MOS 型数字集成电路）、NMOS 电路（N 沟道 MOS 型数字集成电路）等。其中，TTL、HTL、ECL 属于双极型数字集成电路，CMOS、PMOS、NMOS 属于单极型 MOS 数字集成电路。

10.1.3　数字电路的符号

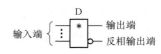

图 10-2　数字电路的图形符号

数字电路的文字符号为"D"，一般图形符号如图 10-2 所示。各种不同功能的数字电路，如门电路、触发器等，则会依据一般符号原则，形成各自的图形符号。

10.1.4　数字电路的参数

常用的 CMOS 电路和 TTL 电路的主要参数如下。

1. CMOS 电路的参数

CMOS 电路的参数很多，包括极限参数、静态参数和动态参数，主要参数有电源电压 U_{DD}、最大输入电压 $U_{i(max)}$、最小输入电压 $U_{i(min)}$、最大输入电流 I_{iM}、最大允许功耗 P_M 等。

（1）电源电压 U_{DD}，是指 CMOS 电路的直流供电电压。CMOS 电路具有很宽的电源电压范围，U_{DD} 在 3～18V 范围内均能正常可靠地工作。

（2）最大输入电压 $U_{i(max)}$ 和最小输入电压 $U_{i(min)}$，是指 CMOS 电路正常工作情况下，其输入端所能承受的输入电压的上下极限。使用中输入电压不能大于 $U_{i(max)}$ 或小于 $U_{i(min)}$，否则将造成 CMOS 电路失效甚至损坏。

（3）最大输入电流 I_{iM}，是指 CMOS 电路正常工作情况下，其输入端所能承受的输入电流的极限值。使用中可在 CMOS 电路输入端串入限流电阻。

（4）最大允许功耗 P_M，是指 CMOS 电路正常工作情况下所能承受的最大耗散功率。

（5）最高时钟频率 f_M，是指在规定的电源电压和负载条件下，时序逻辑电路能保持正常逻辑功能的时钟频率上限。

（6）输出电流 I_o，是指 CMOS 电路输出端的输出驱动电流，包括输出供给电流和输出吸收电流两方面。CMOS 电路的输出电流一般较小，需要驱动继电器、电动机、灯泡等较大电流负载时，应加接晶体管等驱动电路。

CMOS 电路的主要参数见表 10-1。

2. TTL 电路的参数

TTL 数字集成电路的参数也很多，包括极限参数、静态参数和动态参数。主要有电源电

压 U_{CC}、输入电压 U_i、输入电流 I_i、输出短路电流 I_{os} 等。

表 10-1 CMOS 电路的主要参数

电源电压 U_{DD}	3～18V
最大输入电压 $U_{i(max)}$	$U_{DD}+0.5V$
最小输入电压 $U_{i(min)}$	−0.5V
最大输入电流 I_{iM}	±10mA
最大允许功耗 P_M	500mW

（1）电源电压 U_{CC}，是指 TTL 电路的直流供电电压。TTL 电路的电源电压为+5V。

（2）输入电压 U_i，是指 TTL 电路正常工作情况下，其输入端所能承受的输入电压的范围。使用中输入电压不能超出规定范围，否则将造成 TTL 电路失效甚至损坏。

（3）输入电流 I_i，是指 TTL 电路正常工作情况下，其输入端所能承受的输入电流的范围。使用中可在 TTL 电路输入端串入限流电阻加以控制。

（4）输出短路电流 I_{os}，是指 TTL 电路正常工作情况下所能提供的最大输出电流。

TTL 电路的主要参数见表 10-2。

表 10-2 TTL 电路的主要参数

电源电压 U_{CC}	+5V
输入电压 U_i	−0.5～+5.5V
输入电流 I_i	−3.0～+5.0mA
输出短路电流 I_{os}	50～100mA

10.2　门电路

视频 10.1　与门电路

　　能够实现各种基本逻辑关系的电路通称为门电路。门电路是构成组合逻辑网络的基本部件，也是构成时序逻辑电路的组成部件之一。门电路可用逻辑代数进行分析。

10.2.1　门电路的种类与特点

　　基本门电路包括与门、或门、非门（反相器）、与非门、或非门等，它们有各自特定的电路符号和逻辑关系。

1．与门

　　与门的电路符号如图 10-3 所示，方框内标示有与符号"&"，A、B 为输入端，Y 为输出端。与门的逻辑关系为 Y=AB，即只有当所有输入端 A 和 B 均为 1 时，输出端 Y 才为 1；否则 Y 为 0。与门可以有更多的输入端。

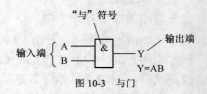

图 10-3　与门

2．或门

　　或门的电路符号如图 10-4 所示，方框内标示有或符号"≥1"，A、B 为输入端，Y 为输出端。或门的逻辑关系为 Y=A+B，即只要输入端 A 和 B 中有一个为 1 时，输出端 Y 即为 1；

所有输入端 A 和 B 均为 0 时，Y 才为 0。或门可以有更多的输入端。

3. 非门

非门的电路符号如图 10-5 所示。非门又叫反相器，A 为输入端，Y 为输出端。非门的逻辑关系为 $Y=\overline{A}$，即输出端 Y 总是与输入端 A 相反。

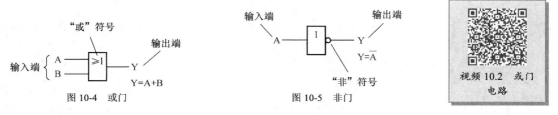

图 10-4　或门

图 10-5　非门

视频 10.2　或门电路

4. 与非门

与非门的电路符号如图 10-6 所示，A、B 为输入端，Y 为输出端。与非门的逻辑关系为 $Y=\overline{AB}$，即只有当所有输入端 A 和 B 均为 1 时，输出端 Y 才为 0；否则 Y 为 1。与非门可以有更多的输入端。

5. 或非门

或非门的电路符号如图 10-7 所示，A、B 为输入端，Y 为输出端。或非门的逻辑关系为 $Y=\overline{A+B}$，即只要输入端 A 和 B 中有一个为 1 时，Y 即为 0；所有输入端 A 和 B 均为 "0" 时，Y 才为 1。或非门可以有更多的输入端。

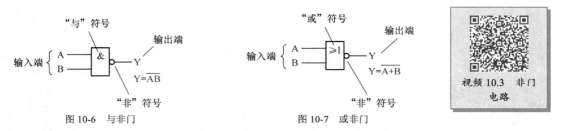

图 10-6　与非门

图 10-7　或非门

视频 10.3　非门电路

门电路的特点是输入状态决定输出状态，即按逻辑关系控制信号的通过，只有符号该门电路的逻辑关系时才有特定的输出。这一类电路就像门一样，控制着信号的流动。输入端满足了开门条件，门就打开了，信号得以通过。如果不满足条件门就关闭了，信号无法通过。所以把这一类电路形象地叫作 "门电路"。

10.2.2　常用门电路

常用门电路主要有 CMOS 门电路和 TTL 门电路两大类，可根据电路要求选用。

1. 常用 CMOS 门电路

（1）2 输入端与非门电路 CC4011 引脚功能如图 10-8 所示。CC4011 内含四个独立的具有 2 个输入端的与非门，V_{DD} 端接 +3～18V 电源电压，V_{SS} 端接地。

（2）4 输入端与非门电路 CC4012 引脚功能如图 10-9 所示。CC4012 内含两个独立的具有 4 个输入端的与非门。

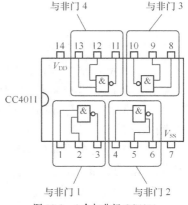

图 10-8　4 个与非门 CC4011

（3）2 输入端或非门电路 CC4001 引脚功能如图 10-10 所示。CC4001 内含 4 个独立的具有 2 个输入端的或非门。

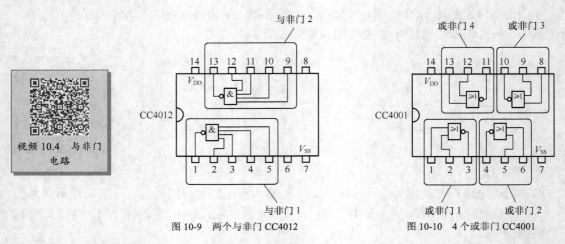

视频 10.4 与非门电路

图 10-9 两个与非门 CC4012

图 10-10 4 个或非门 CC4001

（4）4 输入端或非门电路 CC4002 引脚功能如图 10-11 所示。CC4002 内含两个独立的具有 4 个输入端的或非门。

（5）六非门电路 CC4069 引脚功能如图 10-12 所示。CC4069 内含 6 个独立的非门（反相器）。

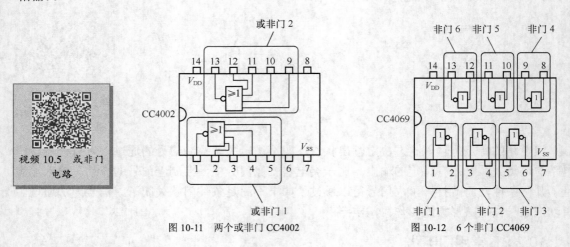

视频 10.5 或非门电路

图 10-11 两个或非门 CC4002

图 10-12 6 个非门 CC4069

2. 常用 TTL 门电路

（1）2 输入端与非门电路 T4000 引脚功能如图 10-13 所示。T4000 内含 4 个独立的具有 2 个输入端的与非门，V_{CC} 端接+5V 电源电压。

（2）3 输入端与非门电路 T4010 引脚功能如图 10-14 所示。T4010 内含 3 个独立的具有 3 个输入端的与非门。

（3）2 输入端或非门电路 T4002 引脚功能如图 10-15 所示。T4002 内含 4 个独立的具有 2 个输入端的或非门。

（4）带选通端的 4 输入端或非门电路 T1025 引脚功能如图 10-16 所示。T1025 内含两个独立的带选通端的具有 4 个输入端的或非门。

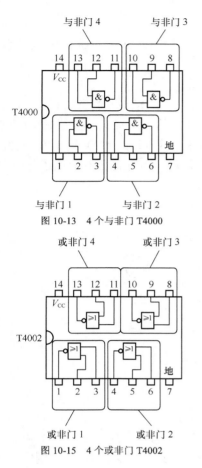

图 10-13　4 个与非门 T4000

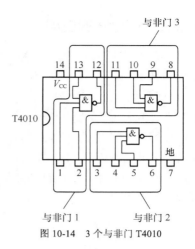

图 10-14　3 个与非门 T4010

图 10-15　4 个或非门 T4002

图 10-16　两个或非门 T1025

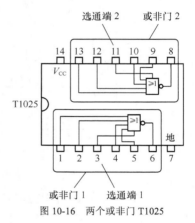

（5）2 输入端与门电路 T4008 引脚功能如图 10-17 所示。T4008 内含 4 个独立的具有 2 个输入端的与门。

（6）六非门电路 T4004 引脚功能如图 10-18 所示。T4004 内含 6 个独立的非门（反相器）。

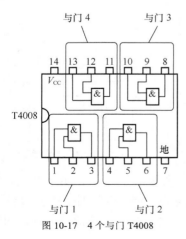

图 10-17　4 个与门 T4008

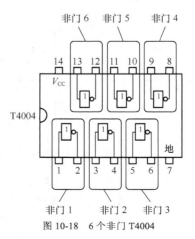

图 10-18　6 个非门 T4004

10.2.3　门电路的应用

门电路具有广泛的用途，最主要的用途是逻辑控制，以及组成振荡器、触发器等，还可以用作模拟放大器。

1. 逻辑控制

（1）图 10-19 所示为声光控路灯电路，由非门 D_1、与门 D_2 实现逻辑控制。夜晚无强环境光时，环境光检测电路输出为 0，经 D_1 反相后为 1，打开了与门 D_2。这时如有行人的脚步声，声音检测电路输出为 1。由于与门 D_2 的两个输入端都为 1，因此 D_2 输出为 1 使晶体管 VT 导通，继电器吸合，路灯自动点亮。白天环境光较强时，D_1 输出为 0 关闭了与门 D_2，即使有脚步声路灯也不会点亮。

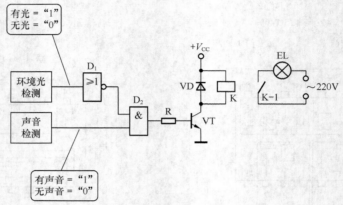

图 10-19　声光控路灯电路

（2）图 10-20 所示为逻辑相等电路，由与非门 D_1、与门 $D_2 \sim D_4$、或非门 D_5 组成。如果三个输入变量 A、B、C 的逻辑状态不一致，输出端 $Y=0$。只有当 A、B、C 的逻辑状态完全相等时，才有 $Y=1$。

2. 多谐振荡器

（1）图 10-21 所示为多谐振荡器电路，由两个非门 D_1、D_2 等组成，振荡周期 $T \approx 2.2R_1C$，输出端 U_{o1} 和 U_{o2} 输出互为反相的连续方波，各点波形如图 10-22 所示。

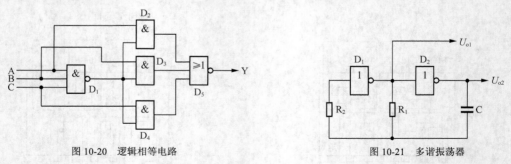

图 10-20　逻辑相等电路

图 10-21　多谐振荡器

（2）图 10-23 所示为占空比可调的多谐振荡器电路，由两个非门 D_1、D_2 等组成，电位器 RP_1 和 RP_2 用于调节占空比。由于二极管 VD_1 和 VD_2 的存在，调节 RP_1 时只改变电容 C 的充电时间，即只改变输出方波高电平的宽度；调节 RP_2 时只改变电容 C 的放电时间，即只改变输出方波低电平的宽度。

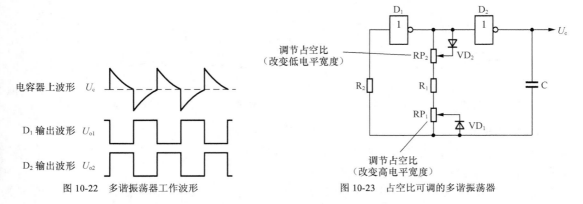

电容器上波形　U_c

D_1 输出波形　U_{o1}

D_2 输出波形　U_{o2}

图 10-22　多谐振荡器工作波形

调节占空比
（改变低电平宽度）

调节占空比
（改变高电平宽度）

图 10-23　占空比可调的多谐振荡器

（3）图 10-24 所示为门控多谐振荡器电路，由两个与非门 D_1、D_2 等构成，其中 D_2 两输入端并接作非门用。当控制端 $A=1$ 时电路起振，输出 900Hz 方波信号。当控制端 $A=0$ 时电路停振。振荡频率 $f = \dfrac{1}{2.2R_2C}$，可通过改变 R_2、C 予以改变。

3. 单稳态触发器

图 10-25 所示为或非门构成的单稳态触发器。或非门 D_2 两输入端并接作非门用，其输出端信号直接反馈至或非门 D_2 的一个输入端，构成闭环正反馈回路。该单稳态触发器由正脉冲触发，输出一个正的矩形脉冲 U_o，U_o 脉宽 $T_W = 0.69RC$，可通过改变 R、C 予以改变。图 10-25 所示电路参数时，$T_W = 100$ ms。

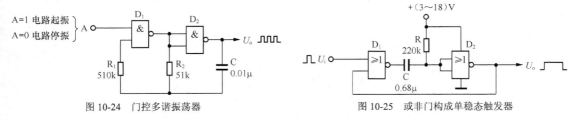

A=1 电路起振
A=0 电路停振

图 10-24　门控多谐振荡器

图 10-25　或非门构成单稳态触发器

4. RS 触发器

图 10-26 所示为或非门构成的 RS 触发器，由两个或非门 D_1、D_2 交叉耦合而成。RS 触发器具有两个触发输入端：R 为置 0 输入端，S 为置 1 输入端，1 电平触发有效。具有两个输出端：Q 为原码输出端，$\overline{Q}$ 为反码输出端。当 R=1、$S=0$ 时，触发器被置 0，$Q=0$、$\overline{Q}=1$；当 $S=1$、$R=0$ 时，触发器被置 1，$Q=1$、$\overline{Q}=0$；当 $R=0$、$S=0$ 时，触发器输出状态保持不变；当 $R=1$、$S=1$ 时，下一状态不确定，应避免使触发器出现这种状态。

5. 施密特触发器

图 10-27 所示为非门构成的施密特触发器电路。两个非门 D_1、D_2 直接接连，反馈电阻 R_2 构成正反馈闭环回路，滞后电压 $\triangle V_T$ 取决于 R_2 与 R_1 的比值，即 $\triangle V_T = \dfrac{R_1}{R_2} V_{DD}$。施密特触发器常用作脉冲信号边沿的整形。

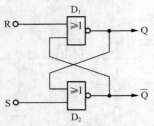

图 10-26　或非门构成 RS 触发器

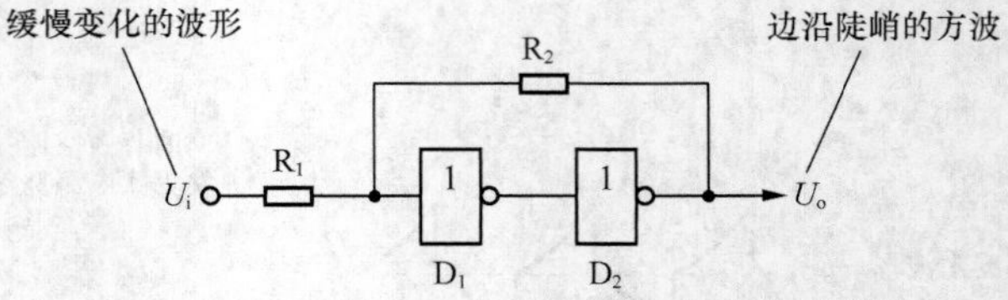

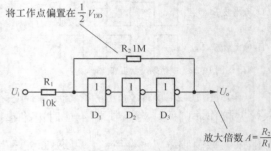

图 10-27　非门构成施密特触发器

6. 模拟放大器

门电路还可以用作模拟放大器。图 10-28 所示为门电路构成的模拟电压放大电路，由三个非门 D_1、D_2、D_3 串接而成。R_2 为反馈偏置电阻，将三个非门的工作点偏置在 $\frac{1}{2} V_{DD}$ 附近。R_1 为输入电阻。电路放大倍数 $A=\dfrac{R_2}{R_1}$，按图中参数放大倍数 $A=100$ 倍。

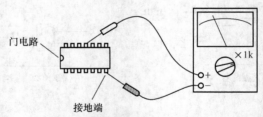

图 10-28　模拟电压放大电路

10.2.4　检测门电路

门电路可用万用表进行检测，具体方法如下。

1. 检测门电路各引脚电阻

检测时，万用表置于 R×1k 挡，测量门电路各引脚对接地端的正、反向电阻，如图 10-29 所示。

图 10-29　检测门电路各引脚电阻

将测量结果与其正常值相比较，如果测量结果与正常值严重不符，说明该门电路已损坏。门电路 LC4001 各引脚对地电阻正常值见表 10-3。

表 10-3 **LC4001 四组 2 输入端或非门各引脚电阻值**

引脚	1	2	3	4	5	6	7
正向电阻（kΩ）	∞	∞	∞	∞	∞	∞	地
反向电阻（kΩ）	15.3	110.5	10.6	10.6	110.8	15	地
引脚	8	9	10	11	12	13	14
正向电阻（kΩ）	∞	∞	∞	∞	∞	∞	∞
反向电阻（kΩ）	15.3	110.5	10.5	10.5	110.7	15	5.2

2. 检测门电路逻辑功能

检测时，给被测门电路加上规定的电源电压，万用表置于直流电压挡，监测门电路输出端的电压变化，如图 10-30 所示。

用跳线将门电路的输入端接正电源（置 1）或接地（置 0），看万用表指示的电平值（高电平为 1，低电平为 0）是否符合该门电路的逻辑关系。如符合则说明该门电路是好的，如不符合则说明该门电路已损坏。数字集成电路中往往包含若干个门电路，需逐个检测。

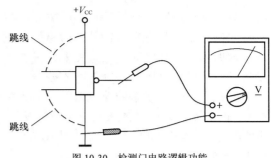

图 10-30　检测门电路逻辑功能

10.3　触发器

触发器是时序电路的基本单元，在数字信号的产生、变换、存储、控制等方面应用广泛。按结构和工作方式不同，触发器可分为 RS 触发器、D 型触发器、JK 触发器、单稳态触发器、施密特触发器等。

10.3.1　触发器的种类与特点

各种触发器有其特定的符号与功能，主要触发器的符号与功能如下。

1. RS 触发器

RS 触发器也就是复位-置位触发器，是最简单的基本触发器，也是构成其他复杂结构触发器的组成部分之一。RS 触发器的电路符号如图 10-31 所示。RS 触发器的特点是，电路具有两个稳定状态：$Q=1$ 或 $Q=0$。R 输入端只能使触发器处于 $Q=0$

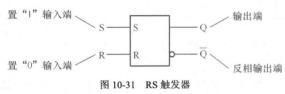

图 10-31　RS 触发器

的状态，S 输入端只能使触发器处于 $Q=1$ 的状态。

RS 触发器具有两个输入端：置 1 输入端 S、置 0 输入端 R。具有两个输出端：输出端 Q 和反相输出端 $\overline{Q}$。表 10-4 为 RS 触发器真值表。

表 10-4　　　　　　　　　　　　RS 触发器真值表

输入		输出	
R	S	Q	$\overline{Q}$
1	0	0	1
0	1	1	0
0	0	不变	
1	1	不确定	

2. D 触发器

D 触发器又称为延迟触发器，具有数据输入端 D、时钟输入端 CP、输出端 Q 和反相输

出端 $\overline{Q}$，其电路符号如图 10-32 所示。D 触
发器的特点是，只有在时钟脉冲边沿的触发
下，数据才得以传输而进入触发器，没有触
发信号时触发器中的数据则保持不变。

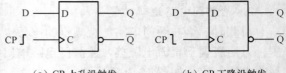

（a）CP 上升沿触发　　　　（b）CP 下降沿触发

图 10-32　D 触发器

　　D 触发器输出状态的改变依赖于时钟脉
冲 CP 的触发，即在时钟脉冲边沿的触发下，数据由输入端 D 传输到输出端 Q。图 10-32（a）
为 CP 上升沿触发的 D 触发器，图 10-32（b）为 CP 下降沿触发的 D 触发器，其真值表分别
见表 10-5、表 10-6。

表 10-5　　　　　　　　　　　　　上升沿触发 D 触发器真值表

输入		输出	
CP	D	Q	$\overline{Q}$
⌐⌐	0	0	1
⌐⌐	1	1	0
⌐⌐	任意	不变	

表 10-6　　　　　　　　　　　　　下降沿触发 D 触发器真值表

输　　入		输出	
CP	D	Q	$\overline{Q}$
⌐⌐	0	0	1
⌐⌐	1	1	0
⌐⌐	任意	不变	

3. 单稳态触发器

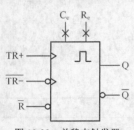

图 10-33　单稳态触发器

单稳态触发器电路符号如图 10-33 所示。在单稳态触发器 TR 端输入一个触发脉冲，其
输出端即输出一个恒定宽度的矩形脉冲。单稳态触发器的特点是，具
有两个输出状态：稳态和暂稳态。稳态时输出端 $Q=0$。在输入脉冲的
触发下，电路翻转为暂稳态，$Q=1$，经过一定时间后又自动回复到稳
态（$Q=0$）。

　　单稳态触发器一般具有两个触发端：上升沿触发端 TR+ 和下降沿
触发端 $\overline{TR-}$。具有两个输出端：Q 端和 $\overline{Q}$ 端，其输出信号互为反相。
另外还具有清零端 $\overline{R}$，外接电阻端 R_e，外接电容端 C_e。单稳态触发
器输出的矩形脉冲的宽度由外接定时元件 R_e 和 C_e 决定。表 10-7 为单稳态触发器真值表。

表 10-7　　　　　　　　　　　　　单稳态触发器真值表

输入			输出	
$\overline{R}$	TR+	$\overline{TR-}$	Q	$\overline{Q}$
1	⌐⌐	1	⊓	⊔

续表

输入			输出	
$\overline{R}$	TR+	$\overline{TR-}$	Q	$\overline{Q}$
1	0	⤒	⎍	⏊
1	⤒	0	不触发	
1	1	⤓	不触发	
0	任意	任意	0	1

4．施密特触发器

施密特触发器电路符号如图 10-34 所示，其中图 10-34（a）为同相输出型施密特触发器，图 10-34（b）为反相输出型施密特触发器。施密特触发器的特点是，可将缓慢变化的电压信号转变为边沿陡峭的矩形脉冲。

施密特触发器具有一个输入端 A，一个输出端 Q 或 $\overline{Q}$。施密特触发器具有滞后电压特性，即当输入电压上升到正向阈值电压 U_{T+} 时，触发器翻转；当输入电压下降到负向阈值电压 U_{T-} 时，触发器再次翻转。滞后电压 $\triangle U_T = U_{T+} - U_{T-}$。施密特触发器输出信号为矩形波，图 10-35 所示为施密特触发器波形图。

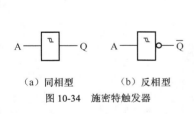

（a）同相型　　（b）反相型
图 10-34　施密特触发器

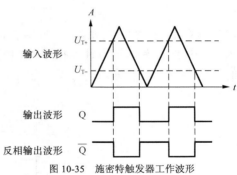

图 10-35　施密特触发器工作波形

10.3.2　常用触发器

常用集成触发器主要品种介绍如下，供选用时参考。

1．RS 触发器

三态 RS 锁存触发器 CC4043 引脚功能如图 10-36 所示。CC4043 内含 4 个独立的三态 RS 锁存触发器，1 电平触发有效。4 个 RS 触发器共用一个允许控制端 EN，当 EN =1 时，RS 触发器如常工作；当 EN =0 时，RS 触发器所有输出端处于高阻状态（即输出端悬空）。

视频 10.8　同步 RS 触发器

2．D 触发器

（1）主从 D 触发器 CC4013 引脚功能如图 10-37 所示。CC4013 内含两个独立的主从 D 触发器。每个 D 触发器具有 4 个输入端：数据输入端 D，时钟输入端 CP，置 0 端 R，置 1 端 S。具有两个输出端：原码输出端 Q 和反码输出端 $\overline{Q}$。CC4013 的 D 触发器由 CP 脉冲的上升沿触发，R 与 S 端为 1 电平有效。

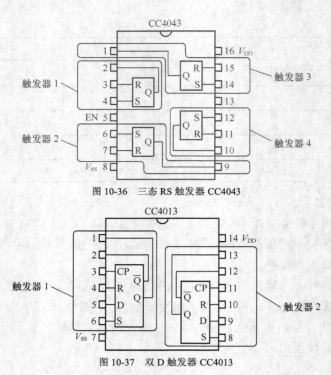

图 10-36　三态 RS 触发器 CC4043

图 10-37　双 D 触发器 CC4013

（2）锁存 D 触发器 CC4042 引脚功能如图 10-38 所示。CC4042 内含 4 个独立的锁存 D 触发器，4 个 D 触发器共用时钟脉冲端 CP 和极性选择端 POL。只有当 CP 与 POL 逻辑状态相同时，D 端数据才被传输至 Q 端，否则数据被锁存。

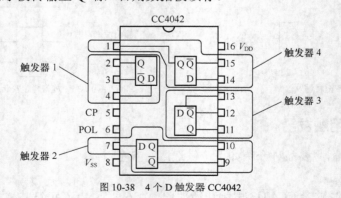

图 10-38　4 个 D 触发器 CC4042

（3）锁存 D 触发器 CC40174 引脚功能如图 10-39 所示。CC40174 内含 6 个独立的锁存 D 触发器，这六个 D 触发器共用时钟脉冲端 CP 和清零端 $\overline{R}$ 。当 CP=1 时数据传输，CP=0 时数据锁存。

3．单稳态触发器

单稳态触发器 CC4098 引脚功能如图 10-40 所示。CC4098 内含两个独立的单稳态触发器。每个单稳态触发器具有：正向触发输入端 TR+，负向触发输入端 TR-，清零端 R，外接电阻端 R_e，外接电容端 C_e，原码输出端 Q 和反码输出端 $\overline{Q}$。R_e 与 C_e 端外接的电阻 R、电容 C 的值，决定了输出脉冲的宽度。

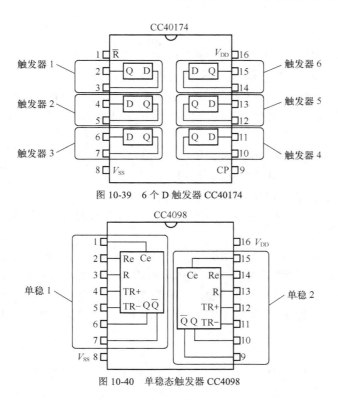

图 10-39 6 个 D 触发器 CC40174

图 10-40 单稳态触发器 CC4098

4. 施密特触发器

（1）2 输入端施密特触发器 CC4093 引脚功能如图 10-41 所示。CC4093 内含 4 个独立的具有 2 个输入端的与非门形式的施密特触发器。

（2）六施密特触发器 CC40106 引脚功能如图 10-42 所示。CC40106 内含 6 个独立的反相器形式的施密特触发器。

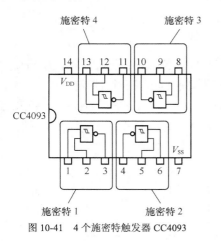

图 10-41 4 个施密特触发器 CC4093

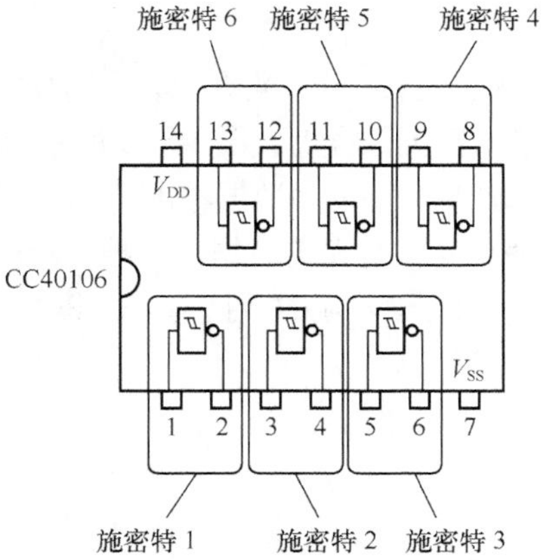

图 10-42 6 个施密特触发器 CC40106

10.3.3 触发器的应用

各种触发器功能不同，其用途也不同。

1. RS 触发器的应用

RS 触发器常用于单脉冲产生、状态控制等电路中。

（1）消抖开关。图 10-43 所示为 RS 触发器构成的消抖开关电路，每按一下按钮开关 SB，电路输出一个单脉冲，完全消除了机械开关触点抖动产生的抖动脉冲。

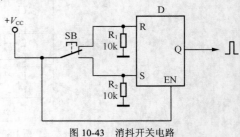

图 10-43　消抖开关电路

当按下 SB 时，输入端 $S=1$ 使触发器置 1，输出端 $Q=1$。这时即使 SB 产生机械抖动，只要机械触点不返回到 R 端，输出端 Q 仍保持 1 不变，消除了抖动脉冲信号。同理，当松开 SB 时，输入端 $R=1$ 使触发器置 0，虽然 SB 产生机械抖动，但输出端 Q 仍保持 0 不变。

（2）触摸开关。图 10-44 所示为 RS 触发器构成的触摸开关电路，"开"和"关"为两对金属触摸接点。当用手触摸"开"接点时，人体电阻将接点接通，电源电压+V_{CC} 加至 S 端使触发器置 1，输出端 $Q=1$，晶体管 VT 导通，继电器 K 吸合，电灯 EL 点亮。当用手触摸"关"接点时，电源电压+V_{CC} 加至 R 端使触发器置 0，晶体管 VT 截止，继电器释放，电灯熄灭。

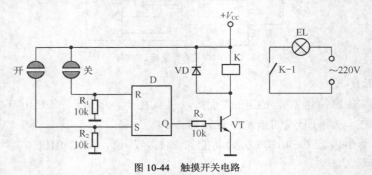

图 10-44　触摸开关电路

2. D 触发器的应用

D 触发器常用于数据锁存、计数、分频等电路中。

（1）数据锁存器。图 10-45 所示为 4 个 D 触发器构成的四位数据锁存器电路，$D_1 \sim D_4$ 为数据输入端，$Q_1 \sim Q_4$ 为数据输出端。4 个 D 触发器的时钟输入端并联，在时钟脉冲 CP 上升沿的触发下，将 $D_1 \sim D_4$ 端的数据输入触发器，并从 $Q_1 \sim Q_4$ 端输出。在下一个 CP 脉冲上升沿到来之前，即使 $D_1 \sim D_4$ 输入端的数据消失，其 $Q_1 \sim Q_4$ 输出端的数据仍不变，实现了所谓的"锁存"。

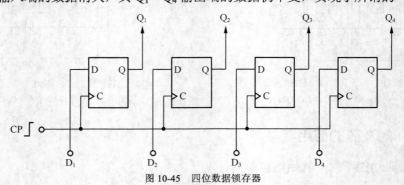

图 10-45　四位数据锁存器

（2）三级分频。图 10-46 所示为 D 触发器构成的三级分频电路。每个 D 触发器的反相输出端 $\overline{Q}$ 与自身的数据输入端 D 相连接，构成 2 分频单元。三级 2 分频单元串接可实现 8 分频电路。增加串接的分频单元的数量，即可相应增大分频比，n 级 2 分频单元串接可实现 2^n 分频。

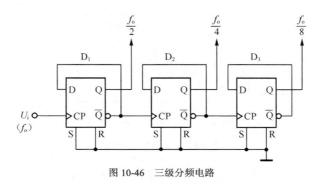

图 10-46　三级分频电路

（3）第一信号鉴别。图 10-47 所示为 D 触发器构成的第一信号鉴别电路。时钟控制锁存 D 型触发器 CD4042 的极性选择端（POL）固定为 1 电平，时钟脉冲 $CP=1$ 时数据传输，$CP=0$ 时数据锁存。4 个输入端 A、B、C、D 中首先有一个为 1 时，其相应的反相输出端 $\overline{Q}=0$，经与非门 D_6 和或非门 D_7，使 $CP=0$，CD4042 进入锁存状态，其余输入端的 1 信号不再起作用。同时其相应的输出端 $Q=1$，使发光二极管点亮，指示出第一信号。

3．单稳态触发器的应用

单稳态触发器主要应用于脉冲信号展宽、整形、延迟电路，以及定时器、振荡器、数字滤波器、频率-电压变换器等。

（1）定时器。图 10-48 所示为单稳态触发器构成的 100ms 定时器电路，采用 TR+输入端触发，每按下一次 SB，输出端 Q 便输出一个宽度为 100ms 的高电平信号。输出脉宽 T_W 由 R_1 和 C 决定，$T_W=0.69R_1C$。改变定时元件 R_1 和 C 的大小，即可改变定时时间。

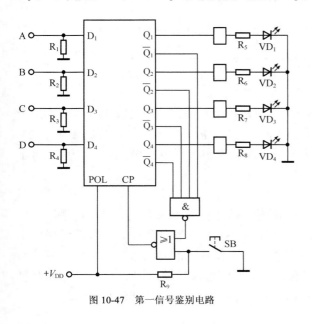

图 10-47　第一信号鉴别电路

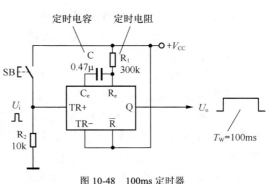

图 10-48　100ms 定时器

（2）数字滤波器。图 10-49 所示为带通数字滤波器电路，由两个单稳态触发器构成，单稳态触发器 D_1 的输出脉宽等于输入信号频率上限的周期，单稳态触发器 D_2 的输出脉宽等于输入信号频率下限的周期。

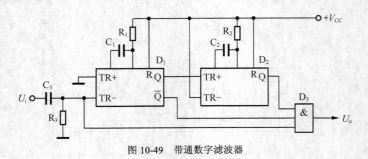

图 10-49　带通数字滤波器

当输入信号频率高于上限时，D_1 的反相输出端 $\overline{Q}_1 = 0$，关闭了与门 D_3，输出端 $U_o = 0$；当输入信号频率低于下限时，D_2 的输出端 $Q_2 = 0$，也使与门 D_3 关闭，输出端 $U_o = 0$；当输入信号频率在所限定的频率范围内，$\overline{Q}_1 = 1$ 和 $Q_2 = 1$ 时，与门 D_3 才打开，允许输入信号输出。

由于 D_1 和 D_2 的输出脉宽分别由外接定时元件 R_1 和 C_1、R_2 和 C_2 决定，所以可通过改变这些外接定时元件来选择通带频率的上、下限。

（3）脉冲延迟。图 10-50 所示为脉冲延迟电路，由两个单稳态触发器 D_1 和 D_2 构成，可以将脉冲信号整体延迟一定时间。脉冲延迟时间由 D_1 的外接定时元件 R_1 和 C_1 决定，延迟后的脉冲宽度由 D_2 的外接定时元件 R_2 和 C_2 决定。

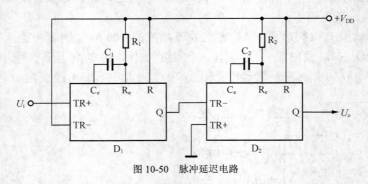

图 10-50　脉冲延迟电路

（4）频率-电压变换。图 10-51 所示为频率-电压变换电路，R_2、C_2 构成积分网络连接于单稳态触发器输出端。频率-电压变换电路可将频率变化的方波信号转换为相应的电压信号，输入信号的频率越高，输出的电压也越高，从而完成对调频脉冲信号的解调。图 10-52 所示为输入、输出信号波形。

4. 施密特触发器的应用

施密特触发器常用于脉冲整形、电压幅度鉴别、模-数转换、多谐振荡器、接口电路等。

（1）整形。图 10-53 所示为光控整形电路，施密特触发器起整形作用。光线的缓慢变化由光电三极管 VT 接收转换为电信号，施密特触发器将缓慢变化的电信号整形成为边沿陡峭的脉冲信号输出。无光照时，光电三极管 VT 截止，施密特触发器输出端 $U_o = 0$；当有光照射到光电三极管 VT 时，VT 导通，使施密特触发器输入端为 0，其输出端 $U_o = 1$。

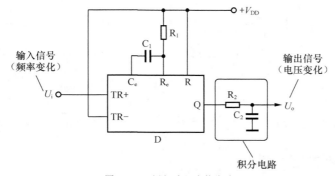

图 10-51　频率-电压变换电路

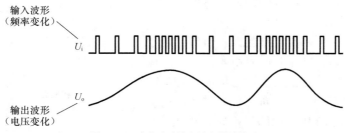

图 10-52　变换电路输入输出信号波形

（2）脉冲展宽。图 10-54 所示为脉冲展宽电路，由非门 D_1 和施密特触发器 D_2 组成。当输入端有一正的窄脉冲 U_i 时，D_1 输出端为"0"，电容 C 经 VD 放电，施密特触发器 D_2 输出端 U_o 为"1"。当输入脉冲 U_i 结束后，U_o 并不随之结束，而是要等 C 上电压充电一定时间后，U_o 才变为"0"，从而使输入脉冲 U_i 得到展宽，展宽的宽度由 R、C 决定。

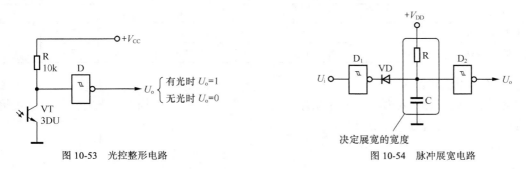

图 10-53　光控整形电路

图 10-54　脉冲展宽电路

（3）脉冲延迟。图 10-55 所示为脉冲延迟电路，其输出脉冲相对于输入脉冲在时间上整体向后延迟了一定时间，延迟量由 RC 网络决定。脉冲延迟电路由两个施密特触发器 D_1 和 D_2 等构成，延迟时间 1ms。在 D_1 的输入端接有 R、C 积分电路，利用积分电容的充放电作用，使输入脉冲延迟。

（4）多谐振荡器。图 10-56 所示为多谐振荡器电路，施密特触发器构成多谐振荡器时电路非常简单，仅需外接一个电阻和一个电容。电阻 R 跨接在施密特触发器 D 两端，与电容 C 构成充放电回路，决定多谐振荡器的振荡频率。改变 R、C 的大小即可改变振荡频率。同时，振荡频率还与电路的电源电压 V_{DD}、施密特触发器的正负阈值电压 U_{T+}、U_{T-} 有关。电路输出信号 U_o 为连续的脉冲方波。

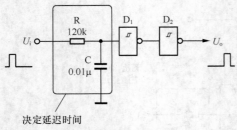

决定延迟时间

图 10-55　脉冲延迟电路

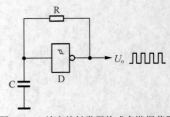

图 10-56　施密特触发器构成多谐振荡器

10.3.4　检测触发器

触发器可以用万用表进行检测。

1. 检测触发器各引脚电阻

对于触发器我们可以通过检测其各引脚对地电阻，来判断它的好坏。检测时，万用表置于 R×1k 挡，测量各引脚对接地端的正、反向电阻，如图 10-57 所示，并与其正常值相比较。如果测量结果与正常值严重不符，说明该 CMOS 电路已损坏。双 JK 触发器集成电路 MC14027 各引脚对地电阻正常值见表 10-8。

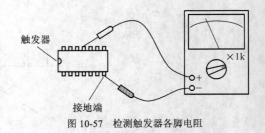

图 10-57　检测触发器各脚电阻

表 10-8			MC14027 双 JK 触发器各引脚电阻值					
引脚	1	2	3	4	5	6	7	8
正向电阻（kΩ）	∞	∞	∞	∞	∞	∞	∞	地
反向电阻（kΩ）	7.4	7.4	11.5	11.5	11.5	11.5	11.5	地
引脚	9	10	11	12	13	14	15	16
正向电阻（kΩ）	∞	∞	∞	∞	∞	∞	∞	∞
反向电阻（kΩ）	11.5	11.5	11.5	11.5	11.5	7.4	7.4	5.8

2. 检测 RS 触发器

检测 RS 触发器电路如图 10-58 所示，万用表置于直流 10V 挡，黑表笔接地，红表笔接 RS 触发器的 Q 输出端，监测其电压变化。

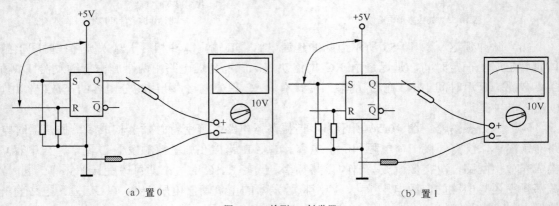

（a）置 0　　　　　　　　　　　　　　　　（b）置 1

图 10-58　检测 RS 触发器

用跳线将 R 输入端接正电源（置 0），万用表指示应为低电平为（0）。用跳线将 S 输入端接正电源（置 1），万用表指示应为高电平为（1）。R、S 端都不接正电源时，万用表指示应不变（保持 1 或保持 0）。否则说明该 RS 触发器已损坏。

3. 检测 D 触发器

上升沿触发 D 触发器检测电路如图 10-59 所示，下降沿触发 D 触发器检测电路如图 10-60 所示，D 触发器的反相输出端 $\overline{Q}$ 与自身的数据输入端 D 相连接，构成 2 分频电路。万用表置于直流电压挡，监测 Q 输出端的电压变化。

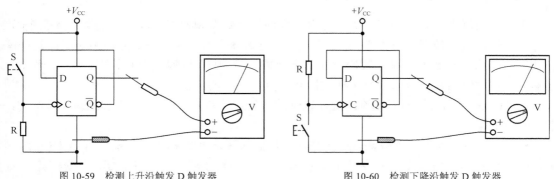

图 10-59 检测上升沿触发 D 触发器　　　　　　图 10-60 检测下降沿触发 D 触发器

CP 脉冲由微动开关 S 控制，按一下 S 产生一个 CP 脉冲，D 触发器 Q 输出端的电压就变化一次（在 1 与 0 之间来回变换）。如不能按上述规律变化，则说明该 D 触发器已损坏。

4. 检测单稳态触发器

单稳态触发器检测电路如图 10-61 所示，这是一个 2s 定时器电路，采用 $TR+$ 输入端触发，触发脉冲由按钮开关 SB 控制，万用表置于直流 10V 挡，监测 Q 输出端的电压变化。

检测时，按一下 SB，万用表指示为 5V，约 2 秒后，万用表指示自动回归为 0。否则说明该单稳态触发器已损坏。

5. 检测施密特触发器

施密特触发器检测电路如图 10-62 所示，电位器 RP 用于改变输入电压，万用表置于直流 10V 挡，监测施密特触发器输出端的电压变化。

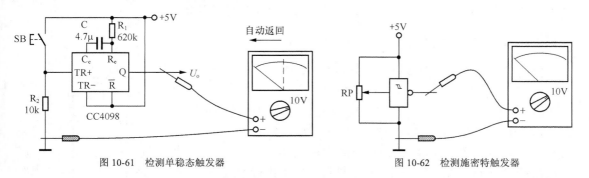

图 10-61 检测单稳态触发器　　　　　　　　　图 10-62 检测施密特触发器

检测时，调节 RP 逐步提高施密特触发器的输入端电压，当输入电压上升到正向阈值时，万用表指示应变为 0。调节 RP 逐步降低施密特触发器的输入端电压，当输入电压下降到负向阈值时，万用表指示应变为 5V。否则说明该施密特触发器已损坏。

10.4　计数器

计数器是数字系统中应用最多的时序逻辑电路。计数器是一个记忆装置，它能对输入的脉冲按一定的规则进行计数，并由输出端的不同状态予以表示。

10.4.1　计数器的种类与特点

集成计数器电路具有很多种类，通常分为同步计数器和异步计数器两大类。按操作码制可分为二进制码计数器、BCD码（二-十进制）计数器、八进制、十进制约翰逊码计数器等。按功能可分为加计数器、减计数器、加/减计数器、可预置计数器、可编程计数器、计数/分配器等。按时钟结构可分为单时钟计数器和双时钟计数器。

图 10-63 所示为无预置数输入端计数器的一般电路符号，CP 为串行数据输入端，$Q_1 \sim Q_n$ 为输出端。

图 10-64 所示为有预置数输入端（并行数据输入端）计数器的电路符号，CP 为串行数据输入端（计数输入端），$P_1 \sim P_n$ 为并行数据输入端（预置数端），$Q_1 \sim Q_n$ 为输出端。

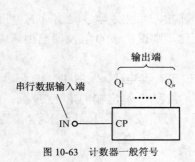

图 10-63　计数器一般符号

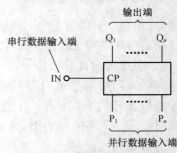

图 10-64　有预置数输入端的计数器

计数器的特点是具有记忆功能。计数器任一时刻输出信号的状态不仅与当时的输入信号状态有关，而且还与原来的电路状态有关，即与前一时刻的输入信号状态有关。因此，计数器中包含有存储电路和运算电路，能够进行加法计数或减法计数。

10.4.2　常用计数器

常用异步计数器和同步计数器分别介绍如下。

1. 异步计数器

（1）7 位二进制串行计数/分频器 CC4024 引脚功能如图 10-65 所示。CC4024 内部电路由 7 个 T 型触发器组成，具有一个时钟计数输入端 CP、一个清零输入端 R、7 个分频输出端 $Q_1 \sim Q_7$，在时钟脉冲 CP 下降沿作用下进行增量计数，所有输入端和输出端都有缓冲级。CC4024 主要用作分频、延时、计数、模/数转换等。

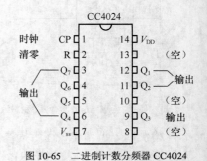

图 10-65　二进制计数分频器 CC4024

（2）14 位二进制串行计数/分频器 CC4060 引脚功能如图 10-66 所示。CC4060 内部电路包括两部分，一部分是 14 级计数器，由时钟脉冲 CP 下降沿触发计数，具有 10 个计数输出端。另一部分是振荡器，振荡频率由外接电阻和电容决定。由于内含振荡器，所以 CC4060 应用十分方便，主要用作分频器、定时器、逻辑控制等。

（3）二-十六任意进制计数器 C186 引脚功能如图 10-67 所示。C186 内部电路由 4 个 T 型触发器组成串行计数器，并含有门电路和 D 触发器，无须外加电路，即可在二进制至十六进制之间实现任意进制选择。

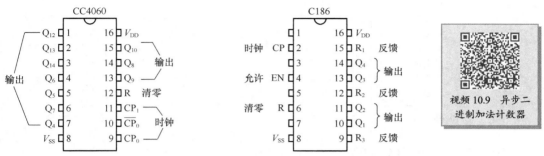

图 10-66　二进制计数分频器 CC4060　　　　　图 10-67　二-十六任意进制计数器 C186

视频 10.9　异步二进制加法计数器

2. 同步计数器

（1）二-十进制加计数器 CC4518 引脚功能如图 10-68 所示。CC4518 内含两个二-十进制加计数器，采用 8421 编码，每个计数器具有两个时钟输入端 CP 和 EN，可由时钟脉冲的上升沿触发，也可由时钟脉冲的下降沿触发。每个计数器具有 $Q_1 \sim Q_4$ 4 个输出端。CC4518 主要用作计数和分频。

（2）4 位二进制加计数器 CC4520 引脚功能如图 10-69 所示。CC4520 内含两个二进制计数器，每个计数器具有两个时钟输入端 CP 和 EN，一个清零输入端 R，4 个输出端 $Q_1 \sim Q_4$。

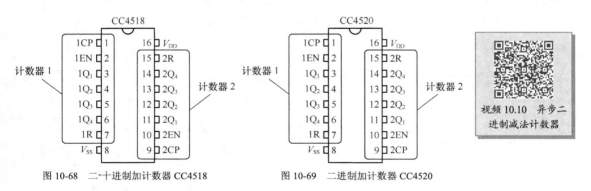

图 10-68　二-十进制加计数器 CC4518　　　　　图 10-69　二进制加计数器 CC4520

视频 10.10　异步二进制减法计数器

（3）可预置数的二-十进制加/减计数器 CC4510 引脚功能如图 10-70 所示。CC4510 具有 4 个计数单元，采用 8421 编码，$D_1 \sim D_4$ 为预置数据输入端，$Q_1 \sim Q_4$ 为输出端。CP 为时钟脉冲输入端，使用单时钟。具有一个进位输入端 C_i 和一个进位输出端 C_o，方便级联使用。PE 为预置数控制端，当 $PE=1$ 时，$D_1 \sim D_4$ 上的预置数被送到输出端 $Q_1 \sim Q_4$。U/D 为加/减计数控制端，$U/D=1$ 时计数器执行加计数；$U/D=0$ 时计数器执行减计数。

（4）十进制计数/分配器 CC4017 引脚功能如图 10-71 所示。CC4017 具有 3 个输入端：

清零端 R，时钟端 CP，允许端 $\overline{EN}$。如果要用上升沿来计数，则信号由 CP 端输入；如果要用下降沿来计数，则信号由 $\overline{EN}$ 端输入。CC4017 具有 10 个输出端 $Y_0 \sim Y_9$，每个输出端的状态与输入计数器的脉冲个数相对应。另外，为了级联方便，还设有进位输出端 C_o，每输入 10 个脉冲就输出一个进位脉冲。

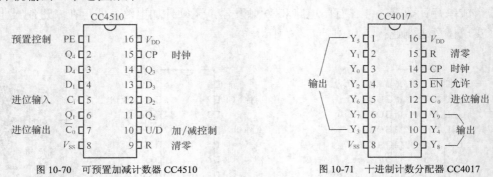

图 10-70　可预置加减计数器 CC4510　　　　图 10-71　十进制计数分配器 CC4017

10.4.3　计数器的应用

计数器主要用途是计数，也可用于分频、定时、脉冲分配等电路。

1. 计数

计数器可以构成加法计数器、减法计数器、加/减两用计数器等。

（1）二进制加法计数器。图 10-72 所示为 8 位二进制加法计数器电路，由两块 4 位集成计数器 CD4520 串行级联而成，计数信号由 D_1 的 CP 端输入，计数结果由 8 位二进制码表示，最大计数值为 $2^8-1=255$。SB 为清零按钮。

（2）二进制减法计数器。图 10-73 所示为 CC14526 构成的可预置数的 4 位二进制减法计数器电路。$S_1 \sim S_4$ 为预置数（$D_1 \sim D_4$）的设置开关，合上为 1，断开为 0。S_6 为送数开关，合上时预置数被送入计数器内，$Q_1 \sim Q_4 = D_1 \sim D_4$。计数信号由 CP 端输入作减法计数。$S_5$ 为清零按钮。

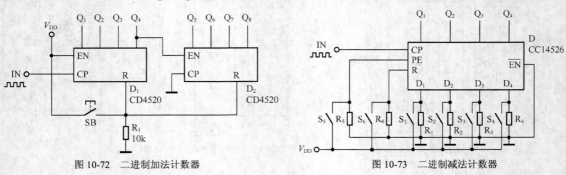

图 10-72　二进制加法计数器　　　　　　图 10-73　二进制减法计数器

（3）加/减两用计数器。图 10-74 所示为可预置数的 BCD 码加/减两用计数器电路，采用 CC4510 构成，既可作加法计数，又可作减法计数，由开关 S_3 控制。S_3 接电源电压 V_{DD} 时电路为加法计数器，S_3 接地时电路为减法计数器。输出为由 4 位二进制数（8421 码）表示的十进制数。S_1 为送数开关，S_2 为清零按钮。

（4）十进制计数器。图 10-75 所示为十进制计数/分配器 CD4017 构成的十进制计数器，计数状态由 CD4017 的 10 个译码输出端 $Y_0 \sim Y_9$ 显示。每一时刻 $Y_0 \sim Y_9$ 中只有一个输出端为 1，且与计数个数相对应，其余输出端皆为 0。每输入 10 个脉冲，进位输出端 Q_{CO} 端输出一个进位脉冲。

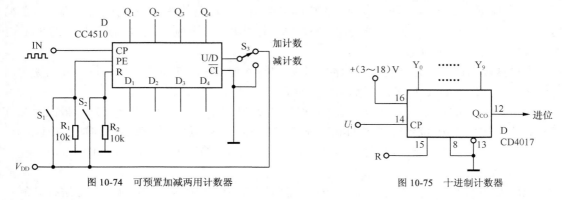

图 10-74　可预置加减两用计数器

图 10-75　十进制计数器

2. 分频

计数器可用作各种类型的分频器。

（1）十二级分频器。图 10-76 所示为采用 12 位二进制串行计数器 CC4040 构成的十二级分频器电路，被分频信号由 CP 端输入，分频后的信号分别由 $Q_1 \sim Q_{12}$ 输出，最小分频数为 $2^1 = 2$，最大分频数为 $2^{12} = 4096$，即：Q_1 端的输出信号频率为输入信号的 $\dfrac{1}{2}$，Q_{12} 端的输出信号频率为输入信号的 $\dfrac{1}{4096}$。

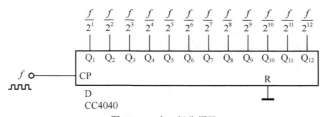

图 10-76　十二级分频器

（2）60 分频器。图 10-77 所示为 60 分频器电路。电路由二进制异步计数器 CC4024（D_1），非门 D_2，与非门 D_3、D_4，或非门 D_5、D_7，D 型触发器 D_6 等组成。当输入第 60 个计数脉冲时，D 型触发器 D_6 输出为高电平，第 60 个计数脉冲的下降沿经或非门 D_7 形成复位脉冲，加至 CC4024 清零端使其清零复位，实现 $\dfrac{1}{60}$ 分频。

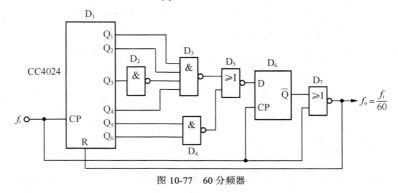

图 10-77　60 分频器

3. 定时

采用 14 位二进制计数器 CC4060 构成的多路定时器电路如图 10-78 所示，具有 10 个输出端（$Q_4 \sim Q_{10}$、$Q_{12} \sim Q_{14}$），可同时输出 10 种定时时间，以分别控制 10 个负载。CC4060 内部包含多谐振荡器和 14 级二分频器。

多谐振荡器的作用是产生时钟脉冲，电路的基本定时时间 T 等于一个时钟脉冲周期，调节外接定时元件 R 或 C 即可改变基本定时时间。

10 个输出端的定时时间分别为基本定时时间 T 的 2^n 倍，最小为 $2^4 T$（$16T$），最大为 $2^{14}T$（$16384T$）。如果取 $R=68\text{k}\Omega$，$C=10.8\mu\text{F}$，则 $T=2.2\ RC \approx 1\text{s}$，那么电路最小定时时间为 16s，最大定时时间可达 4 个半小时以上。定时时间到时，相应的输出端输出一个 1 信号。

4. 脉冲分配

采用 CC4017 构成的十进制计数分配器电路如图 10-79 所示，可对脉冲信号进行分配。脉冲信号由 CP 端输入，1 信号依次出现在 $Y_0 \sim Y_9$ 10 个输出端上，实现了对脉冲信号的十进制分配。SB 为清零按钮。

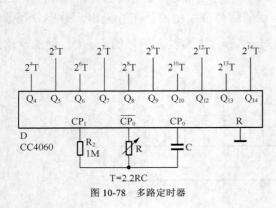

图 10-78　多路定时器

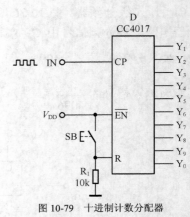

图 10-79　十进制计数分配器

5. 秒脉冲发生

采用 CD4060 构成的石英晶体秒脉冲发生器如图 10-80 所示。CD4060 内含振荡器，制作秒脉冲发生器具有电路简洁、工作可靠、成本低、精度高的特点。CD4060 的 10 脚和 11 脚的内部门电路与外接的晶体元件等构成典型的晶体振荡器，振荡频率由晶体 B 决定（32768Hz），调节 C_2 可微调振荡频率。32768Hz 的振荡信号由 CD4060 内部的 14 级二进制分频器分频后，从 3 脚输出 2Hz 脉冲信号，再由 D_2 进行一次二分频，即得到 1Hz 的标准秒脉冲信号。

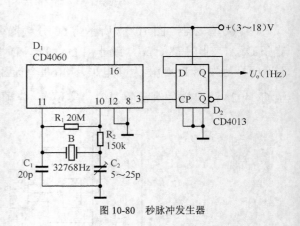

图 10-80　秒脉冲发生器

10.4.4　检测计数器

计数器可以用万用表电阻挡进行检测，以判断其好坏。检测时，万用表置于 R×1k 挡，分别测量计数器各引脚对接地端的正、反向电阻，如图 10-81 所示。

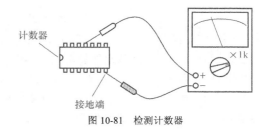

图 10-81 检测计数器

将检测结果与其正常值相比较，如果测量结果与正常值严重不符，说明该计数器已损坏。十进制计数器集成电路 MC14017 各引脚对地电阻正常值见表 10-9。

表 10-9　　　　　　　MC14017 十进制计数器各引脚电阻值

引脚	1	2	3	4	5	6	7	8
正向电阻（kΩ）	∞	∞	∞	∞	∞	∞	∞	地
反向电阻（kΩ）	10.3	10.3	10.2	10.2	10.1	10.1	10.1	地
引脚	9	10	11	12	13	14	15	16
正向电阻（kΩ）	∞	∞	∞	∞	∞	∞	∞	∞
反向电阻（kΩ）	10.1	10.1	10.1	10.2	9	9	9	4.5

10.5 译码器

视频 10.11 数字式显示器

译码器是一种组合电路，其功能是将一种数码转换成另一种数码。译码器的输出状态是其输入信号各种组合的结果，用以控制后续电路，或者驱动显示器实现数码的显示。

10.5.1 译码器的种类与特点

译码器可分为显示译码器和数码译码器两大类。

1. 显示译码器

显示译码器有很多类型。按工作码可分为：BCD 码-8 段显示译码器、BCD 码-7 段显示译码器、六进制计数-7 段显示译码器、十进制计数-7 段显示译码器、十进制加/减计数-7 段显示译码器等。

视频 10.12 与门译码器

按所驱动显示器的不同可分为驱动荧光数码管、驱动 LED（发光二极管）数码管、驱动 LCD（液晶）数码管、以及可驱动多种数码管的显示译码器。

（1）图 10-82 所示为 BCD 码-7 段显示译码器电路符号，A、B、C、D 为 4 个 BCD 码输入端；a～g 为 7 个输出端，分别控制 7 段数码管的 7 个笔画。当输入 4 位 BCD 码时，相应的输出端便会驱动 7 段数码管显示出该 4 位 BCD 码所代表的十进制数字。

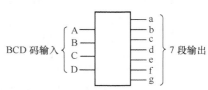

图 10-82 BCD 码-7 段显示译码器

（2）图 10-83 所示为十进制计数-7 段显示译码器电路符号，CP 为脉冲信号输入端，R 为清零端；a～g 为 7 个输出端。当 CP 端有脉冲信号输入时，电路便对其计数，并将计数结果通过 7 个输出端驱动 7 段数码管显示出来。

2. 数码译码器

数码译码器也有多种，包括 BCD 码-十进制码译码器、十进制码-BCD 码译码器、4 线-16 线译码器、4 选 1 译码/分离器等。

图 10-84 所示为数码译码器电路符号，具有若干个输入端（A、B、…n）和若干个输出端（Y_1、Y_2、…Y_n），一种数码从输入端输入，从输出端即可得到另一种数码。

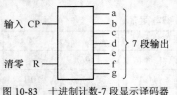

图 10-83　十进制计数-7 段显示译码器

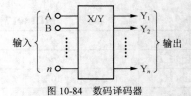

图 10-84　数码译码器

显示译码器的特点是将输入信号译码后直接驱动显示器件显示出数码。数码译码器的功能是将一种数码转换为另一种数码。

10.5.2　常用译码器

常用显示译码器和数码译码器分别介绍如下。

1. 显示译码器

（1）BCD 锁存-7 段译码驱动器 CC14544 引脚功能如图 10-85 所示。CC14544 的功能是将输入的四位 BCD 码译码后驱动数码管显示，其 7 个输出端 a～g 对应数码管的 7 个笔画。CC14544 具有多位显示自动消隐无效零的功能，RBI 和 RBO 分别为串行消隐无效零的输入端和输出端。LE 为锁存控制端，LE=0 时输出被锁存。DFI 为显示控制端，当采用液晶数码管时 DFI 接交流驱动电压；当采用共阳 LED 数码管时 DFI 接 1；当采用共阴 LED 数码管时 DFI 接 0。

（2）十进制计数-7 段译码器 CC4033 引脚功能如图 10-86 所示。CC4033 的功能是能对输入脉冲进行十进制计数，并将计数结果译码后驱动数码管显示，其 7 个输出端 a～g 对应数码管的 7 个笔画，输出以 1 为有效电平。CC4033 也具有串行消隐无效零的输入端和输出端 RBI 和 RBO，还有一个进位输出端 C_0。INH 为禁止端，当 INH=1 时计数器停止计数，显示的数字同时被保留。

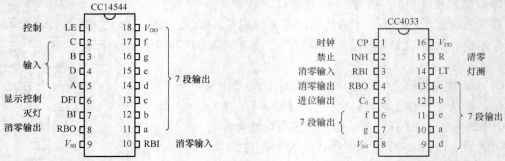

图 10-85　BCD 锁存译码器 CC14544　　　　　图 10-86　十进制计数译码器 CC4033

（3）十进制加/减计数-7 段译码器 CC40110 引脚功能如图 10-87 所示。CC40110 具有两个时钟脉冲输入端：CP_U 为加法计数输入端，CP_D 为减法计数输入端。还具有进位脉冲输出端 QC_0 和借位脉冲输出端 QB_0，方便级联使用。7 个译码输出端 a～g 直接驱动 7 段数码管显示。

2. 数码译码器

（1）BCD 码-十进制码译码器 CC4028 引脚功能如图 10-88 所示。CC4028 的功能是将 BCD 码（8421 码）译成十进制码。A～D 为 4 位 BCD 码输入端。$Y_0 \sim Y_9$ 为输出端，译中为 1。

图 10-87　十进制加/减计数译码器 CC40110　　　　　图 10-88　BCD 码-十进制码译码器 CC4028

（2）4 线-16 线译码器 CC4514 引脚功能如图 10-89 所示。CC4514 的功能是将 A、B、C、D 4 个输入端的二进制码译成十六进制码，由 $Y_0 \sim Y_{15}$ 端输出，译中为 1。

（3）双二进制 4 选 1 译码/分离器 CC4555 引脚功能如图 10-90 所示。CC4555 内含两个完全一样的译码单元电路，每个单元电路具有 A、B 两个二进制码输入端，$Y_0 \sim Y_3$ 4 个输出端，$\overline{\mathrm{EN}}$ 为允许端。输出有效电平为"1"。

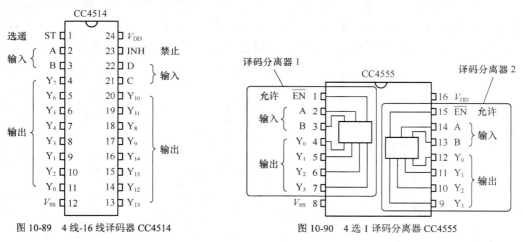

图 10-89　4 线-16 线译码器 CC4514　　　　　　　图 10-90　4 选 1 译码分离器 CC4555

10.5.3　译码器的应用

译码器的用途主要是显示译码和数码转换。

1. 显示译码

显示译码器的作用是译码并驱动显示。

（1）六进制计数显示。图 10-91 所示为采用十进制计数-7 段译码器 CD4033 等构成的六进制计数显示电路。D 型触发器 D_2 和与非门 $D_3 \sim D_5$ 构成附加控制电路。CD4033 对 1～5 个脉冲正常计数，当第 6 个脉冲到来时，附加控制电路（D_5 的第 10 脚）输出一个"1"脉冲，使 CD4033 计数器复位为"0"，同时送出一个进位脉冲。下一个脉冲到来时，计数器重新开始计数。六进制计数器可用于分、秒的十位计数。

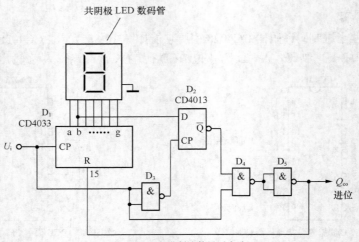

图 10-91　六进制计数显示电路

（2）BCD 码译码显示。图 10-92 所示为一位 BCD 码译码显示电路，采用 BCD 码锁存-7 段译码/驱动集成电路 CC14544 构成。BCD 码由输入端 A、B、C、D 并行输入，经 CC14544 译码后，驱动共阴极 LED 数码管显示出相应数字。如需要驱动共阳极 LED 数码管，则将 CC14544 的 DFI 端改接到 V_{DD} 即可。

（3）十进制计数显示。图 10-93 所示为两位十进制计数显示电路，由两块十进制计数-7 段译码/驱动集成电路 CC4033（D_1、D_2）组成。脉冲信号由 D_2 的 CP 端串行输入，计数结果由两个共阴极 LED 数码管显示出两位数字，最大计数值为 99。SB 为清零按钮。

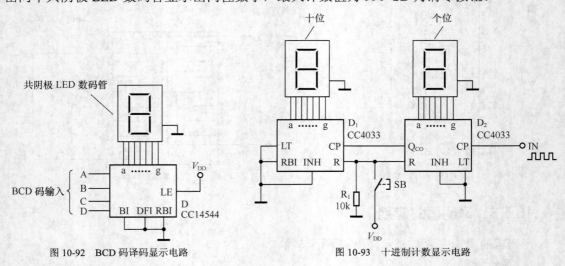

图 10-92　BCD 码译码显示电路　　　　图 10-93　十进制计数显示电路

2. 数码转换

数码译码器的作用是进行数码转换。

（1）BCD 码-十进制码译码。图 10-94 所示为采用 CC4028 的 BCD 码-十进制码译码器。输入信号为 4 位 BCD 码，从 A、B、C、D 4 个输入端输入，输出信号则是十进制码（$Y_0 \sim Y_9$ 依次为 1）。由于 4 位 BCD 码具有 16 种状态，而表示十进制数只需要前 10 种状态，因此后 6 种状态称为"伪码"。CC4028 的逻辑设计采用拒绝伪码方案，当输入代码为 1010～1111

时，所有输出端均为 0。利用 CC4028 输入端中的 A、B、C 三位二进制输入，可得到八进制码输出。

（2）4 线-16 线译码。图 10-95 所示为采用 CC4514 的 4 线-16 线译码器，同样具有 4 个输入端 A、B、C、D，但具有 16 个输出端 $Y_0 \sim Y_{15}$。输入信号是四位二进制码，输出信号则是十六进制码（$Y_0 \sim Y_{15}$ 依次为 1）。

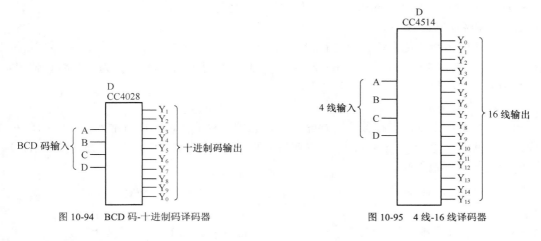

图 10-94　BCD 码-十进制码译码器　　　　图 10-95　4 线-16 线译码器

10.5.4　检测译码器

译码器可用万用表进行检测，主要是检测其输入端与输出端之间的译码关系是否存在及是否正常。检测时，给被测译码器加上规定的电源电压，万用表置于直流电压挡，监测译码器输出端的电平变化，如图 10-96 所示。

用跳线将译码器的各个输入端分别接正电源（置 1）或接地（置 0），看万用表指示的电平值（高电平为 1，低电平为 0）是否符合该译码器的译码关系，如符合则说明该译码器是好的，如不符合则说明该译码器已损坏。

如图 10-96 所示，被测译码器为 BCD 码-7 段显示译码器，用跳线将输入端 A 和 B 接正电源（置 1），将输入端 C 和 D 接地（置 0），这是 8421 码的 0011，即十进制数的 3，那么译码器输出端中的 a、b、c、d、g 应为高电平，输出端中的 e、f 应为 0。

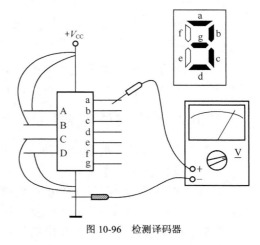

图 10-96　检测译码器

10.6　移位寄存器

移位寄存器是一种时序电路，它具有寄存数据并且移位的功能。移位寄存器是数字系统和电子计算机中的一个重要部件，在数据寄存、传送、延迟、串/并转换、并/串转换等方面

应用广泛。

10.6.1　移位寄存器的种类与特点

移位寄存器种类很多。按输入方式可分为串行输入、并行输入、串/并行输入等。按输出方式可分为串行输出、并行输出、串/并行输出等。按移位方向可分为右移、左移、双向移位等。

1. 右移移位寄存器

图 10-97 所示为 4 位右移移位寄存器原理示意图。串行数据从 D 端输入，在时钟脉冲 CP 的作用下逐步向右移位，经过 4 个 CP 周期后从 Q_4 端串行输出。Q_1～Q_4 为并行数据输出端。P_1～P_4 为并行数据输入端。

2. 左移移位寄存器

图 10-98 所示为 4 位左移移位寄存器原理示意图。串行数据从 D 端输入，在时钟脉冲 CP 的作用下逐步向左移位，经过 4 个 CP 周期后从 Q_1 端串行输出。Q_1～Q_4 为并行数据输出端。P_1～P_4 为并行数据输入端。

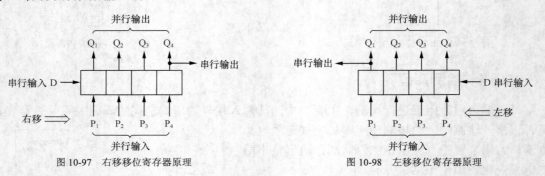

图 10-97　右移移位寄存器原理　　　　　　图 10-98　左移移位寄存器原理

移位寄存器的特点是不仅可以寄存数据，而且还具有移位的功能，即移位寄存器里存储的数据，可以在时钟脉冲的作用下逐步右移或左移。

10.6.2　常用移位寄存器

常用移位寄存器主要有以下种类，可按需选用。

1. 18 位静态移位寄存器

18 位静态移位寄存器 CC14006 引脚功能如图 10-99 所示。CC14006 由 4 组移位寄存器组成，每组有一个数据输入端，在最高位和次高位有两个输出端。4 组共用时钟输入端，在时钟脉冲 CP 的下降沿作用下传输数据。

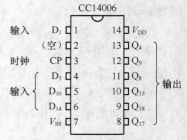

图 10-99　18 位移存器 CC14006

2. 双 4 位静态移位寄存器

双 4 位静态移位寄存器 CC4015 引脚功能如图 10-100 所示。CC4015 内含两组相同的、互相独立的移位寄存器，每组均有一个数据输入端 D、一个时钟输入端 CP 和一个清零端 R，具有 Q_1～Q_4 4 个并行数据输出端。数据在 CP 上升沿作用下向右移位。

3. 双向通用移位寄存器

4 位双向通用移位寄存器 CC40194 引脚功能如图 10-101 所示。CC40194 功能齐全，既可以右移，也可以左移；既可以串行输入，也可以并行输入；既可以串行输出，也可以并行输出。D_R 为右移串行数据输入端，D_L 为左移串行数据输入端，$P_1 \sim P_4$ 为并行数据输入端，$Q_1 \sim Q_4$ 为输出端。S_1 和 S_2 为状态控制端，当 S_1S_2=10（为二进制数，下同）时，数据右移；当 S_1S_2=01 时，数据左移；当 S_1S_2=11 时，并行置数；当 S_1S_2=00 时，数据保持。

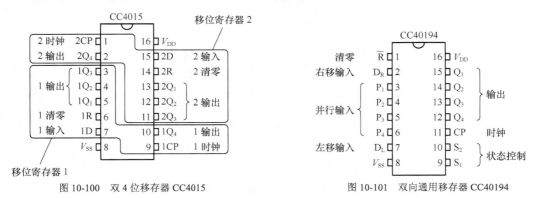

图 10-100　双 4 位移存器 CC4015　　　　　　图 10-101　双向通用移存器 CC40194

10.6.3　移位寄存器的应用

移位寄存器的主要作用是数据寄存移位、串行/并行数据转换、并行/串行数据转换、脉冲序列发生等。

1. 数据寄存移位

图 10-102 所示为彩灯控制器电路，采用了两块 4 位静态移位寄存器 CC4035，其中 8 个寄存单元连接成环形，8 个输出端可控制 8 路彩灯。彩灯的初始状态由预置数开关 $S_1 \sim S_8$ 设置，开关闭合为 1、断开为 0。

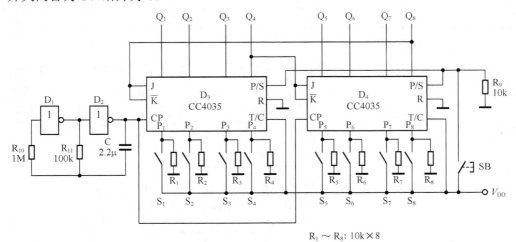

$R_1 \sim R_8$: 10k×8

图 10-102　彩灯控制器

按下送数按钮 SB 时，预置数进入移位寄存器，$Q_1 \sim Q_8$ 等于 $P_1 \sim P_8$。松开 SB 后，移位寄存器各单元的数据便在时钟脉冲的作用下周而复始地向右移动，由 $Q_1 \sim Q_8$ 控制的彩灯也就流动起来。非门 D_1、D_2 等构成多谐振荡器，为移位寄存器提供时钟脉冲，调节 R_{11} 可改变振荡频率，即调节彩灯的流动速度。

2. 双向移位

图 10-103 所示为 CC40194 构成的 4 位双向移位寄存器电路，它既可以右移，也可以左移；既可以串行输入/输出，也可以并行输入/输出。

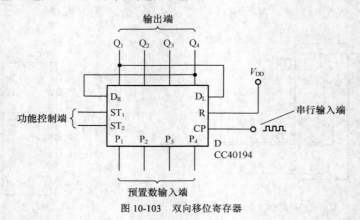

图 10-103　双向移位寄存器

CC40194 具有两个控制端 ST_1 和 ST_2，用以控制移位寄存器的置数、右移、左移、保持等功能，见表 10-10。

表 10-10　　　　　　　　　　　　　　CC40194 控制功能表

控制端		功能
ST_1	ST_2	
1	1	置数
1	0	右移
0	1	左移
0	0	保持

3. 串行/并行数据转换

图 10-104 所示为 8 位串行/并行数据转换电路。D_9 为串入/并出移位寄存器 CD4015，内含两组独立的 4 位移位寄存器，将其级联使用构成 8 位移位寄存器。D_9 的 8 个并行数据输出端 $Q_1 \sim Q_8$ 分别经 8 个与门 $D_1 \sim D_8$ 输出。D_{10} 为八进制计数分配器 CD4022，其输出端 Y_o 控制着 8 个与门。

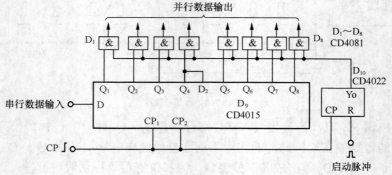

图 10-104　串行/并行数据转换电路

当在 D_{10} 的启动端加上一正脉冲时，$Y_0=1$，与门 $D_1 \sim D_8$ 打开，D_9 输出端 $Q_1 \sim Q_8$ 的数据并行输出。在时钟脉冲 CP 上升沿的作用下，串行输入数据由 D_1 端逐步移入 D_9，每经过 8 个时钟脉冲，D_9 中的数据全部更新一次。同时，每经过 8 个时钟脉冲，D_{10} 的 Y_0 端输出一个 1 信号，打开 8 个与门使数据并行输出。

4. 并行/串行数据转换

图 10-105 所示为 8 位并行/串行数据转换电路。D_1 为八进制计数分配器 CD4022。D_2 为 8 位并入/串出移位寄存器 CD4014，并行数据由 $P_1 \sim P_8$ 端输入，串行数据由 Q_8 端输出。P/S 端为并行/串行控制端，它受 D_1 输出端 Y_0 的控制。

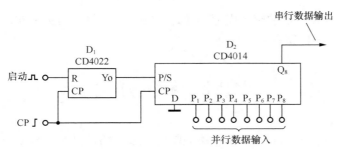

图 10-105　并行/串行数据转换电路

每经过 8 个时钟脉冲，D_1 的 Y_0 端便输出一个 1，使 D_2 的控制端 $P/S=1$，$P_1 \sim P_8$ 端的输入数据并行进入 D_2；然后 $Y_0=P/S=0$，D_2 中的数据在时钟脉冲 CP 上升沿的作用下右移并从 Q_8 端串行输出。

5. 脉冲序列发生

图 10-106 所示为由 6 位移位寄存器组成的伪随机码脉冲序列发生器电路。第 5 位和第 6 位移位寄存器的 Q 输出端接到异或非门 D_7 的输入端，D_7 的输出信号反馈到第 1 位移位寄存器的数据输入端。R 为清零端。该电路可产生脉冲序列长度为 63 的伪随机码。

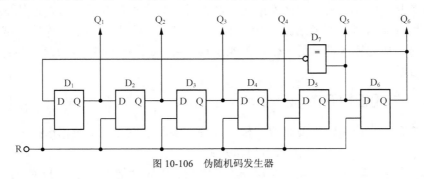

图 10-106　伪随机码发生器

10.6.4　检测移位寄存器

可以用测量空载电流的方法，对移位寄存器进行初步检测。检测时，给移位寄存器接上 5～10V 的电源电压，万用表置于直流 50mA 挡，串接于移位寄存器的供电回路中，如图 10-107 所示，即可测量其空载电流。万用表既可以串接于移位寄存器的电源端，也可以串接于移位寄存器的接地端。

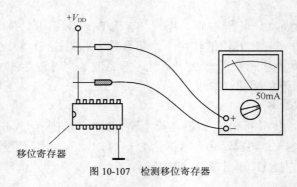

图 10-107　检测移位寄存器

正常情况下移位寄存器的空载电流不超过 30mA，一般仅为数毫安。如果空载电流远大于 30mA，则说明该移位寄存器已损坏。

10.7　模拟开关

模拟开关是一种由数字信号控制电路通断的集成电路，具有功耗低、速度快、体积小、无机械触点、使用寿命长等特点，在模拟或数字信号控制、选择、模/数或数/模转换、数控电路等领域得到越来越多的应用。

模拟开关是用 CMOS 电子电路模拟开关的通断，起到接通信号或断开信号的作用。模拟开关有常开型和常闭型两类，它们的电路符号如图 10-108 所示。

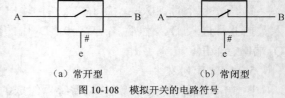

（a）常开型　　　　（b）常闭型

图 10-108　模拟开关的电路符号

10.7.1　模拟开关的种类与特点

模拟开关品种较多，较常用的有双向模拟开关、多路模拟开关、数据选择器等。模拟开关的特点是由数字信号控制通断。图 10-108 中，A 和 B 为信号端，既可作输入端也可作输出端，使用时一个作为输入端，另一个作为输出端即可。e 为控制端，由数字信号（1 或 0）控制 A、B 间的通断。

10.7.2　常用模拟开关

常用模拟开关集成电路主要有双向模拟开关、多路模拟开关、数据选择器等。

1. 双向模拟开关

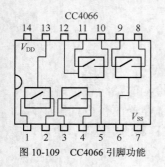

图 10-109　CC4066 引脚功能

双向模拟开关 CC4066 引脚功能如图 10-109 所示。CC4066 内含 4 个独立的能控制数字信号或模拟信号传送的模拟开关，可传输的信号上限频率为 40MHz。当控制端为 1 时，两输入/输出端之间导通，允许信号双向传输。当控制端为 0 时，两输入/输出端之间截止，切断信号的传输。

2. 多路模拟开关

单 8 路模拟开关 CC4051 引脚功能如图 10-110 所示。CC4051

内部具有 8 个模拟开关，其 8 个输入端各自独立，而 8 个输出端连接在一起作为公共端，由三位地址码 A、B、C 控制模拟开关的通断，可实现从 8 个输入信号中选择一个输出。由于模拟开关具有双向传输特性，因此 CC4051 也可作为信号分离器，信号从公共端输入，而从 8 个输入端中的一个输出，由 A、B、C 地址码控制。

3. 多路数据选择器

8 路数据选择器 CC4512 引脚功能如图 10-111 所示。CC4512 具有 8 个输入端和一个输出端，由三位地址码 A、B、C 来决定数据的选择。INH 为禁止端，当 $INH=1$ 时，所有输入数据被禁止传输。DIS 端为三态控制端，当 $DIS=1$ 时，输出为高阻状态。

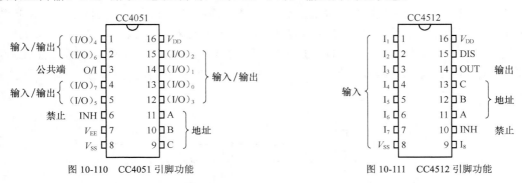

图 10-110　CC4051 引脚功能　　　　　　图 10-111　CC4512 引脚功能

10.7.3　模拟开关的应用

模拟开关的作用是用数字信号控制电路的通断和信号源的选通。

1. 数控增益放大器

图 10-112 所示为采用 4 双向模拟开关 CD4066 和运算放大器组成的数控增益放大器。该放大器用数控电阻网络代替了运放的反馈电阻，而数控电阻网络的阻值，由 4 位二进制数控制，从而实现了由 4 位二进制数控制增益（放大倍数）的放大电路。

双向模拟开关 $D_1 \sim D_4$ 及电阻 $R_1 \sim R_5$ 构成数控电阻网络，数控输入端 A、B、C、D

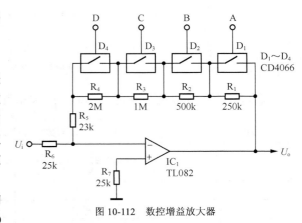

图 10-112　数控增益放大器

接二进制控制数，某位控制数为 1 时，使该位模拟开关导通，将相应的电阻短接，从而达到电阻网络数字控制的目的。二进制控制数与放大倍数的对应关系见表 10-11。

表 10-11　　　　　　　　　　控制数与放大倍数的关系

控制数	放大倍数	控制数	放大倍数
$DCBA$		$DCBA$	
0000	150	1000	70
0001	140	1001	60
0010	130	1010	50
0011	120	1011	40

续表

控制数 DCBA	放大倍数	控制数 DCBA	放大倍数
0100	110	1100	30
0101	100	1101	20
0110	90	1110	10
0111	80	1111	1

2. 数控频率振荡器

图 10-113 所示为数控频率多谐振荡器电路，其振荡频率由四位二进制数控制。双向模拟开关 $D_1 \sim D_4$ 及电容 $C_1 \sim C_4$ 组成数控电容网络，并接在振荡电容 C_5 上，$C_1 \sim C_4$ 是否接入电路取决于 $D_1 \sim D_4$ 的导通与否，而 $D_1 \sim D_4$ 的导通与否由 A、B、C、D 四个控制端的二进制数控制，在不同的四位二进制数控制下，$C_1 \sim C_4$ 的接入状态相应地发生变化，也就改变了振荡频率。

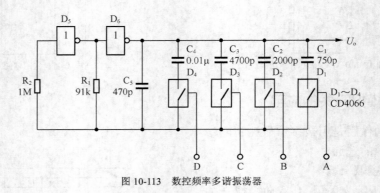

图 10-113　数控频率多谐振荡器

四位二进制控制数与振荡频率的对应关系见表 10-12。

表 10-12　　　　　　　　　　　　控制数与振荡频率的关系

控制数 DCBA	振荡频率（Hz）	控制数 DCBA	振荡频率（Hz）
0000	10k	1000	500
0001	4k	1001	450
0010	2k	1010	400
0011	1.5k	1011	360
0100	1k	1100	330
0101	850	1101	300
0110	700	1110	290
0111	600	1111	280

3. 音源选择电路

图 10-114 所示为采用双 4 路模拟开关 CC4052 构成的双通道 4 路音源选择电路，可用于立体声放大器输入音源的选择。左、右声道均有 4 路输入端，各有 1 个输出端。

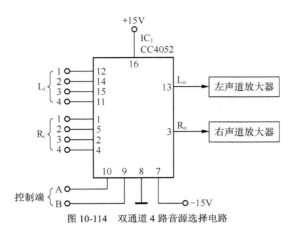

图 10-114 双通道 4 路音源选择电路

A、B 为控制端，由两位二进制数选择接入的输入音源，具体接入状态见表 10-13。被选中的左、右声道输入端信号分别接通至各自的输出端（L_o、R_o 端），送往后续电路进行放大。

表 10-13　　　　　　　　　控制端与接入状态的关系

控制端		接通的输入端
B	A	
0	0	1
0	1	2
1	0	3
1	1	4

10.7.4　检测模拟开关

模拟开关可以用万用表进行检测。检测时，给模拟开关接上规定的工作电源，万用表置于 R×1k 挡，监测 A 与 B 之间的通断，如图 10-115 所示。

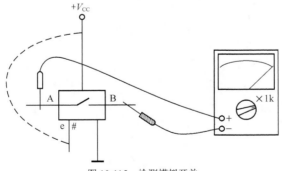

图 10-115　检测模拟开关

当将控制端接至正电源时（置 1），万用表指示导通。当将控制端接地时（置 0），万用表指示不通。否则说明该模拟开关损坏。一个集成电路中往往包含若干个模拟开关，应逐个检测。